U0183014

中高净值家庭财富管理报告

WEALTH MANAGEMENT REPORT FOR MID-HIGH NET WORTH FAMILIES

顾佳峰 - 著

社会科学文献出版社
SOCIAL SCIENCES ACADEMIC PRESS (CHINA)

目 录

图目录

表目录

第一章　导论

中高净值（Mid-High Net Worth）在20世纪后期就已经被提出来了。一般而言，中高净值人群是社会上个人资产或者财富达到一定数量的富裕人士所构成的社会群体。从社会阶层来看，中高净值人群一般是指中产阶级的中上层以及更高阶层的社会人群。这个概念被提出来之后，并没有迅速引起金融机构的注意，因为彼时金融机构更关注高净值客户，而高净值概念和中等净值概念还没有合并成中高净值概念。但是，在2008年的全球金融危机之后，金融服务业遇到了不小的困难，金融机构需要调整业务流程和服务以适应新环境。如果金融机构无法做到这一点，就有可能被客户（特别是中高净值人群）边缘化（David，2012）。此时，金融机构的业务重心逐渐从高净值客户延伸到中等净值客户，中高净值客户逐渐进入金融机构的战略和业务层面，成为金融业争夺的重要对象。这个时候，业界就有人呼吁已经到了“争取中等净值客户的关键时刻”（A Crucial Moment in the Fight for Mid Net Worth）（Trott，2008）。从此之后，中高净值人群成为金融机构竞争的一个重要客户人群，是其建构核心竞争力的重要基础。因此，有必要从全局视角分析中高净值人群及其发展趋势，全景式了解和掌握银行中高净值客户的特征、规模以及未来变化趋势。

一　研究的背景

中高净值家庭及人群的崛起引起了社会各界的共同关注，是社会经济发展到一定阶段的必然产物。在金融领域，私人银行业务的发展与竞争，使目标客户必然从高净值家庭及人群向中等净值家庭及人群延伸，这就会出现中高净值客户的争夺战。随着社会经济的发展，中等收入群体的规模不断壮大，他们已经成为社会重要的中坚力量。中等收入群体必然是中高净值人群的重要组成部分。与此同时，随着金融知识的日趋普及以及家庭理财观念的不断升级，家庭创富、守富、传富以及享富的观念和方式都在发生深刻的变化。这一切都共同推动中高净值家庭及人群发展，使对于这类家庭及人群的认识成为政府、业界以及学界的共同需要。

（一）私人银行业务的发展

从近代银行出现以来，银行业经历了多个发展阶段，服务方式也日趋多元化。其实，私人银行的发展历史可以追溯到16世纪。在当时的瑞士日内瓦，为了给法国一些被驱逐出境的贵族提供私密性很强的专属金融服务，私人银行业务出现了。私人银行业务是指商业银行或国际金融机构与特定客户在充分沟通协商的基础上，签订有关投资和资产管理合同，特定客户全权委托商业银行或国际金融机构按照合同约定的投资计划、投资范围和投资方式，进行有关投资和资产管理的综合操作。私人银行的特征是准入门槛高、提供综合化服务以及高度重视客户关系。

根据西方银行业的服务分类，银行服务可以分成不同的类型。第一类是大众银行服务，不限制客户资产规模；第二类是贵宾银行服务，要求客户资产在10万美元以上；第三类是私人银行服务，要求客户资产在100万美元以上；第四类是家族传承工作室服务，要求客户资产在8000万美元以上。当然，上述门槛在不同的国家和地区会有所不同。在银行服务上，私人银行服务主要面向高净值客户（Drig et al.，2009；中信银行私人银行中心、中央财经大学中国银行业研究中心联合课题组，2012；高皓、许嫘，2020）；家族传承工作室服务则针对的是高净值客户中的中上层，尤其是超高净值客户（Gross，2015）。超高净值客户一般都有家族企业，面临家族财富传承问题（中国银行业协会清华大学五道口金融学院、私人银行研究课题组，2020）。可见，西方银行业中的第三类和第四类服务面向的客户就是高净值人群（HNW）。

但是，随着社会大众财富的迅速增加，银行聚焦高净值客户的服务策略受到一些质疑。有专家指出，银行更多地关注为富人服务，但是这种策略并没有真正体现银行的实力，大众富裕人群的财富管理需求往往被银行所忽视，银行应在此寻求未来发展的空间（Conrad，2007）。大众富裕市场是一个营销术语，一般指拥有10万~100万美元流动性金融资产的个人或家庭（Anderson，2013）。所谓大众富裕人群，其实就是中等净值人群。尽管当时并没有明确提出中等净值人群的概念，但是，当时所指的大众富裕人群其实就是中等净值人群的代名词。在银行服务上，贵宾银行服务其实针对的客户主要就是大众富裕人群，即银行的中等净值客户。私人银行业务的拓展必然加剧银行之间的竞争。在高净值客户规模有限的情况下，为了获得最大的收益，银行必然会把服务对象从高净值人群向中等净值人群延伸。

（二）中等收入群体的崛起

中等收入群体是一个在社会中收入比较丰厚的群体，其收入水平介于低收入群体和高收入群体之间。总体而言，这是一个工作比较稳定、物质生活比较宽裕、收入处于中等水平的人群。在城市地区，国家统计局界定我国中等收入群体的家庭年收入标准为6万~50万元。根据这个界定，到2010年，城市中等收入群体的家庭占全部城市家庭的14%，到2020年，城市中等收入群体的家庭占全部城市家庭的45%（国家统计局城调总队课题组，2005）。近些年，我国中等收入群体的规模呈现不断扩大的趋势，其所拥有的资产持续增长。在2005年之前，有研究指出我国中等收入群体占总人口的比重呈不断下降的趋势（龙莹，2012）。但是，2005年以后，中等收入群体占总人口的比重出现持续上升的趋势，这是一个普遍的共识。根据测算，2020年，我国中等收入群体约为4.17亿人，占全国人口总数的29.5%。其中，城镇居民中的中等收入群体约占42.2%，农村居民中约有15.1%为中等收入者（魏义方，2022）。尽管对于当前我国中等收入群体规模的估计，在具体数值上还存在一定的差异，但是，其规模超过4亿人已经是一个普遍的共识。

中等收入群体的快速发展，带来的是社会消费的持续增长（Latif and

Hanif，2016）。同低收入群体相比，中等收入群体的购买力更强，消费意愿更强烈，对于家庭财富管理的需求更紧迫。随着我国家庭收入的普遍增长和家庭财富的持续积累，家庭消费能力不断提高，家庭消费结构持续完善与升级，以中等收入群体为主体的大众消费已成为扩大内需、转变经济发展方式的重要驱动力之一。中等收入群体除了进行有形商品的消费之外，还有对于包括金融服务与保险保障等在内的无形商品的消费，这些均呈现持续增长的态势。在家庭投资理财上，中等收入群体具有比较鲜明的个性，这主要体现在如下几个方面：从投资对象来看，从单一向多样化发展，即从传统的比较单一的储蓄投资向股票、基金、债券、房产、黄金等多样化投资发展；从投资周期来看，从传统的重视短期投资向重视中、长期投资发展，投资时限更加多样化，这体现了流动性和长期收益的平衡；从投资风险来看，理财产品的增长速度明显快于传统金融资产，非货币的风险性金融资产的规模在家庭金融资产总量中所占的比重逐渐提高，居民储蓄存在由货币性储蓄向保值性和资本性储蓄演变的趋势。

随着中等收入群体的崛起，我国逐渐形成了中间大、两头小的“橄榄形”社会结构。社会结构的变化必然会使社会消费和家庭理财发生结构性变化。从经济价值来讲，中等收入群体的规模不断壮大，有助于增加家庭对金融保险产品的需求，建构一种良性的家庭理财文化。中等收入群体对金融保险产品与服务的价格、质量、设计、服务乃至效率的更高要求，有力地促进了金融机构供给端的创新升级。这有助于从需求端推动我国金融业创新发展。金融机构敏锐地意识到其中所蕴含的巨大机会和市场空间，积极调整金融产品设计与服务策略，力图尽可能地吸引中等收入群体，使其成为客户。实现这个目标的前提是对中等收入群体进行全面而系统的研究。由于中等收入群体往往是中高净值家庭的主要组成部分，因此，金融机构通过对中高净值家庭的研究，可以有效把握中等收入群体的主要特征以及发展趋势，尤其是其对金融保险产品与服务的需求。这对于新时代金融业竞争优势的建构极为重要。

（三）家庭财富模式的变化

随着我国经济结构的调整，家庭创富、守富、传富和享富的方式也在悄然发生变化。在家庭创富、致富上，房产投资是主要方式。过去 20 年，房价一路飙升，使很多家庭的财富迅速增值。互联网的迅速发展，催生了一批批“网商”“网红”，给不少家庭创造了新的致富机会。随着我国金融市场的不断完善与发展，政府积极引导资金直接流入融资市场，从而降低了实体经济的融资成本，“放水养鱼”，让企业能够茁壮成长，而企业良好的发展又会带动资本市场的投资情绪，从而形成一个良性和高效的金融资产配置循环。在这种情况下，一些家庭抓住了利用金融资产致富的风口，通过不断学习金融知识，并将其应用到理财上，使家庭财富得到稳定增长。随着国家对于“双创”（大众创业、万众创新）的持续扶持和深入推进，不少家庭通过创业而致富。当然，在不同时期，家庭创富、致富的途径有所不同，一个明显的发展趋势就是从比较单一的途径向多样化的途径发展。

随着经济的持续较高速发展，我国家庭资产呈现平稳增长的态势。在财富积累到一定程度后，不少家庭开始考虑如何守住自己得来不易的财富，以及顺利地将财富传承给下一代。不过，婚姻、税务、子女教育以及高通胀率、经营不当、投资失败和成长风险等都可能对家庭财富造成威胁，这使“守富、传富”变得比“创富”更为艰难。财富传承不仅成为中高净值家庭及人群迫切关注的问题，也是当前社会普遍关注的问题。这个问题解决不好，就会出现“富不过三代”的局面。对于中高净值家庭而言，由于财富比较多，因此，解决这个问题就显得更为紧迫。经过 40 多年的高速发展，当前，我国拥有大量的中高净值家庭及人群，其是我国特定时代背景下“先富”起来的“创富一代”。此外，随着时间的推移，“守富二代”逐渐崭露头角，为中高净值家庭注入新鲜血液，这些家庭对于财富的传承有着天然的需求。

在中高净值家庭的守富上，购买金融和保险产品往往就是其中一个比较便利的方法。中高净值家庭对保险产品的投资意愿仅次于对金融产品的投资意愿，中高净值家庭善于在资产保值增值和保险保障方面取得平衡。在许多中高净值家庭看来，包括商业保险在内的保险产品，不仅可以应对突发风险，也能带来不错的投资回报。比如，终身寿险、年金险等金融产品就能够很好地满足中高净值家庭财富管理和传承的需求。当然，随着全球化浪潮和金融知识普及对中高净值家庭及人群投资理念的影响，其需求在逐渐发生变化。这就要求金融机构与时俱进，不断强化对中高净值家庭及人群的研究和了解，精准掌握其需求的变化趋势，有针对性地开发相关的金融产品。

二　高净值人群

银行业对于中高净值人群的关注，是从高净值客户开始的。高净值客户具有规模比较小、资产却比较多的典型特征。因此，对于这个人群的服务可以使银行业获得更多的利润。在国际上，对于高净值人群的关注，早在 20 世纪 90 年代就开始了。比较典型的是 1997 年的《世界财富报告》的发布。这份报告明确提出了高净值个人（HNWI）的概念。但是，当时，我国还没有加入世界贸易组织，我国银行业也还没有对外开放，所以，当时的《世界财富报告》并没有引起国内各业界的太多关注，高净值人群的概念未被银行业者和学界所注意。

2001 年，我国加入世界贸易组织。2006 年，我国银行业正式全面对外开放。随着国外银行不断进入我国市场，国外银行的经营管理理念和方法传入国内。我国银行业者和学界开始关注银行高净值客户。在中国期刊网上查询相关文献发现，最早提到银行高净值客户的文献发表在 2008 年（王祺，2008）。这其实是一篇译文，原文发表于 2007 年 8 月的《银行家》杂志（Trovato，2007）。这篇文章原文的题目很长，强调的是高净值客户对私人银行“钱夹份额”（Wallet Share）的影响以及私人银行所需的策略调整。这篇文章引用了美林和凯捷咨询在 2007 年发布的《世界财富报告》中的数据，2006 年，全球个人可投资性资产达到 100 万美元的高净值客户增长了 8%，达到 950 万人，其控制的资产总额膨胀至 37.2 万亿美元。可见，当时银行高净值客户的标准是个人可投资性资产为 100 万美元。按照 2006 年人民币对美元的平均汇率 7.97 折算成人民币，当时银行高净值客户的标准是个人可投资性资产为 797 万元，即将近 800 万元。

（一）全球情况

美林和凯捷咨询早在 1997 年就开始发布《世界财富报告》，当年的《世界财富报告》的题目就是“正在改变的高净值个人的行为”（Changing HNWI Behaviors）。此后，美林和凯捷咨询围绕高净值人群的财富变化每年发布一份《世界财富报告》。2008 年，美林和凯捷咨询通过联合出版《财富》一书，对之前发布的《世界财富报告》进行总结和回顾，这其实是对 1996~2006 年世界高净值人群财富变化的比较系统性的研究（Lynch and Capgemini，2008）。这本书中的数据显示，1996~2006 年，世界高净值人群的人数从 1996 年的 450 万人增加到 2016 年的 950 万人，即这些年间净增加 500 万人。从世界高净值人群所拥有的财富来看，从 1996 年的 16.6 万亿美元增加到 2006 年的 37.2 万亿美元，净增加了 20.6 万亿美元。

2008 年，美林被美国银行（Bank of America）收购，但是，这并没有马上影响到《世界财富报告》的发布。2009 年的《世界财富报告》继续由凯捷咨询和美林联合发布。2010 年的《世界财富报告》依然由凯捷咨询和美林联合发布，只不过在美林下面增加了一行文字，就是美国银行公司（Bank of America Corporation）。这种联名方式被 2011 年的《世界财富报告》继续采用，只不过这是由凯捷咨询和美林联合发布的最后一份《世界财富报告》了。之后，凯捷咨询选择与加拿大皇家银行（Royal Bank of Canada）合作，它们联合发布了 2012 年、2013 年、2014 年和 2015 年的《世界财富报告》。之后再次进行调整，《世界财富报告》改由凯捷咨询独立发布。由此可见，从 1997 年发布第一份《世界财富报告》以来，世界发生了巨大的变化，合作方也屡次调整，唯一没有变化的是对高净值人群的研究。从 1997 年到 2020 年的 24 年中,《世界财富报告》围绕世界高净值人群的人口规模、财富规模、资产配置以及财富管理需求的研究,成功地引起了金融业者的注意。《世界财富报告》因此成为这个领域的权威报告。

此外,瑞士信贷研究所(Credit Suisse Research Institute)从 2010 年开始发布《全球财富报告》,其逐渐成为系统监测全球财富变化的重要报告。在《全球财富报告》中,高净值人群的个人净资产为 100 万~5000 万美元,而超高净值人群(UHNW)的个人净资产在 5000 万美元及以上。作为后起之秀,《全球财富报告》显然参考了《世界财富报告》,在很多方面具有类似的结构与内容。《全球财富报告》对于高净值人群的分析也参考了《世界财富报告》的做法,将其分成高净值人群和超高净值人群。当然,对于超高净值人群的分析,《全球财富报告》比《世界财富报告》更加丰富。《全球财富报告》中 2010~2020 年高净值人群与超高净值人群的人数见表 1-1。

表 1-1　2010~2020 年高净值人群与超高净值人群的人数

单位:百万人

	2010 年	2011 年	2012 年	2013 年	2014 年	2015 年	2016 年	2017 年	2018 年	2019 年	2020 年
HNW	24. 5	29. 6	28. 5	31. 4	35	33. 6	33	35. 9	42	46. 8	51. 9
UHNW	0. 081	0. 085	0. 085	0. 099	0. 128	0. 124	0. 141	0. 148	0. 150	0. 168	0. 176

如表 1-1 所示,全球高净值人群的人数从 2010 年的 2450 万人增加到 2020 年的 5190 万人。也就是说,2020 年全球高净值人群的规模相比 2010 年扩大了 1 倍还要多。从超高净值人群的情况来看,全球超高净值人群的人数从 2010 年的 8. 1 万人增加到 2020 年的 17. 6 万人,也是增加了 1 倍还要多。可见,这个人群的总体增加速度还是比较快的。

(二)我国情况

《全球财富报告》也非常关注我国高净值人群的变化。在报告的相关部分，一般会单独就我国的情况给出相关数据。这与我国经济的持续增长所造就的高净值人群的规模的不断扩大有关，而且我国这部分人群占全球对应的人群的比重越来越高。因此，我国成为《全球财富报告》重点关注的国家之一。《全球财富报告》中 2010~2020 年我国高净值人群与超高净值人群的人数见表 1-2。

表 1-2　2010~2020 年我国高净值人群与超高净值人群的人数

	2010 年	2011 年	2012 年	2013 年	2014 年	2015 年	2016 年	2017 年	2018 年	2019 年	2020 年
HNW（百万人）	0.8	1	1	1	1.2	1.3	1.6	2	3.5	4.68	5.71
UHNW（人）	4000	5400	4700	5830	7600	9600	11000	18100	16510	18130	21090

如表 1-2 所示，我国高净值人群的人数从 2010 年的 80 万人增加到了 2020 年的 571 万人，增加速度快于同期全球高净值人群的增加速度。从超高净值人群的规模来看，我国超高净值人群的人数从 2010 年的 4000 人增加到了 2020 年的 21090 人。可见，2020 年我国超高净值人群的规模是 2010 年的 5 倍还要多。这个增长速度也明显超过同期全球超高净值人群的增长速度。这说明，随着我国经济的强势发展，高净值人群的规模迅速扩大，占全球同类人群的比重越来越高。也就是说，我国快速增长的经济造就高净值人群的效率是很高的。

在我国，早在 2009 年，招商银行通过和贝恩公司合作，开展对高净值人群的研究，每两年发布一份《中国私人财富报告》。《2009 中国私人财富报告》把可投资性资产超过 1000 万元的个人定义为高净值人士，而把可投资性资产超过 1 亿元的个人定义为超高净值人士（招商银行、贝恩公司，2009）。可投资性资产包括个人的金融资产和投资性房产。其中个人的金融资产包括现金、存款、股票、债券、基金、保险、银行理财产品、离岸资金和其他投资（商品期货、黄金等），不包括自住房产、非上市公司股权及耐用消费品等资产。迄今为止，招商银行和贝恩公司已经发布了七份《中国私人财富报告》。根据这七份报告得到的2008~2020年我国高净值人群的相关情况见表1-3。

表1-3　2008~2020年我国高净值人群的相关情况

	2008年	2010年	2012年	2014年	2016年	2018年	2020年
高净值人群人数（万人）	30	50	70	100	158	197	262
人均可投资性资产（百万元）	29	30	31	30	31	30.9	36.6
可投资性资产总额（万亿元）	8.8	15	22	32	49	61	96

如表1-3所示，我国高净值人群人数从2008年的30万人猛增到2020年的262万人，扩大了7.7倍还要多。这个人群所拥有的可投资性资产总额从2008年的8.8万亿元迅速增加到2020年的96万亿元。这个增速也是非常快的。高净值人群的人均可投资性资产在2020年达到了3660万元。根据《2021中国私人财富报告》中的数据，2021年，中国高净值人群人数突破300万人。

民生财富、中国社会科学院国家金融与发展实验室以及北京东方国信科技股份有限公司联合发布的《2017中国高净值人群数据分析报告》，分析了我国高净值人群的整体特征、资产配置偏好、当下生活状态，以及在出行和消费等方面的兴趣偏好（民生财富等，2017）。在该报告中，高净值人群指的是资产净值在600万元以上的群体，这个人群也是金融资产和投资性房产等可投资性资产较多的社会群体。按照2017年人民币对美元的平均汇率6.75折算成美元，高净值人群是资产净值在89万美元以上的群体。此外，这个定义把投资性房产包括在可投资性资产之内。在界定了高净值人群之后，《2017中国高净值人群数据分析报告》测算得到，2017年我国高净值人群的总体规模达到197万人，可投资性资产总额约为65万亿元。总体而言，这个报告比《2019中国私人财富报告》要更加乐观一点。《2019中国私人财富报告》中的数据显示，2018年，我国高净值人群的总体规模是197万人，可投资性资产总额是61万亿元。

这种情况说明，相对而言，招商银行和贝恩公司发布的报告对我国高净值人群及资产的估计更加保守一点。由于《2019中国私人财富报告》是在2019年6月发布的，而《2017中国高净值人群数据分析报告》是在2017年12月发布的，因此，不排除前者在发布前参考了后者的相关内容。两份报告在估计中国高净值人群人数时，都采用了相同的数据，即197万人。若这是巧合的话，则比较难以令人相信。但是，这从另外一个角度说明，2020年，我国高净值人群的规模应该超过200万人了。对于这个判断，上述两份报告都是予以支持的。

但是，2018年《全球财富报告》中的数据显示，2017年，中国高净值人群的规模是200万人，2018年是350万人。由于2018年《全球财富报告》中的高净值人群的标准是可投资性资产为100万美元，比《2017中国高净值人群数据分析报告》中的89万美元要多不少，但它们估计的高净值人群规模基本相当。这说明，《2017中国高净值人群数据分析报告》的估计比2018年《全球财富报告》的估计更为乐观。通过比较不难发现，不同的研究报告对于我国高净值人群的测量标准不同，估算的规模也不一样。

（三）关于衡量标准的争论

在金融行业，由于业务不同，高净值人群的定义未能统一。例如，花旗银行（Citibank）的私人银行部门要求成员拥有超过300万美元的资产；大通曼哈顿银行（Chase Manhattan Bank）的私人银行部门要求成员拥有超过100万美元的资产。这些都是高净值客户的资产门槛。但是，对此，不同机构有不同的说法。总部位于伦敦的独立战略管理咨询公司——Datamonitor公司的《向高净值个人营销金融服务》中的数据显示，高净值投资组合规模是50万～75万美元的资产，而不是超过300万美元的资产（Clayton，1998）。也就是说，高净值客户的资产门槛是50万美元，而不是300万美元。可见，独立研究机构与金融机构的标准是不一样的。

在我国，2018年发布的《中国人民银行　中国银行保险监督管理委员会　中国证券监督管理委员会　国家外汇管理局关于规范金融机构资产管理业务的指导意见》规定，个人合格投资者的准入门槛为：家庭金融净资产不低于300万元，家庭金融资产不低于500万元，或者近3年本人年均收入不低于40万元。这是一个官方标准，强调的是金融资产和收入，并不涉及投资性房产。若参照这个标准，家庭金融资产在500万元及以上的个人是高净值人士。

虽然上述文件对个人投资者的门槛进行了规定，但是目前不少银行在认定高净值客户时并不采用上述标准。例如，在客户认购理财产品时，银行的一个门槛标准是：个人或家庭金融资产总计超过100万元的自然人以及个人收入在最近三年每年超过20万元或者夫妻双方合计收入在最近三年每年超过30万元的自然人。很明显，这个标准比官方发布的个人合格投资者的标准要低。在操作上，银行强调个人或夫妻双方的共同收入。银行采用这个标准的一个重要原因是现实业务的需要。若有关高净值人群的标准定得太高，则根据银行对客户的“属地管理、分级负责”的原则，对于一些银行网点而言，这部分客户的规模会比较小，这样的话，银行实现不了服务上的规模效益。根据银行业务以及当地客户的实际情况，银行采用比较低的高净值客户的标准，有助于确保有相当规模的高净值客户，而获得管理与服务上的规模效益。其实，银行的这个高净值客户的标准，比较接近中等净值客户的标准。

这里强调了银行视角的高净值客户的界定问题。现在，社会上对于高净值人群的界定存在不同的标准，它们一般是根据社会财富分配分层理论建立起来的，其是理论意义上的标准。但是，对于银行而言，其需要根据客观现实来建立具有可操作性的高净值客户的界定标准。这种基于业务需要确定的标准，直接根据当地客户分层的特征所设立。一般而言，这种标准更加贴近银行的具体业务。所以，在研究银行高净值客户的界定标准时，要区分银行业务上的视角以及理论意义上的视角。

一般而言，在理论研究上，对于高净值人群定义的标准会比较高一些。清华大学五道口金融学院全球家族企业研究中心与中国银行业协会私人银行业务专业委员会合作，在2018~2019年对其常委单位（27家商业银行）以及来自其中21家银行的1056位私人银行客户进行调查研究。在该项调查研究中，私人银行的高净值客户的资产规模的统计口径为 600 万元（高皓、许嫘，2020）。这个标准比个人合格投资者的 500 万元的标准要高，但是比国际上的 100 万美元的标准要低一些。当然，也有的研究把标准定为高于 100 万美元，比如在一项针对高净值人群的消费特征及其生活方式的研究中，高净值人群指的是可投资性资产在 1000 万元及以上的群体（周长城等，2019）。此外，2019 年，恒天财富联合吴晓波频道推出《2019—2020 中国高净值人群财富报告》，提出家庭资产为 600 万～1000 万元是高净值人群的达标门槛，约六成高净值家庭的可投资性资产处于这一区间。当然，也有一些研究及报告指出，高净值人群一般指资产净值在 1000 万元以上的群体，这个人群也是金融资产和投资性房产等可投资性资产较多的社会群体。

泰康保险集团与胡润百富从 2015 年开始，联合发布年度《中国高净值人群医养白皮书》。在《2015 中国高净值人群医养白皮书》中，高净值人群是指个人总资产在 1000 万元以上的人群。高净值人群的资产包括个人所拥有的固定资产和流动资产。固定资产包括个人所拥有的上市或未上市股权、自住房产、投资性房产；流动资产包括股票、基金、债券、存款、保险等。值得注意的是，高净值人群的资产明确包括自住房产。这说明，自住房产也可以被纳入高净值人群的资产范围。之后，泰康保险集团、胡润百富连续发布了《2016 中国高净值人群医养白皮书》《2017 中国高净值人群医养白皮书》。但是，在进行了为期三年的合作之后，泰康保险集团与胡润百富的合作并没有继续。《2020 年中国中高净值人群医养白皮书》发布时，报告的主题已经发生了变化，胡润百富也不再是泰康保险集团的合作方。所以，很多事情都在悄悄地发生变化。

三 中高净值人群

财富的社会分配研究存在三种主要趋势。第一种趋势是聚焦对财富金字塔顶端人群的研究，比如对超高净值人群的规模、特征、消费模式、投资理财需求等的研究（Morison et al.，2013）。当然，社会公众对于这一人群具有一种矛盾心理，社会学家更注重研究这个群体扮演的社会角色（Kelly，2012）。第二种趋势是聚焦对财富金字塔底端人群的研究，比如 C. K. 普拉哈拉德（C. K. Prahalad）所强调的“金字塔底层的财富”，即强调服务 40 多亿穷人的重要性（Prahalad，2004）。这个趋势在普惠金融领域进一步强化。例如被誉为“穷人的银行家”的孟加拉国经济学家穆罕默德·尤努斯（Muhammad Yunus）曾获得诺贝尔和平奖。第三种趋势是聚焦对中等收入群体的研究（Yuan et al.，2012）。在西方，常用的词语是中间阶层。例如，在英国，早在维多利亚时代，中间阶层就已经开始崛起，拥有大量的社会财富（Rubinstein，1977）。作为社会稳定的重要力量，中间阶层或者中等收入群体的规模以及其所拥有的财富，是社会各界普遍关注的议题。上述三种趋势是当前研究财富的社会分配的三个主要方向。

随着银行业竞争的不断加剧，其对净值比较高的客户资源的争夺更加激烈。由于高净值人群的规模有限，因此，银行会根据业务需要，采用服务向中等净值人群倾斜和延伸的策略，积极争取中等净值人群，进而巩固和扩大客户规模，提高自身的竞争力。与高净值客户相比，中等净值客户所掌握的可投资性资产会少一些，但是，这个人群的规模比高净值人群的规模要大得多。而且，从财富增值的趋势来看，这个人群成长为高净值人群的概率最大。所以，对于银行而言，一方面，为了扩大客户规模，形成金融服务的规模效益，其会把服务从高净值人群延伸到中等净值人群；另一方面，为了培育更多高净值客户，其会努力在中等净值人群中进行深耕，帮助其实现财富的保值和增值，进而向高净值人群转化。可见，服务中等净值人群不仅是银行的一种战术需要，还是一种战略需要。

在实际操作中，银行一般把中等净值客户和高等净值客户整合起来提供有针对性的金融服务，并将他们统称为中高净值客户。之所以如此安排，除了为了获得金融服务的规模效益之外，还有一个很重要的原因是中高净值人群是动态变化的。在现实中，高净值人士可能由于投资失误等原因，变成中等净值人士。中等净值人士可能因为财富增值而变成高净值人士。因此，无论是高净值人群，还是中等净值人群，都处于动态变化之中。这就要求银行根据现实情况动态地服务中高净值人群，因此，其通常会把中高净值人群作为一个整体来进行研究和提供服务。

（一）全球情况

在中高净值人群研究这个领域，作为后起之秀，《全球财富报告》也有超越《世界财富报告》的地方。比如，《全球财富报告》在发布的同时，一般会发布数据报告（Databook），以便于相关机构和人员查询相关统计数据。此外，《全球财富报告》虽然没有直接提出中等净值人群的概念，但是，其中隐含着这个人群的财富统计数据和信息。例如，在《全球财富报告》中，财富在不同人群中的配置通过财富金字塔的形式呈现。该报告把个人资产从高到低进行排列，形成财富金字塔从顶端到底部的四个层次的结构。第一层（最高层）是个人资产在 100 万美元及以上，第二层是个人资产为 10 万~100 万美元，第三层是个人资产为 1 万~10 万美元，第四层（底层）是个人资产不到 1 万美元。在该报告中，第三层用中产阶级来称呼；第二层和第一层则用高财富阶层来称呼，他们可以被认为是中高净值人群。

《全球财富报告》把个人资产在 10 万美元及以上的阶层统称为高财富阶层。虽然该报告并没有将这个阶层明确定义为中高净值人群，但是，其对这个人群进行了非常详细的数据统计（见表 1-4）和分析。从个人资产的角度来看，这个阶层其实就是中高净值人群。

表 1-4　2010~2020 年高财富阶层的人数

单位：百万人

	2010 年	2011 年	2012 年	2013 年	2014 年	2015 年	2016 年	2017 年	2018 年	2019 年	2020 年
第一层	24.2	29.7	29.0	32.0	35.0	34.0	33.0	36.0	42.0	47.0	51.9
第二层	334.0	369.0	344.0	361.0	373.0	349.0	365.0	391.0	436.0	499.0	590.0
汇　总	358.2	398.7	373.0	393.0	408.0	383.0	398.0	427.0	478.0	546.0	641.9

如表 1-4 所示，个人资产在 10 万美元及以上的人口从 2010 年的 3. 582 亿人增加到 2020 年的 6. 419 亿人。总体而言，其呈现明显的增加趋势，尤其是 2016~2020 年，呈现持续增加的态势。当然，2012 年和 2015 年，这个人群的规模出现了比上一年缩小的情形。这与当时全球整体的经济发展情况有密切的关系。与人群规模变化相关的是这个人群的人数占全球成人人口的比重发生变化。2010~2020 年高财富阶层人数占全球成人人口的比重见表 1-5。

表 1-5　2010~2020 年高财富阶层人数占全球成人人口的比重

单位：%

	2010 年	2011 年	2012 年	2013 年	2014 年	2015 年	2016 年	2017 年	2018 年	2019 年	2020 年
第一层	0. 5	0. 5	0. 6	0. 7	0. 7	0. 7	0. 7	0. 7	0. 8	0. 9	1. 0
第二层	7. 4	8. 2	7. 5	7. 7	7. 9	7. 4	7. 5	7. 9	8. 7	9. 8	11. 4
汇　总	7. 9	8. 7	8. 1	8. 4	8. 6	8. 1	8. 2	8. 6	9. 5	10. 7	12. 4

如表 1-5 所示，个人资产在 10 万美元及以上的人口占全球成人人口的比重从 2010 年的 7. 9%上升到 2020 年的 12. 4%。也就是说，到了 2020 年，全球每 9 个人之中就有约 1 个人的资产在 10 万美元及以上。总体而言，其呈现明显的上升趋势，尤其是 2015~2020 年，呈现持续上升的态势。

这个人群规模的变化，与其所拥有的财富总额的变化是密切相关的。一般而言，人口规模越大，其所拥有的财富总额就越多。2010~2020 年高财富阶层所拥有的财富总额见表 1-6。

表 1-6　2010~2020 年高财富阶层所拥有的财富总额

单位：万亿元

	2010 年	2011 年	2012 年	2013 年	2014 年	2015 年	2016 年	2017 年	2018 年	2019 年	2020 年
第一层	69. 2	89. 1	87. 5	98. 7	115. 9	112. 9	116. 6	128. 7	142. 0	158. 3	173. 3
第二层	85. 0	100. 6	95. 9	101. 8	108. 6	98. 5	103. 9	111. 4	124. 7	140. 2	161. 8
汇　总	154. 2	189. 7	183. 4	200. 5	224. 5	211. 4	220. 5	240. 1	266. 7	298. 5	335. 1

如表 1-6 所示，高财富阶层所拥有的财富总额从 2010 年的 154. 2 万亿元增加到 2020 年的 335. 1 万亿元。除了 2012 年和 2015 年之外，2010~2020 年，其呈现持续上升的趋势。也就是说，2012 年和 2015 年是比较特殊的年份，高财富阶层所拥有的财富总额比上年略有下降。比较表 1-4 和表 1-6 发现，这个阶层所拥有的财富总额的变化与人数的变化基本上是一致的，其都在 2012 年和 2015 年出现下降的情形，而在其余年份都是增加的。高财富阶层所拥有的财富总额占世界财富总额的比重也呈现相似的变化趋势(见表 1-7)。

表 1-7　2010~2020 年高财富阶层所拥有的财富总额占世界财富总额的比重

单位：%

	2010 年	2011 年	2012 年	2013 年	2014 年	2015 年	2016 年	2017 年	2018 年	2019 年	2020 年
第一层	35. 6	38. 5	39. 3	41. 0	44. 0	45. 2	45. 6	45. 9	44. 8	43. 9	43. 4
第二层	43. 7	43. 6	43. 1	42. 3	41. 3	39. 4	40. 6	39. 7	39. 3	38. 9	40. 5
汇　总	79. 3	82. 1	82. 4	83. 3	85. 3	84. 6	86. 2	85. 6	84. 1	82. 8	83. 9

如表 1-7 所示，高财富阶层所拥有的财富总额占世界财富总额的比重从 2010 年的 79. 3%上升到 2020 年的 83. 9%。从财富金字塔的最高两层人群来看，第一层人群所拥有的财富总额占世界财富总额的比重总体上呈上升趋势，从 2010 年的 35. 6%上升到 2020 年的 43. 4%。但是，第二层人群所拥有的财富总额占世界财富总额的比重总体呈现略有下降的趋势，从 2010 年的 43. 7%下降到 2020 年的 40. 5%。由此可知，财富金字塔的这两层人群总体上呈现“富者越富”的趋势，这表明财富进一步向最富有的人群集中。

（二）我国情况

我国关于中高净值人群的研究相对较少。但是，近年来，一些机构开始重视对这个人群的研究。2019 年 8 月 20 日，新华网联合太平人寿在北京发布《中高净值人群保险保障需求调研蓝皮书》。在该报告中，调查对象是中高净值人群，包含中高产人士和高净值人士（新华网、太平人寿，2019）。

在具体定义上，该报告用个人可投资性资产总额作为识别中高净值人群的标准。其中，个人可投资性资产总额为300万~600万元的被定义为中高产人士，而高净值人士的可投资性资产总额在600万元以上。但是，该报告中并没有明确定义可投资性资产具体包括哪些内容。调查对象的年龄为25~55岁。在调查城市分布上，以一线城市为主，二线城市及三线城市均有所涉及。可见，这份报告针对的是城市地区的中高净值人群。

与过去研究高净值人群的相关报告相比，这份报告具有以下几个特点。

首先，根据笔者目前所掌握的资料，这是国内第一份关于中高净值人群的研究报告，研究对象不再是高净值人群，这具有很强的创新性。这表明，保险业已经不再只关注高净值人群，开始比较系统性地思考和研究包括中等净值人群在内的中高净值人群的整体情况以及其在保险保障方面的需求。从这个角度来看，这份报告具有重要的里程碑意义。

其次，正如这份报告封面所提出的“回归本源　探索蓝海”，这份报告开始认识到高净值人群与中等净值人群的渊源，强调基于“本源”的研究。其在进行保险保障的需求本源的探索时不再只关注有关高净值人群的研究，因为在社会中，这部分人群的规模毕竟有限，应该关注有关中高净值人群这一更大范围的社会人群的研究，这可能就是社会对保险保障需求的“本源”。这是这份报告内含的一个基本假设。尽管这个假设不一定完全成立，比如社会低收入阶层也具有相应的保险保障需求，但是，由于研究对象从高净值人群扩展到中高净值人群，这个假设的现实基础更加稳固了。

再次，这份报告旨在寻找和探索保险业的“蓝海”，研究具有一定的战略性和前瞻性。这说明高净值人群市场的竞争已经非常激烈，日趋白热化。银行业向高净值人群所提供的产品及服务的同质化程度越来越高，这一市场的利润越来越少。在这种情况下，银行业亟须寻找和开拓新的市场，即所谓的“蓝海市场”（Kim and Mauborgne，2015）。与高净值人群市场相比，中等净值人群市场并未受到传统保险业的足够重视。因此，对于保险业而言，这一市场属于亟待开发的“蓝海市场”，而对于中高净值人群进行探索就是保险业从“红海策略”向“蓝海策略”转型的重要途径。

最后，虽然这份报告的篇幅不长（44 页），但是，内容比较完整，不仅包括中高净值人群的现状和基本特征、中高净值人群对于财富的追求以及财富传承等内容，还包括中高净值人群对于保险保障的具体需求与偏好情况。这份报告在分析中高净值人群时，还区分了男性中高净值人群和女性中高净值人群，分析更加深入和细致。所以，除了缺乏中高净值人群的资产配置情况外，这份报告还是比较完整的，分析逻辑和思路也是比较清楚的。

对《中高净值人群保险保障需求调研蓝皮书》和《2020 年中国中高净值人群医养白皮书》进行比较发现，它们对中高净值人士的界定标准是不同的。《中高净值人群保险保障需求调研蓝皮书》把个人可投资性资产高于 300 万元的人士界定为中高净值人士，而在《2020 年中国中高净值人群医养白皮书》中，中高净值人士被定义为家庭可投资性资产在 100 万元以上且年龄在 30 岁以上的人士。其中可投资性资产包括现金、存款、基金、股票、债券、保险等流动性比较强的资产，但不包含房产等固定资产。从这个界定标准来看，以下两点值得关注：其一就是资产以家庭为单位，而不以个人为单位；其二就是可投资性资产并不包括投资性房产。这说明目前还没有被普遍接受的中高净值人士的界定标准。不同的研究会根据各自的需要，提出适合的、具有可操作性的界定标准。

从《2020 年中国中高净值人群医养白皮书》中的样本分布来看，其针对北京、上海、天津等 29 个一线城市至三线城市采取分层随机抽样的方法，选取 1185 名中高净值人士作为调查对象。因此，调查研究集中在城市地区，不涉及农村地区的中高净值人群。也就是说，这份报告中的中高净值人士的界定标准适用于城市地区，但是否适用于农村地区，则需要做进一步的研究。总体而言，目前，相关报告的一个共同特征就是聚焦中国城市地区的中高净值人群，缺乏对农村地区中高净值人群的研究。

在内容上，这份报告主要关注中高净值人群及其家庭在医疗及养老方面的状况、需求、挑战等，包括这个人群对于长寿的感知、对于养老生活的选择及健康情况等。在财富方面，这份报告包括中高净值人群的收入特征以及理财特征。这份报告指出，中高净值人群的主要收入来源是工资和理财收入。随着年龄增长，房租收入的占比会提高，其成为60岁及以上人群的主要收入来源。不过，这份报告存在一个问题，即在界定中高净值人群时，并未将房产计算在可投资性资产之中，但是，在计算中高净值人群的收入时不仅计算了房租收入，而且计算了买卖房产的收入。也就是说，投资性房产是中高净值人群的一个重要的收入来源。中高净值人群大多拥有投资性房产。比如，对于60岁及以上的中高净值人群来说，房租收入和买卖房产的收入加起来占其总收入的62%。显然，这与这份报告对于中高净值人群的界定标准有所出入。这份报告不把投资性房产纳入可投资性资产的做法，显然是有待商榷的。

在资产配置上，这份报告指出，中高净值人群把26%的资金配置在银行理财产品上，把22%的资金配置在银行存款中，它们是这个人群的两类主配置产品。股票、保险和基金是三类次配置产品。这就对中高净值人群的划分标准提出了另一个新的问题，就是要不要把所持有的理财产品的价值也纳入可投资性资产之中。很多关于可投资性资产的定义并未提及理财产品的价值。但是，中高净值人群一般具有较强的理财能力，拥有较多理财产品。所以，这是一个需要进一步研究的问题。在保险保障上，这份报告指出，中高净值人群在寿险和健康险上的配置比例较高，但在具体险种上仍存在漏配、错配问题，特别是年金险的配置比例偏低。可见，即便这份报告聚焦医养问题，也分析了中高净值人群的资产配置和保险保障问题。

值得注意的是，这份报告的附录部分涉及国别和行业研究。其通过对日本、美国、德国、英国、中国的政策以及发展情况进行研究，总结和梳理各国在医养方面的经验，进而对中高净值人群的研究予以补充。尽管相关国别研究做得比较简略，都是质性研究，并没有提供相关数据，但是，通过国际比较来对医养问题进行分析和探讨的思路是值得借鉴的。尤其是对不同国家具体政策及其效果的评估，是中高净值人群研究的重要内容。

（三）中高净值概念的发展

2004 年 9 月，《保险经纪月刊》出版了一期增刊，这期增刊的标题是“高净值”。这期增刊的最后一篇文章是《中等净值》。这篇文章由时任苏黎世保险公司（Zurich Insurance Group）中等净值业务部主管艾德里安·桑德斯（Adrian Saunders）所著。从他的头衔可知，当时苏黎世保险公司已经在开展面向中等净值人群的相关金融保险服务了。这篇文章引用的 Datamonitor 公司的数据表明，到 2007 年，英国流动资产为 3 万~20 万英镑的中等净值人群的人数将达到 700 万人（Adrian，2004）。若以当时人民币对英镑的汇率来计算，那么，对应的人民币资产是 45 万~300 万元。这就是当时 Datamonitor 公司给出的关于英国的中等净值人群的资产标准。根据 Datamonitor 公司的估计，英国中等净值人群的人数在 2007 年为 700 万人。2007 年，英国人口是 6130 万人，那么就此可以估算出当时英国中等净值人群占总人口的比重约为 11%，也就是差不多当时每 10 个英国人中就有 1 个中等收入人士。

当时英国的人均 GDP 约为 5.06 万美元，相当于 35.7 万元。按照当时人均 GDP 的国际排名，英国排在全球第 16 名，排在美国（全球第 18 名）前面。当时中国的人均 GDP 仅为 2693 美元，居全球第 129 名。可见，当时英国是相对富裕国家。到了 2020 年，根据国际货币基金组织公布的数据，中国人均 GDP 已经达到 10484 美元，排在全球第 63 名。因此，随着中国经济的持续快速发展，中等净值人群规模持续扩大，其占总人口的比重持续提升。但是，究竟当前中等净值人群占总人口的比重是多少，还需要进一步研究。由于当前我国人均 GDP 还远低于英国 2007 年的人均 GDP，因此，一个基本的判断是，当前中国中等净值人群占总人口的比重低于英国中等净值人群在 2007 年的比重，即每 10 个中国人中的中等收入人士应该少于 1 个人。

在这篇文章中，艾德里安·桑德斯介绍了苏黎世保险公司的界定标准。他指出，苏黎世保险公司把中等净值客户和高净值客户整合起来，其资产门槛为 80000 英镑（Adrian，2004）。也就是说，苏黎世保险公司服务的是中高净值客户，他们的个人资产达到 8 万英镑，相当于 120 万元。可见，这个标准和 Datamonitor 公司的标准不一样，其准入门槛是 45 万元。这种差异的一个重要原因是研究视角的不同。苏黎世保险公司从业务角度定义中高净值客户，而 Datamonitor 公司从社会监测角度定义中高净值人群。两者的差异其实体现出中高净值人群和中高净值客户这两个概念的差异。中高净值人群强调的是社会中客观存在这样一个群体，对于特定的金融保险服务具有潜在的需求。中高净值客户是银行、保险等金融机构直接服务的对象，不仅有潜在的需求，而且有现实的迫切需求。也就是说，中高净值人群中的一部分会转化为银行、保险等金融机构的中高净值客户。所以，总体而言，中高净值客户的界定标准会比中高净值人群的高一些。

2008 年，《保险经纪月刊》刊登了《中高净现值：合并定义》一文。这篇文章由斯特林保险集团（Sterling Insurance Group）个人与商业保险主管大卫·思威尼（David Sweenney）所著（Sweeney，2008）。这篇文章提出了一个重要的观点：今天的中等净值客户就是明天的高净值买家。因此，有必要把中等净值人群和高净值人群进行合并。应该说，大卫·思威尼一语道破玄机，把银行、保险等金融机构关注中等净值人群以及提出中高净值客户概念的背后动机说清楚了。当然，大卫·思威尼提到这两个概念的合并在给保险业者带来机遇的同时，也存在一些问题和挑战。不过，面对新的商机，保险业者是不会放弃的。《反应》期刊在 2015 年 2 月 5 日刊登的一篇文章显示，英国人保险公司（Brit Insurance）已推出一个新的名为“地平线”（Horizon）的授权承保代理（Managing General Agent，MGA），它将承保中高净值市场的业务（EII，2015）。据该文介绍，“地平线”将提供两种产品：经度（面向中等净值客户）和纬度（面向高净值客户）。这说明，保险业者已经有针对性地提供面向中等净值客户和高净值客户的专属服务。当然，在英国人保险公司的这个例子中，不仅中等净值客户和高净值客户彼此之间是分开的，服务也是分开的，他们并未被合并成中高净值客户。

除了人寿保险之外，在财产保险上，保险业者已经开始根据中高净值人群的特征提供有针对性的定制服务。根据2013年3月的《保险时代》期刊刊登的一份报告，英国法通保险公司（Legal & General Group）推出面向中高净值客户的家庭保险产品。中高净值家庭通过新保单可获得的承保内容包括建筑物保险金额超过80万英镑的部分和财产保险金额超过80000英镑的部分。高价值物品属于标准物品，不需要具体列出，例如价值在10000英镑以下的珠宝和手表，或其他价值在15000英镑以下的贵重物品（IFP，2013）。这个家庭保险产品之所以能够取得成功，一个很重要的原因是满足了中高净值客户的需求。中等净值客户和高净值客户真正看重的是保险业者为其提供的个性化服务，这意味着保险业者理解并且能够提供真正有价值的、针对中高净值客户的定制服务。中高净值客户受到金融机构的欢迎，越来越多的金融机构把业务重心放在中高净值人群上（Matt，2004）。这是金融服务业发展的大势所趋。

四　中高净值客户标准及研究安排

（一）相关标准的梳理

对于中高净值客户标准的界定，需要参考高净值人士和中等净值人士的相关界定标准。为了便于比较，根据上述文献研究，本章把不同研究和报告中的中、高净值人士的资产界定标准汇总在表1-8中。

表1-8　不同研究和报告中的中、高净值人士的资产界定标准

出处	客户类型	标准
苏黎世保险公司	中高净值	个人资产达到8万英镑，相当于120万元
Datamonitor公司	中高净值	45万元
《中高净值人群保险保障需求调研蓝皮书》	中高净值	个人可投资性资产高于300万元
《2020年中国中高净值人群医养白皮书》	中高净值	家庭可投资性资产在100万元以上且年龄在30岁以上的人士，其中可投资性资产包括现金、存款、基金、股票、债券、保险等流动性比较强的资产，不包含房产等固定资产

续表

出处	客户类型	标准
《全球财富报告》	中高净值	个人资产在 10 万美元及以上
Anderson,2013	中高净值	个人资产在 10 万美元及以上
《中国高净值人群医养白皮书》	高净值	个人总资产在1000 万元以上的人士,资产包括个人所拥有的固定资产和流动资产,其中,固定资产包括个人所拥有的上市或未上市股权、自住房产、投资性房产;流动资产包括股票、基金、债券、存款、保险等
高皓、许嫘,2020	高净值	资产规模统计口径为 600 万元
周长城等,2019	高净值	可投资性资产在 1000 万元及以上
《2019—2020 中国高净值人群财富报告》	高净值	家庭资产在 600 万元及以上
《中国人民银行　中国银行保险监督管理委员会　中国证券监督管理委员会　国家外汇管理局关于规范金融机构资产管理业务的指导意见》	高净值	家庭金融资产不低于 500 万元
《全球财富报告》	高净值	可投资性资产为 100 万美元
《2017 中国高净值人群数据分析报告》	高净值	资产净值在 600 万元以上
《中国私人财富报告》	高净值	可投资性资产超过 1000 万元,可投资性资产包括个人的金融资产和投资性房产,其中个人的金融资产包括现金、存款、股票、债券、基金、保险、银行理财产品、离岸资金和其他投资(商品期货、黄金等),不包括自住房产、非上市公司股权及耐用消费品等资产

如表 1-8 所示，对于中、高净值人士的界定，常用的是可投资性资产，但也有家庭资产、个人财富等。一般情况下，可投资性资产包括现金、存款、股票、债券、基金、保险等金融性资产。对于这方面的界定，应该没有什么争议，这是被普遍采用的。此外，一般而言，可投资性资产不包括自住房产，这是比较普遍的共识，也没有什么争议。但是，对于可投资性资产中是不是需要加入投资性房产，则有不同的处理方式。有的研究报告并没有把投资性房产归于可投资性资产之中，但有的研究报告中的可投资性资产包括投资性房产。所以，从目前情况来看，对待投资性房产的处理存在两种完全

不同的做法。

所谓投资性房产，是指为赚取租金或实现资本增值（房产买卖的差价），或两者兼有而持有的房产。投资性房产应当能够单独计量价值和出售。在我国，旺盛的投资性购房需求，是推动房价持续上涨的一个重要原因，为此，政府出台一系列政策来合理引导这种需求（李超，2017）。当然，对于投资性购房需求要辩证地看待，从家庭资产管理和理财角度来看，投资性购房其实是确保家庭资产增值的一个重要策略（陈伯庚，2005）。对于长线投资者而言，楼市的风险远小于股市。这是因为对不动产长期增值的预期几乎被所有投资者认可（杨红旭，2009）。

本书认为，可投资性资产应该包括投资性房产，主要原因如下。

其一，无论是对于企业还是对于家庭以及个人，投资性房产都具有重要的持有价值，主要以投资为目的（Cowley，2017）。从家庭的角度来看，在我国，投资性房产是家庭资产投资的重要途径。根据《疫情下中国家庭的财富变动趋势：中国家庭财富指数调研报告（2020 年度）》中的数据，影响中国家庭财富变动的因素主要包括四大类：住房资产、金融投资、工商业经营、可支配现金。其中，住房资产和金融投资是家庭财富增加的主要因素，对家庭财富增加的贡献率分别为 69.9%和 21.2%（西南财经大学中国家庭金融调查与研究中心、蚂蚁集团研究院，2020）。在住房资产中，有相当一部分是投资性房产。作为我国家庭财富的重要贡献者，家庭可投资性资产不应该把投资性房产排除在外，而应该包括投资性房产。

其二，房产不仅是家庭财富最为重要的组成部分，而且是带动居民财富增长的最为关键的核心因素。根据经济日报社中国经济趋势研究院发布的《中国家庭财富调查报告（2018）》中的数据，从增长幅度看，2017 年，我国家庭房产净值增长了 15.56%，这一增长幅度要快于家庭财富的增长幅度。对全国居民而言，2017 年，房产净值增长额占家庭人均财富增长额的 68.74%（经济日报社中国经济趋势研究院，2018）。由此可以推测出，投资性房产对于家庭可投资性资产的增长具有类似的贡献，贡献率为 60%～70%。因此，作为推动家庭可投资性资产增值的核心因素，投资性房产的作用不容忽视。只有把投资性房产纳入家庭可投资性资产的范围之内，才能客观测量我国家庭可投资性资产的规模。

其三，活跃的二手房交易市场，使投资性房产可以在短期内通过出售或者出租等途径快速变现，其成为流动性比较强的资本。根据贝壳网的二手房成交数据，广州二手房的平均成交周期是25.9个月，深圳是24.8个月，北京是11.4个月，上海是9.5个月，杭州是19.5个月。可见，一般少则一年，多则两年，房屋都可以卖出去。若适当降低房产售价，那么，房屋变现的速度还要快。投资性房产的变现速度是比较快的，资本的流动性也是比较高的。对于我国家庭投资者而言，楼市和股市是可以相互替代的，资金往往在楼市和股市之间流动。也就是说，投资房产与投资股票之间存在替代性。这说明，就家庭投资视角而言，投资性房产与股票具有相似的投资特征。因此，在家庭可投资性资产的计算上，既需要包括股票等金融性家庭资产，也需要包括投资性房产等非金融性家庭资产及具有一定流动性的资产。

根据上述理由，在本书中，可投资性资产包括现金、存款、股票、债券、基金、保险等金融性资产和投资性房产，但不包括自住房产。本书根据家庭可投资性资产的价值来定义和界定银行中高净值客户。具体而言，参考其他类似研究报告的标准，本书对于中高净值家庭的界定标准是家庭可投资性资产在45万元及以上。应该说，这样的标准与类似的很多研究是一致的，而且符合我国家庭的客观情况。

投资性房产的测量一般采用除了自住房产之外的其他房产的市值的指标（黄静、崔光灿，2013）。当然，也有一些其他测量指标，比如在区域和城市研究中，就会采用家庭购买第二套住房及多套住房的数量占房产销售量的比例这个指标（张海洋等，2011）。为了掌握家庭投资性房产情况，一般采用随机抽查的方式进行研究。比如，早在2004年，上海就对11个区中的25个住宅小区的相关物业公司及1000户家庭进行过问卷调查，发现投资性购房比重已接近17%（肖永培、沈韶华，2004）。在区域投资性购房研究中，“热钱炒房”对当地房市会有重要影响。例如早在2010年，重庆就用异地购房投资系数（“热钱炒房”规模占异地购房规模的比例）来测量外来投资性购房情况，发现七成外来投资性购房集中在中高端住宅（杨赞等，2014）。也有研究利用国家统计局的城镇住户抽样调查数据库，选取12个具有代表性的大中城市在2002~2009年的数据作为研究样本，用家中是否有多套住房作为虚拟变量来研究家庭投资性购房的需求情况，发现这是家庭再购房的三大内在动机之一（杨赞等，2014）。根据上述研究，本书采用除了自住房产之外的其他房产的市值这个指标来测量家庭投资性房产的价值。

（二）本书的标准与内容安排

在综合考虑本书研究目标以及当前我国中等收入群体的特征后，本书对中高净值家庭采用的标准就是家庭可投资性资产规模为45万元。可投资性资产规模大于或等于45万元的家庭，就是中高净值家庭；否则，就是非中高净值家庭。本书采用的家庭可投资性资产包括家庭的现金、存款、股票、债券、基金、保险等金融性资产以及家庭所持有的投资性房产。在实际计算中，家庭持有的第二套及以上房产的总市值就是家庭投资性房产的价值。基于这个标准，本书主要从如下六个方面来开展研究。

其一，中高净值家庭行为特征。本书从中高净值家庭关系，网络与信息，身体与健康，工作条件，宗教、法律与政治，精神面貌和价值观等方面全景式地分析中高净值家庭及相关人群的心理及行为，以期能够综合地描述和刻画这一类型家庭及相关人群的特征，尤其是其所思所想以及相关行为取向。

其二，中高净值家庭金融资产管理。本书从家庭参与金融市场投资理财、持有金融产品价值、风险性金融资产比重、家庭杠杆率等方面，分析和刻画中高净值家庭及相关人群在家庭金融资产配置方面的特征、分布以及发展趋势。

其三，中高净值家庭非金融资产管理。本书通过对中高净值家庭经营性资产、房产、耐用消费品等的配置，对中高净值家庭的非金融资产进行全景式刻画和描述，解释配置过程中的规律和趋势，从而为优化家庭非金融资产配置提供参考和借鉴。

其四，中高净值家庭商业保险配置。本书通过分析家庭商业保险覆盖、家庭商业保险支出、家庭人均商业保险支出等情况，描述中高净值家庭在商业保险方面的配置情况。

其五，中高净值家庭儿童商业健康险配置。儿童健康为中高净值家庭普遍关注和重视，因此，这里特别研究儿童商业医疗险，分析中高净值家庭对儿童商业健康险的投入情况等，进而全面而深入地解析中高净值家庭在儿童保险保障方面的配置情况。

其六，中高净值家庭养老与保险。追求高质量的老年生活是中高净值家庭的一个共同特征。本书从家庭领取离/退休金或养老金数量、家庭养老保险以及商业养老保险覆盖情况等角度，分析中高净值家庭在养老与保险方面的配置情况。

（三）本书的特色

与现有的同类研究相比，本书具有如下几个特色。

其一，本书聚焦中高净值家庭，从家庭视角全方位剖析中高净值家庭及人群在资产配置和保险保障方面的特征，是这个领域第一部系统性的著作。对于过去的相关研究，绝大多数聚焦高净值人群，对于中等净值人群的研究非常缺乏。与过去的研究不同，本书从家庭视角出发，系统而全面地对中高净值家庭及人群进行全景透析式研究和分析，形成具有量化依据的实证研究报告，为推动中高净值家庭及人群研究提供了新的视角和新的证据。

其二，本书采用具有全国代表性的微观家庭调查数据，研究结果比较客观。本书采用的是 2020 年中国家庭追踪调查（China Family Panel Studies，CFPS）数据。CFPS 旨在通过跟踪收集个体、家庭、社区三个层次的数据，反映中国社会、经济、人口、教育和健康的变迁情况，这是一个全国性、大规模、多学科的社会跟踪调查项目（Gu and Ming，2021）。CFPS 的样本覆盖 25 个省、区、市，目标样本规模为 16000 户，调查对象包含样本家庭中的全部成员（Gu and Zhu，2020）。CFPS 的调查问卷分为社区问卷、家庭问卷、成人问卷和少儿问卷四种主体问卷类型，并在此基础上不断发展出针对不同性质家庭成员的长问卷、短问卷、代答问卷、电访问卷等多种问卷类型。CFPS 由北京大学中国社会科学调查中心实施。项目采用计算机辅助调查技术，以满足多样化的设计需求，提高访问效率，保证数据质量，是北京大学和国家自然基金委资助的重大项目。对于过去关于中高净值人群的研究，绝大多数数据不具有全国代表性。本书通过对 2020 年 CFPS 中的家庭问卷和成人问卷的数据进行分析，第一次从全国整体的范围和层次上分析、研究了中高净值家庭，展示了我国中高净值家庭及人群的总体面貌。

其三，本书深入家庭内部，揭示了中高净值家庭及人群在资产配置和保险保障方面的微观决策机制及影响因素。家庭是社会的基本组成单位，在经济社会活动中起着基础性的重要作用。经济不断发展带来的直接影响就是家庭年可支配收入越来越多，居民对投资理财以及保险保障的欲望和需求愈加强烈，对多样化金融及非金融产品的需求与日俱增，中高净值家庭资产配置与保险保障越来越成为政府、业界和学界关注的重点。本书发现家庭所在的社区以及家庭规模等因素，都会影响中高净值家庭及人群的理财与保险决策。此外，家庭中户主的性别、受教育程度、健康状况、婚姻状况等也是影响上述决策的重要因素。本书深入家庭内部，通过利用包括实证模型在内的研究方法，系统检验和揭示了家庭内部的这些因素对中高净值家庭及人群的理财和保险决策的影响，这为揭示中高净值家庭和人群的决策机制提供了重要的实证证据。

本章总结

本章的主要内容如下。

其一，目前的研究大多集中在高净值人群上，近些年，这个人群呈现逐渐增加的趋势，所拥有的财富规模快速扩大，其金融投资和理财需求具有明显的个性。这是银行、保险等机构所争夺的重要市场。目前，这个市场的竞争越来越激烈，金融业产品同质化问题日趋明显。

其二，金融业为了寻找“蓝海市场”，关注的客户从高净值人群向中等净值人群延伸，因此，产生了中高净值人群的概念。这是市场延伸的必然结果，也是金融服务精细化的必然产物。当然，这与这个人群所拥有的越来越多的财富有关。此外，中等收入群体的崛起、家庭财富模式的变化，以及家庭创富、守富、传富和享富的方式发生的深刻变化，都推动中高净值家庭和人群的资产配置和保险保障需求进一步发展。

其三，对于中高净值人群的界定，由于国家、地区的研究目的有所不同，目前并没有一个公认的界定标准。在操作性界定上，一般把可投资性资产的规模作为衡量标准。本书的标准就是家庭可投资性资产在 45 万元及以上，把高于这个标准的人群界定为中高净值人群。这样的界定符合我国当前的国情。家庭可投资性资产主要是投资性房产和金融资产。当然，在有的研究中，也可以不把投资性房产计算在内。本书认为，考虑到我国投资性房产的具体情况，应该把其纳入可投资性资产之中。

其四，本书从中高净值家庭行为特征、中高净值家庭金融资产管理、中高净值家庭非金融资产管理、中高净值家庭商业保险配置、中高净值家庭儿童商业健康险配置以及中高净值家庭养老与保险六个方面展开研究，力图全面而精准地对我国中高净值家庭及人群进行全景式的分析，为政府、金融机构的相关决策提供重要的参考依据。

参考文献

陈伯庚：《投资性购房不能一棍子打死》，《房地产世界》2005 年第 11 期。

高皓、许嫘：《中国私人银行行业发展报告（2018）——高净值人群的财富管理之道》，《清华金融评论》2020 年第 2 期。

国家统计局城调总队课题组：《6 万－50 万元：中国城市中等收入群体探究》，《数据》2005 年第 6 期。

黄静、崔光灿:《住房分配货币化、房价上涨与城镇居民住房财产差距分化——基于家庭微观调查数据的分析》,《当代经济研究》2013 年第 5 期。

经济日报社中国经济趋势研究院:《中国家庭财富调查报告(2018)》,2018。

李超:《投资性购房需求高涨的应对之策》,《银行家》2017 年第 8 期。

龙莹:《中国中等收入群体规模动态变迁与收入两极分化:统计描述与测算》,《财贸研究》2012 年第 2 期。

民生财富、中国社会科学院国家金融与发展实验室、北京东方国信科技股份有限公司:《2017 中国高净值人群数据分析报告》,2017。

中国银行业协会清华大学五道口金融学院、私人银行研究课题组:《中国私人银行发展报告(2019)——暨中国家族财富管理与传承白皮书》,中国金融出版社,2020。

泰康保险集团、胡润百富:《2015 中国高净值人群医养白皮书》,2015。

泰康保险集团、胡润百富:《2016 中国高净值人群医养白皮书》,2016。

泰康保险集团、胡润百富:《2017 中国高净值人群医养白皮书》,2017。

泰康保险集团、尼尔森:《2020 年中国中高净值人群医养白皮书》,2020。

王祺编译《高净值客户的"钱夹份额"之战》,《中国城市金融》2008 年第 1 期。

魏义方:《瞄准重点人群 扩大中等收入群体》,《中国经贸导刊》2022 年第 4 期。

西南财经大学中国家庭金融调查与研究中心、蚂蚁集团研究院:《疫情下中国家庭的财富变动趋势:中国家庭财富指数调研报告(2020 年度)》,2020。

肖永培、沈韶华:《上海市投资性购房状况》,《中国统计》2004 年第 2 期。

新华网、太平人寿:《中高净值人群保险保障需求调研蓝皮书》,2019。

杨红旭:《也谈投资性购房》,《中国地产市场》2009 年第 10 期。

杨赞、张欢、陈杰:《再购房潜在动机如何影响住房的财富效应?——基于城镇住户大样本调查数据的微观层面分析》,《财经研究》2014 年第 7 期。

张海洋、袁小丽、陈卓、郭洪:《投资性需求对我国房价影响程度的实证分析》,《软科学》2011 年第 3 期。

招商银行、贝恩公司:《2009 中国私人财富报告》,2009。

中信银行私人银行中心、中央财经大学中国银行业研究中心联合课题组编《中国私人银行发展报告 2012》,中国金融出版社,2012。

周长城、吴琪、邹隽若:《高净值人群的消费特征及其生活方式探析》,《社会科学研究》2019 年第 6 期。

Adrian, S., "Mid-Net Worth," *Insurance Brokers Monthly*, Sep. 4, 2004.

Anderson, B., "Mass Affluent Market: Just Right' for Today's Producer?" *Life Insurance Selling*, 88 (8), 2013.

Clayton, M., "Optimal High Net Worth Portfolio Size Is Mid-Range," *Americas Community Banker*, 7 (7), 1998.

Conrad, L., "In Pursuing HNW Investors, Banks Ignore Mass Affluent," *U. S. Banker*,

117 (12), 2007.

Cowley, A., "Investment Property," *Accountancy*, 158 (1486), 2017.

David, A., "Tailored Strategies Key to Servicing Mid to High-Net-Worth Investors," *Professional Planner Conexus Financial*, 2012, https://search.informit.org/doi/10.3316/informit.904638996324959.

Drig, I., Ni, D., Cucu, I., "Private Banking and Wealth Management Services Offered by Banks," *Annals of the University of Petrosani, Economics*, 9 (1), 2009.

EII, "Brit Launches Horizon to Cover Mid-High Net Worth Market," *Reactions*, 2015, https://search.proquest.com/trade-journals/brit-launches-horizon-cover-mid-high-net-worth/docview/1689381387/se-2? accountid=13151.

Gross, D., "Creating Value for Business Owners and Ultra-High-Net-Worth Families," *Forbes*, 196 (8), 2015.

Gu, J., Ming, X., "The Effects of Life Stress on Men's Alcohol Use: A Reassessment of Data from the 2012 China Family Panel Studies," *International Journal of Mental Health and Addiction*, 2021.

Gu, J., Zhu, R., "Social Capital and Self-Rated Health: Empirical Evidence from China," *International Journal of Environmental Research & Public Health*, 17 (23), 2020.

IFP, "L&G Launches Mid and High Net Worth Home Insurance Product," *Insurance Age*, 3, 2013.

Kelly, V., "The Rise of the Super-Rich," *American Sociological Review*, 77 (5), 2012.

Kim, W. C., Mauborgne, R., *Blue Ocean Strategy: How to Create Uncontested Market Space and Make the Competition Irrelevant* (Harvard Business Review Press, 2015).

Latif, A. M., Hanif, M., "Impact of Price Hike on the Standard of Living of Middle Income People: A Study on Sylhet City, Bangladesh," *Management Studies and Economic Systems*, 2 (4), 2016.

Lynch, M., Capgemini, *Wealth: How the World's High-Net-Worth Grow, Sustain and Manage Their Fortunes* (John Wiley & Sons Canada, Ltd., 2008).

Matt, A., Ga., "Firm Opens, Plans to Pamper Mid-Rich Clients," *American Banker*, 169 (61), 2004.

Morison, S., Lincoln, D., Kinnard, B., Ng, Z. Y., "The Changing Nature of Global Wealth Creation: Shifts and Trends in the Ultra High Net Worth (UHNW) Community," *The Journal of Wealth Management*, 16 (2), 2013.

Prahalad, C. K., *The Fortune at the Bottom of the Pyramid: Eradicating Poverty through Profits* (Wharton School Publishing, 2004).

Rubinstein, W. D., "The Victorian Middle Classes: Wealth, Occupation, and Geography," *Economic History Review*, 30 (4), 1977.

Sweeney, D. , "Mid – High Net Worth: Merging the Definitions," *Insurance Brokers' Monthly*, 58 (1), 2008.

Trott, B. , "Mid Net Worth: A Crucial Moment in the Fight for MNW," *Insurance Brokers' Monthly*, 58 (11), 2008.

Trovato, E. , "Wealth Management: The Fight Is on for High Net Worth Wallet Share—The Phenomenal Expansion of the World's Super-rich Requires a Parallel Growth in Specialist Advisers —A Development That Has Private Banks Rethinking Their Recruitment and Retention Str. ," *The Banker*, 8, 2007.

Yuan, Z. , Wan, G. , Khor, N. , "The Rise of Middle Class in Rural China," *China Agricultural Economic Review*, 4 (1), 2012.

第二章　中高净值家庭行为特征

对于中高净值家庭和人群的了解与掌握，是政府、业界和学界共同关注的议题。但是，总体而言，对于中高净值人群的系统性实证研究还比较缺乏。出现这种情况的原因是多方面的，比如高净值人群越来越游离于传统调查之外，导致出现所谓的高净值人群缺失（Westermeier and Grabka，2015；万海远、郁杨成，2022）。于是，出现了高净值人群的修补技术（万海远，2020）。研究者希望通过这些修补技术，还原高净值人群的样貌。同时，为了进一步掌握中高净值人群的特征，针对这个人群的“画像”也越来越多（刘娜、邵梦，2017；吕晶晶，2018；赵路云，2018）。这些“画像”旨在揭示中高净值人群的特征，以便掌握其需求，从而为推出适合这个人群的有针对性的产品和服务提供决策支持（王小平，2012）。波士顿咨询公司和IBM商业价值研究院早在2005年和2007年就分别开展了对我国高净值客户的研究和人群“画像”。2006年，深圳君融财富管理研究院开始发布HNWI-China富裕人士财富管理指数，从27个维度给高净值人群“画像”。2009年，招商银行与贝恩公司联合发布的《2009中国私人财富报告》开始对高净值人群及其变化趋势进行系统跟踪。之后，越来越多的研究和报告出现，使针对中高净值人群的“画像”呈现百花齐放的态势。但是，目前关于这个人群的“画像”绝大多数仅仅聚焦高净值人群，而忽视了对中等净值人群的研究。

对中高净值人群的研究是一个逐步深入的过程，采用从外在的人群特征不断深入内在的行为模式（周长城等，2019）。这类研究大多从高净值人群的行为入手，总结该类人群行为的一般特征，以及由此产生的金融、理财、保险保障等方面的消费偏好，提出金融机构客户接触和营销的策略（廖志梅，2014；陈毅恩，2012）。但是，现有的研究对于这个人群的行为模式的界定过于狭窄，主要是金融理财行为，而忽视了一般性的社会行为，导致对于中高净值人群的行为模式的认知存在狭隘性和片面性，容易产生以偏概全的判断。此外，现有研究还有一个严重缺失，就是很少探究中高净值人群的思想、观念及其精神面貌，因而很难真正把握中高净值人群的精神世界。唯有从行为模式深入精神世界，才能揭示中高净值人群的心理层面的影响因素和行为动机，才能更好地把握中高净值人群的需求（Schroeder，2020）。因此，有必要全面、系统地研究中高净值人群的心理和行为特征，并进行综合"画像"，进而对这个人群进行全面、客观、精准的认识。

本章从家庭关系，网络与信息，身体与健康，工作条件，宗教、法律与政治，精神面貌和价值观这些方面全景式地分析中高净值人群的心理及行为，以期能够综合地描述和刻画这一人群的特征，尤其是其所思所想以及相关的行为取向。掌握这些信息对实施针对中高净值人群的相关政策，具有重要的参考价值。一些国家为吸引中高净值人群移民出台了相关政策（Ramtohul，2016）。这类政策能有效实施其实在很大程度上取决于对这个目标人群的了解与掌握。此外，对于金融机构而言，掌握这些信息有助于为这个人群设计和提供专属的产品与服务，从而进一步获得其信赖，进而在激烈的竞争中拥有较大的优势。

一 家庭关系

家庭是社会的基础细胞，是家庭财富的载体，是一切社会关系的重要基础。家庭内部关系以及家庭观念对于中高净值人群的行为会产生影响。家庭关系亦称家庭人际关系，是家庭成员之间固有的特定关系。家庭关系具体表现为家庭成员之间的不同联系、沟通方式和互助方式，是连接家庭成员之间的纽带。家庭关系的特点是以婚姻和血缘为主体，有婚姻和血缘关系的人生活在一起，其表现为组成家庭的各成员之间特殊的相互行为。

（一）家务分配

在家庭关系中，对家务劳动时间的分配能体现家庭内部的关系以及分工情况（Alenezi and Walden，2004；齐良书，2005）。家务分配的统计结果汇总在表 2-1 中。

表 2-1　家务分配的统计结果

单位：%，个百分点

属性特征	中高净值家庭	总样本	均值差绝对值
同意男性应该承担一半家务	71.98	73.59	1.61**
同意父母双方在照料孩子方面投入一样多	74.99	75.48	0.49
同意父母在孩子 0~3 岁时的照料对孩子的长远发展有重要影响	86.79	84.04	2.75***

注：** $p < 0.05$，*** $p < 0.01$。

如表 2-1 所示，在中高净值家庭中，71.98%同意男性应该承担一半家务。这个比例低于总样本 73.59%的水平，而且，两者的差异是显著的。这说明，中高净值家庭内部很可能还是女性承担主要的家务，即采用的是传统的“男主外，女主内”的持家方式。在中高净值家庭中，男性作为主要的劳动力和家庭财富的主要创造者，可能把精力主要放在工作上了。此外，在中高净值家庭中，由于家庭财富比较充裕，全职太太也屡见不鲜。这些都可能导致中高净值家庭中的女性承担更多的家务。

在照料孩子上，中高净值家庭和普通家庭没有显著差异，父亲和母亲都投入时间和精力照料孩子。无论是中高净值家庭还是普通家庭，父母在照料孩子上具有同等责任。而且，在照料孩子上，父母的身份不可替代，父母的角色不可或缺。因此，无论是中高净值家庭还是普通家庭，父母在照料孩子上并不存在显著的差异性。

此外，86.79%的中高净值家庭同意父母在孩子 0~3 岁时的照料对孩子的长远发展有重要影响，在总样本中，这一比例是 84.04%。两者的差距是 2.75 个百分点，而且是显著的。这说明，中高净值家庭更看重在婴幼儿时期就给予孩子很好的关爱，促使其健康茁壮成长。对于中高净值家庭而言，子女是未来家庭财富的继承人，因此其特别重视对子女的培养。

为了不使子女输在起跑线上，中高净值家庭在子女婴幼儿时期就强调对其进行各种养育投入。

（二）子女与父母的关系

子女与父母的关系是家庭关系中的重要组成部分。本书计算了中高净值家庭和总样本有关子女与父母的关系的均值差，并进行显著性检验。子女与父母的关系的统计结果汇总在表 2-2 中。

表 2-2　子女与父母的关系的统计结果

单位：%，个百分点

属性特征	中高净值家庭	总样本	均值差绝对值
父母与子女亲近	87.66	84.64	3.02*
父母向子女提供经济帮助	3.62	15.81	12.19***
父母帮助子女料理家务或照看孩子	54.86	40.07	14.79***
子女向父母提供经济帮助	43.82	46.65	2.83
子女帮助父母料理家务或照看孩子	36.90	34.43	2.47

注：* $p < 0.1$， *** $p < 0.01$。

如表 2-2 所示，在中高净值家庭，父母与子女亲近的占 87.66%，略高于总样本的 84.64%。在这方面，虽然有差距，但是差距并不大。总体而言，中高净值家庭父母与子女之间的关系更为亲近。

从父母向子女提供经济帮助来看，中高净值家庭的父母很少为自己的子女提供经济支持，占比仅为 3.62%，比总样本的 15.81%要低 12.19 个百分点，且差距显著。这说明，在良好的经济条件下成长的子女可能会接受更好的教育，可以为找到薪资较高的工作做铺垫和准备，进而实现经济独立，因此中高净值家庭的父母就不用太多关注子女的经济问题。另一个可能的原因是中高净值家庭的父母已经通过家庭财富管理为子女提供了经济上的良好保障，提前准备好必要的教育金，因此，平时就不必再向子女提供经济上的帮助。

此外，中等净值家庭的父母更倾向于帮助子女料理家务或照看孩子，这一比例为54.86%，比总样本的40.07%高出了14.79个百分点，而且差异是显著的。由于中高净值家庭的父母在养老保险保障上比一般家庭投入的多，因此他们在退休后一般可以保持良好的身体状况，有精力和能力帮助子女料理部分家务或照看孩子。

在子女向父母提供经济帮助以及子女帮助父母料理家务或照看孩子方面，中高净值家庭与一般家庭没有显著差别。无论是中高净值家庭还是一般家庭，子女帮助父母料理家务或照看孩子的比例大约为1/3。也就是说，有2/3的子女一般不会帮助父母料理家务或照看孩子。

（三）父母对子女的期待

父母对子女的期待可以在一定程度上显示家庭关系的未来走向。父母对子女的期待的统计结果汇总在表2-3中。

表2-3　父母对子女的期待的统计结果

单位：%，个百分点

属性特征	中高净值家庭	总样本	均值差绝对值
同意生养子女是为了养老	70.36	80.28	9.92***
同意生养子女是为了延续家族香火	64.17	73.01	8.84***
同意生养子女是为了从经济上帮助家庭	40.61	55.24	14.63***
同意生养子女是为了看孩子长大的喜悦	93.33	93.87	0.54
同意生养子女是为了感受子女在身边的快乐	93.27	94.28	1.01**
同意生养子女是为了感受有宝宝的喜悦	93.38	93.85	0.47
同意生养子女是为了使家庭更重要	86.46	89.60	3.14***
同意生养子女是为了增强责任心	89.17	91.52	2.35***

注：** $p < 0.05$，*** $p < 0.01$。

如表2-3所示，中高净值家庭同意生养子女是为了养老的占70.36%，比总样本的80.28%要低9.92个百分点，而且差异是显著的。也就是说，还有约三成中高净值家庭并不认为生养子女是为了养老。由于中高净值人群一般具有充分的养老保险和保障，因此，不太需要通过子女的帮助来养老。对于普通家庭而言，当养老保险和保障还不够完善时，父母往往会更多地寄期望于子女来养老。

中高净值家庭同意生养子女是为了延续家族香火的占比为 64.17%，比总样本的 73.01%低 8.84 个百分点，而且差异是显著的。这说明，中高净值人群更加具有现代意识，与传统社会中的延续家族香火的观念有所不同，大约有 1/3 的人并不认同这个观点。对于中高净值家庭而言，即便是在家族财富的传承上，其也有可能通过设立基金等方式，回馈社会而不传给子女。这些观念是比较现代的，相比传统社会的观念已经有较大的改观。此外，传统社会中延续香火的观念中的很大一个功能是解决养老问题。对于中高净值人群而言，现代保险与保障制度不仅可以为其退休后的养老提供保障，而且能使其拥有高质量的退休生活。因此，相对而言，延续香火的观念会逐渐改变。

中高净值家庭同意生养子女是为了从经济上帮助家庭的比例仅为 40.61%，远低于总样本的 55.24%，差距是 14.63 个百分点。从总体上来看，这个方面的打分普遍偏低。总样本中有一半多一点的人认为生养子女是为了从经济上帮助家庭。现在，生养子女的成本越来越高，不但可能在经济上帮助不了家庭，而且可能成为家庭的沉重经济负担。因此，不少家庭不愿意生养子女。约六成的中高净值家庭不认为生养子女是为了从经济上帮助家庭。中高净值家庭的经济条件比较好，不期望子女能够为家庭带来更多的经济利益。

父母生养子女更多的是基于与子女之间的天然的感情。这一点可以从同意生养子女是为了看孩子长大的喜悦、为了感受子女在身边的快乐以及为了感受有宝宝的喜悦三个方面的比例看出来。在这三个方面，无论是中高净值家庭还是普通家庭，比例都很高，都在 93%以上。也就是说，父母生养孩子更多的不是功利主义，不是单纯基于功利上的考虑，而是更多地基于亲情上的考虑和需要。这种家庭中的天伦之乐，不是用经济收益可以衡量的。这一点与加里·S. 贝克尔（Gary S. Becker）在家庭经济学中所描述的有所不同。

86.46%的中高净值家庭同意生养子女是为了使家庭更重要，比总样本的89.6%低了3.14个百分点，而且差异是显著的。这说明，相较于普通家庭而言，中高净值家庭中持有通过孩子来凸显家庭重要性的想法的人数的比例更小一些。此外，在中高净值家庭中，89.17%同意生养子女是为了增强责任心，在总样本中，这一比例是91.52%，两者的差距是2.35个百分点，而且是显著的。在上述两个方面，中高净值家庭的比例都要低于总样本的比例。造成这种现象的原因是多方面的，其中一个原因可能是中高净值人群善于在事业和家庭中取得平衡，家庭是人生的一部分，事业也挺重要。因此，不一定需要通过生养孩子的办法来凸显家庭和责任心的重要性。也就是说，中高净值人群表达对家庭的责任心的途径有很多，方式是多种多样的。

二　网络与信息

在大数据时代，互联网已经成为人们生活和工作不可或缺的重要工具。早在1995年，麻省理工学院教授尼古拉斯·尼葛洛庞帝（Nicholas Negroponte）就在其著作《数字化生存》中预言：“当传统媒体如广播、电视、报纸在大力宣传互联网时，它们并不知道在培养自己的掘墓人。”随着智能手机和无线网络的普及，以及网速的持续提升，互联网是当今社会时空重要的组成部分。互联网虚拟时空，已经是现实时空不可分割的一部分。

（一）网络使用

本书分组计算不同的网络使用情况，统计结果汇总在表2-4中。

表 2-4 网络使用情况的统计结果

单位：%，个百分点

属性特征	中高净值家庭	总样本	均值差绝对值
移动网络	79.93	64.24	15.69***
电脑网络	39.04	20.70	18.34***
玩网络游戏	27.34	25.32	2.02
网上购物	36.90	56.12	19.22***
看短视频	77.55	80.77	3.22**
网络学习	31.50	24.39	7.11***
使用微信	98.73	97.98	0.75

注：** $p < 0.05$，*** $p < 0.01$。

如表 2-4 所示，中高净值家庭更倾向于使用移动网络而不是电脑网络，且上网的比例要显著高于总样本。中高净值人群一般都拥有比较高端的智能手机，并安装常用的应用软件。智能手机不仅可以克服时空的限制，而且可以更加便捷。中高净值人群对于时间和便捷的要求会更多，因此，更有可能使用移动网络。

对于使用网络的人群，通过表 2-4 中的数据可知，中高净值家庭的网络学习的比例为 31.5%，比总样本的 24.39%高出了 7.11 个百分点。中高净值人群更看重教育和知识，在工作之外也不忘通过在线学习等方式继续深造，丰富自己的文化知识；但是由于现实原因，有固定工作的人需要按时上下班，因此更需要网络这种较为灵活的方式进行学习。在中高净值家庭中，网上购物和看短视频的比例分别为 36.9%和 77.55%，显著低于总样本的 56.12%和 80.77%，分别低了 19.22 个百分点和 3.22 个百分点。可见，中高净值人群更倾向于利用网络进行学习而不是娱乐和购物。但是，这并不说明中高净值人群不喜欢网络购物。有研究表明，中高净值人群也会通过网络平台购买奢侈品（Shin and Darpy，2020）。

如表 2-5 所示，中高净值家庭每天的移动设备上网时长多于总样本 28.58 分，每天的电脑上网时长多于总样本 18.178 分。上述结果表明，中高净值人群有更高的上网频率，使用网络的时长显著多于总样本。拥有良好经济条件的人群可以负担得起使用高速网络所需的相关成本（如硬件设备、流量费用、宽带费用等），这可能是引起样本之间差异显著的原因之一；拥有较高经济地位的人群运用网络进行工作、交流的时间可能会较多，比如农业工作者的劳动时间可能不会主要在网络上，但是在企业等工作的员工使用网络办公的频率较高，这也是产生上述差异的原因。总之，中高净值人群更依赖互联网，也更有可能利用互联网来进行交流、沟通与合作。

表 2-5　网络使用时长的统计结果

单位：分/日

属性特征	中高净值家庭	总样本	均值差绝对值
移动设备上网时长	207.759	179.179	28.58***
电脑上网时长	176.015	157.837	18.178***

注：*** $p < 0.01$。

接下来，本书统计中高净值家庭和总样本认为网络对工作、休闲娱乐、与家人和朋友保持联系、学习和日常生活重要性的比重，统计结果汇总在表 2-6 中。

表 2-6　网络重要性的统计结果

单位：%，个百分点

属性特征	中高净值家庭	总样本	均值差绝对值
网络对工作的重要性	61.44	55.12	6.32***
网络对休闲娱乐的重要性	57.02	49.80	7.22***
网络对与家人和朋友保持联系的重要性	81.95	82.28	0.33
网络对学习的重要性	72.95	65.92	7.03***
网络对日常生活的重要性	69.86	62.39	7.47***

注：*** $p < 0.01$。

如表 2-6 所示，总体而言，中高净值家庭更加肯定网络的重要性，也更重视互联网的作用。中高净值家庭认为网络对工作的重要性的比重为

61.44%，比总样本的55.12%高出6.32个百分点；认为网络对休闲娱乐的重要性的比重是57.02%，比总样本的49.8%高出7.22个百分点；认为网络对学习的重要性的比重为72.95%，比总样本的65.92%高出7.03个百分点；认为网络对日常生活的重要性的比重为69.86%，比总样本的62.39%高出7.47个百分点。此外，两组样本均肯定网络对与家人和朋友保持联系的重要性，两者之间的差异并不显著。由此可见，中高净值人群更看重互联网的作用，对于互联网的依赖和使用效率也更高。

（二）信息获取

当前，在信息获取上，常用的途径包括电视、报纸、期刊、广播、手机短信以及他人转告。本书统计不同样本组人群认为上述这些作为信息获取的途径的重要性，用1~5进行打分，其中，1表示非常不重要，5表示非常重要，计算得分的平均值，信息获取的途径的统计结果汇总在表2-7中。

表2-7 信息获取的途径的统计结果

属性特征	中高净值家庭	总样本	均值差绝对值
电视的重要性	2.947	3.154	0.207***
报纸、期刊的重要性	2.149	2.102	0.047**
广播的重要性	2.199	2.261	0.062***
手机短信的重要性	2.883	2.930	0.047**
他人转告的重要性	2.746	2.856	0.110***

注：** $p < 0.05$，*** $p < 0.01$。

如表2-7所示，中高净值家庭更看重报纸、期刊的重要性，平均得分要显著高于总样本的平均得分。这类途径的特点是比较正式，信息来源比较可靠。但是，这类信息媒介一般需要阅读者具有较高的文化程度和较强的信息处理、消化能力。中高净值人群更有可能接受良好的教育，视野更加宽阔，知道如何利用报纸、期刊查找自己需要的信息，因此，其对于这类信息媒介会比较重视。

此外，对于传统的信息媒介比如电视、广播、手机短信和他人转告，中高净值家庭的重视程度都比总样本要低，而且具有显著性。这说明，相对而言，这些途径的重要性，对于中高净值人群而言，反而比较低。由此可知，中高净值人群与普通人群在信息获取上往往存在一定的区别。这种区别可能也与中高净值人群更多地使用互联网获取信息有关。但是，这种区别并不能简单地以“数字鸿沟”等来予以标签化和刻板化，不同人群的信息获取习惯及偏好的不同，导致各自对信息获取的途径的重要性的评价不同。

三　身体与健康

身高和体重是评判一个人体貌的重要特征。一个人的身高和体重会受到很多因素的影响，比如先天的基因、后天的饮食条件和地域等。基于不同的基因、不同的饮食和不同的地域，人的身高和体重往往不尽相同。

（一）身体与饮食

本书分组计算不同样本的平均身高与体重，统计结果汇总在表2-8中。

表2-8　平均身高与体重的统计结果

单位：厘米，斤

属性特征	中高净值家庭	总样本	均值差绝对值
平均身高	165.753	164.529	1.224***
平均体重	129.711	125.96	3.751***

注：*** $p < 0.01$。

如表2-8所示，从身高来看，中高净值家庭的平均身高达到了165.753厘米，比总样本的164.529厘米要高出1.224厘米，而且这种差异是显著的。也就是说，中高净值人群的身高要显著高于平均水平。除了基因因素之外，产生这一差异的原因可能是，经济条件较好的人群在身体发育期汲取了更多的营养物质，比如肉类、奶制品等；高收入人群有一定的经济能力报名一些健身课程，少年时期合理的体育锻炼会促进骨骼健壮和肌肉发达，身高进一步增加。

从体重来看，中高净值家庭的平均体重要高于总样本。也就是说，与总样本相比，中高净值人群要稍微胖一点。这可能与中高净值人群良好的饮食与营养有关。根据上述数据可以计算中高净值人群以及总样本的身体质量指数（Body Mass Index，BMI），分别是 23.61 和 23.266，都小于 24，处于正常值范围之内。中高净值人群的 BMI 要比总样本略微高一点。

吸烟有害健康，这是一个普遍常识。但是，吸烟也有一定的社会性，有时是社会交际活动的一部分。本书分析不同类型家庭中成人的吸烟行为，统计结果汇总在表 2-9 中。

表 2-9　家庭中成人的吸烟行为的统计结果

单位：%，支

属性特征	中高净值家庭	总样本	均值差绝对值
曾经吸烟的比例	10.81	11.04	0.23
过去一个月吸烟的比例	24.98	27.95	2.97***
每天吸烟量	13.81	14.119	0.309

注：“曾经吸烟的比例”“过去一个月吸烟的比例”均值差绝对值的单位是“个百分点”；*** $p < 0.01$。

如表 2-9 所示，从吸烟行为来看，中高净值家庭曾经吸烟的比例为 10.81%，要略微低于总样本的 11.04%。两者差异并不明显。在过去一个月吸烟的人群中，中高净值家庭的每天吸烟量是 13.81 支，低于总样本的 14.119 支，两者差异是不显著的。可见，在这两个方面，中高净值家庭与总样本的吸烟行为并不存在显著差异。

但是，从过去一个月吸烟的比例来看，中高净值家庭是 24.98%，低于总样本的 27.95%，两者差距将近 3 个百分点，而且差异是显著的。这说明，从近期的吸烟率来看，中高净值家庭要明显低于总样本。各地成人烟草流行调查结果显示，2020 年，上海市和西藏自治区 15 岁及以上人群的吸烟率小于20%，云南省和贵州省高于30%。此外，18个省区市为20%~24.9%，9个省区市为25%~29.9%。据此估计全国人群平均吸烟率为23%~30%。这个数据总体上与本书中的数据接近。根据本书的估计，总样本的吸烟率大致为27.95%。但距离《健康中国行动（2019—2030年）》要求的将成人吸烟率降至20%以下的控烟目标仍有一定的差距。所以，无论是对中高净值人群而言还是对非中高净值人群而言，都应强调不吸烟、少吸烟。

与健康相关的还有锻炼和饮食。本书分组统计不同人群锻炼与饮食情况，统计结果汇总在表2-10中。

表2-10　锻炼与饮食情况的统计结果

单位：分，%

属性特征	中高净值家庭	总样本	均值差绝对值
过去一年每次锻炼时长	57.302	58.342	1.04
过去一周吃过肉的比例	94.48	86.42	8.06***
过去一周摄入蔬果的比例	99.15	98.19	0.96***

注：*** $p < 0.01$。

如表2-10所示，中高净值家庭和总样本过去一年每次锻炼时长并无显著差异。现在基本上是一个全民锻炼的时代。社区安装了很多锻炼设施。所以，锻炼是一项全民性活动，中高净值家庭在锻炼时长上并不显得特别。当然，锻炼的环境和条件会比平均水平更好一些。比如中高净值人群会选择到比较高端的健身房进行锻炼，选择比较专业、水平比较高的教练来指导锻炼与健身等。

此外，从饮食来看，中高净值家庭过去一周吃过肉和摄入蔬果的比例要显著高于总样本。中高净值家庭收入水平较高，可以负担得起肉食和蔬果的成本，而且收入水平高的人可能更注重营养的平衡摄入。所以，中高净值人群不仅摄入肉食多，而且摄入更多的蔬果以确保膳食纤维比较丰富。

（二）自我健康评估

本书将对健康的评估分成自我主观评估和客观评估。自我主观评估是个人根据自己的主观感受来评价自己的健康程度，这也是常用的健康评估方法。本书统计不同人群自我评估的健康情况，自我主观评估结果汇总在表 2-11 中。

表 2-11 自我主观评估结果

单位：%，个百分点

属性特征	中高净值家庭	总样本	均值差绝对值
很健康及非常健康	78.79	73.09	5.70***
健康变得更好	9.96	9.19	0.77***

注：*** $p < 0.01$。

如表 2-11 所示，78.79%的中高净值家庭认为很健康及非常健康，而在总样本中，这个比例是 73.09%。两者的差距为 5.7 个百分点，而且是显著的。此外，中高净值家庭认为健康变得更好的比例为 9.96%，而在总样本中，这一比例为 9.19%。两者的差距为 0.77 个百分点，而且是显著的。可见，从自我评估的健康角度来看，中高净值人群的健康状况或者健康变化状况都明显优于总样本。

首先，经济条件好的中高净值家庭可以负担得起定期体检的费用和保健品的费用，因此可以保持自身健康；其次，心情可能也是影响健康的关键因素，经济地位较高的中高净值人群对生活的焦虑较少，至少不为衣食住行担忧，乐观的心理状态也能促进人们维持良好的精神状态，减少患病的风险。高收入人群通常在企业负担的基本医疗保险之外选择购买商业医疗保险，因此即使患病，治疗费用也有较多的保障；反之，普通家庭的经济基础本来就薄弱，在面对重大疾病时，由于没有商业医疗保险可供报销而很难支付高昂的治疗费用，因此在患病后健康情况相对来说不容乐观。这些因素都是中高净值人群自我评估的健康程度相对而言比较好的原因。

本书分组统计不同人群的伤病与就医情况，统计结果汇总在表 2-12 中。

表 2-12　伤病与就医情况的统计结果

单位：%，个百分点

属性特征	中高净值家庭	总样本	均值差绝对值
过去两周身体有不适的情况的比例	23.44	26.14	2.70***
过去两周有严重病伤的情况的比例	22.45	27.69	5.24***
过去两周看过医生的比例	55.22	63.91	8.69***
半年内有慢性疾病的比例	14.87	14.96	0.09

注：*** $p < 0.01$。

如表 2-12 所示，中高净值家庭过去两周身体有不适的情况的比例和有严重病伤的情况的比例分别是 23.44%和 22.45%，都要低于总样本，差距分别是 2.7 个百分点和 5.24 个百分点，而且都是显著的。对于过去两周看过医生的比例，中高净值家庭为 55.22%，要比总样本的 63.91%低 8.69 个百分点，而且差异显著。这些都表明，在上述三个方面，总体而言，中高净值人群更健康些。

经济条件比较优越的中高净值人群会定期进行体检，对于自身健康的状况掌握得比较好。由于中高净值人群购买高端商业医疗保险的比例比较高，其刚刚感到身体不适时会选择去高水平医院及时就医，不会过分担心医疗费用问题；而经济条件较差的人群可能由于久病未治、地区医疗水平有限、无法负担医疗费用等原因，使病情加重。同时，中高净值人群患病就医的比例也显著低于低收入人群，这从侧面也可以反映出，中高净值人群的病症较为轻微，一般不需要到医院诊治。

不过，从半年内有慢性疾病的比例来看，中高净值家庭和总样本之间的差距很小，也不显著。这说明，在慢性疾病的发生上，中高净值人群并没有特殊之处。一些慢性疾病往往是经济条件好的人更容易得，即所谓的“富贵病”。所以，中高净值人群并不会因为自身经济条件比较好，而降低得慢性疾病的风险和概率。

四　工作条件

无论是中高净值人群，还是普通人群，工资收入都是家庭财富的重要来源。2022 年，博报堂生活综研（上海）与胡润百富联合发布的《高净值人群价值观及生活方式研究报告 2022》中的数据显示，过去七年，工资收入在高净值人群资产中的比例稳步提升。

（一）工作收入

本书分组计算不同人群的工资与福利情况，统计结果汇总在表 2-13 中。

表 2-13　工资与福利的统计结果

单位：元

属性特征	中高净值家庭	总样本	均值差绝对值
过去 12 个月所有工作的税后人均工资性收入	71609. 400	45962. 920	25646. 480***
每月现金福利金额:交通补贴	465. 169	420. 691	44. 478*
每月现金福利金额:餐费补贴	411. 395	421. 567	10. 172
每月现金福利金额:住房补贴	765. 675	633. 895	131. 780**
每月现金福利金额:其他补贴	629. 342	586. 399	42. 943
12 个月的人均现金福利金额	2438. 857	1629. 340	809. 517***

注：* $p < 0.1$，** $p < 0.05$，*** $p < 0.01$。

如表 2-13 所示，中高净值家庭过去 12 个月所有工作的税后人均工资性收入是 71609. 4 元，比总样本的 45962. 92 元要高出 25646. 48 元，而且差异是显著的。可见，中高净值人群的收入比普通人群要明显高出不少。经济条件较好的中高净值家庭有较多的优质人脉和社会资本，这些在找工作时可以为其提供一定的便利；在良好经济条件下长大的孩子往往会接受更为优质的教育，为找到高薪工作进行知识储备，更有可能找到收入水平比较高的工作；中高净值家庭的人有一定的经济基础，可能会选择自主创业、管理家庭企业等，这也会为其带来更高的薪酬。

中高净值人群在工作中会得到更多的现金福利，比如交通、住房补贴。高收入的工作往往会存在工作强度大、工作时间长等现象，因此员工常常能收获更高水平的福利；收入水平比较高的工作所在企业可能在一些较发达的城市，如北京、上海、广州等，这些地区的房价和物价都比较高，因此在住房和交通补贴上也要多一些。但是对于餐费补贴和其他补贴，中高净值家庭和总样本的差异并不显著。但是，值得注意的是，中高净值家庭 12 个月的人均现金福利金额达到了 2438. 857 元，要明显高于总样本的 1629. 34 元，差距是 809. 517 元，这是很显著的。这说明，总体而言，无论是工资还是福利，中高净值家庭都要高于总样本。也就是说，中高净值人群的工作岗位应该更具竞争力以及具有良好的经济回报。

在工作岗位上，不同的单位往往会有不同的保障。本书分组计算相关情况，工作保障与单位规模的统计结果汇总在表 2-14 中。

表 2-14　工作保障与单位规模的统计结果

单位：万元，人

属性特征	中高净值家庭	总样本	均值差绝对值
月度个人保险缴纳额	737. 888	545. 438	192. 450***
月度公积金缴纳额	700. 273	565. 248	135. 025***
工作单位规模	983. 304	733. 125	250. 179
管理人员规模	21. 756	17. 125	4. 631

注：*** $p < 0.01$。

如表 2-14 所示，中高净值家庭的月度个人保险缴纳额和月度公积金缴纳额显著高于总样本，而且差异都是显著的。首先，由于“五险一金”的存缴与个人工资成正比，中高净值人群往往拥有更高收入水平的工作，因此在月度个人保险缴纳额和月度公积金缴纳额上要明显高于总样本。其次，中高净值家庭的工作单位规模和管理人员规模同总样本的差异并不显著，这说明虽然所在单位的平均规模差异不大，但是在岗位上有很大的差距，这一点可以通过薪酬水平看出。

（二）工作特征

在具体工作岗位上，岗位特征的不同也会造成不同人群具有不同的特征。本书根据岗位特征进行分组计算，工作岗位特征的统计结果汇总在表2-15中。

表2-15　工作岗位特征的统计结果

单位：%，个百分点

属性特征	中高净值家庭	总样本	均值差绝对值
在企事业单位中担任行政管理职务	20.40	12.39	8.01***
在企事业单位中有直接下属	23.94	14.96	8.98***

注：*** $p < 0.01$。

如表2-15所示，中高净值家庭在企事业单位中担任行政管理职务的比例为20.4%，比总样本的12.39%高出8.01个百分点，这种差距是显著的。此外，中高净值家庭在企事业单位中有直接下属的比例是23.94%，比总样本的14.96%高出8.98个百分点，而且差距是显著的。这说明，首先，中高净值人群在企事业单位中担任中高层管理职务的比例比较高，担任领导的可能性更大。中高净值人群往往有更高的学历，不少具有海外留学经历，因此工作晋升的可能性相对于普通人也更高。其次，在良好经济条件下成长的人更加自信，在与人交流等方面的能力更强，这也间接提升了他们的工作效率，使其获得更好的工作机会。此外，中高净值人群具有更强的人际网络和社会资本，这对于其在职场竞争中获得优势有所帮助。

工作中是否使用外语以及是否使用计算机，也是职场特征的一个重要体现。本书分组分析这些特征，工作特征的统计结果汇总在表2-16中。

表 2-16　工作特征的统计结果

单位：%

属性特征	中高净值家庭	总样本	均值差绝对值
从事的工作使用外语的比例	13.20	7.62	5.58***
从事的工作使用计算机的比例	62.62	45.58	17.04***

注：*** $p < 0.01$。

如表 2-16 所示，中高净值家庭从事的工作使用外语的比例为 13.2%，比总样本的 7.62%高出了 5.58 个百分点。这说明，中高净值人群的工作更有可能涉外，或者其在外企工作。中高净值家庭从事的工作使用计算机的比例为 62.62%，而总样本的比例是 45.58%。两者的差距是 17.04 个百分点，而且是显著的。这说明，中高净值人群的工作具有一定的涉外性以及现代性。经济条件优越的中高净值人群所从事的工作对文化水平的要求较高，在工作中需要使用外语和计算机。首先，高薪酬的工作需要进行一些海外业务的拓展和对国外市场进行调研，因此对外语水平的要求较高；其次，现在的企事业单位都需要运用计算机来进行数据分析、撰写报告等。这从一个侧面说明，中高净值人群更多的是“白领”，“蓝领”的可能性比较低。

工作满意度是衡量员工对工作满意情况的标准。一般情况下，工作满意度可以通过认知（评价）、情感（或情感）和行为来衡量。本书采用多维度衡量办法，用 1~5 给工作满意度打分，其中，1 表示非常不满意，5 表示非常满意。本书分组统计工作满意度，统计结果汇总在表 2-17 中。

如表 2-17 所示，总体而言，中高净值家庭的工作满意度是 3.757，而总样本的工作满意度是 3.715，两者的差距是 0.042，而且是显著的。这说明，中高净值人群具有更高的工作满意度。经济条件较好的中高净值人群整体上对自己的工作更满意。一般来说，中高净值人群在优质企业工作的可能性更大，因此不论是工作收入还是工作环境抑或工作的安全性等均有合理的保障，在这种企事业单位工作的员工会有比较高的工作满意度。

表 2-17　工作满意度的统计结果

属性特征	中高净值家庭	总样本	均值差绝对值
工作收入满意度	3. 525	3. 448	0. 077***
工作安全满意度	3. 975	3. 906	0. 069***
工作环境满意度	3. 782	3. 729	0. 053***
工作时间满意度	3. 689	3. 673	0. 016
工作晋升满意度	3. 412	3. 508	0. 096***
工作满意度	3. 757	3. 715	0. 042***

注：*** $p < 0.01$。

从工作满意度的具体维度来看，中高净值家庭的工作收入满意度是 3. 525，比总样本的 3. 448 高出 0. 077，而且差距是显著的。这说明，中高净值人群对自己的工作收入更满意。从工作安全满意度来看，中高净值家庭是 3. 975，比总样本的 3. 906 高出 0. 069，而且差距是显著的。这说明，中高净值人群的工作更加安全，因此，满意度也就更高。从工作环境满意度来看，中高净值家庭是 3. 782，而总样本是 3. 729，两者的差距是显著的。这说明，中高净值人群的工作环境更好。但是，从工作时间满意度来看，两者的差距不显著。这说明，在工作时间满意度上，中高净值人群并没有明显的特别之处。

此外，在工作晋升满意度上，中高净值家庭是 3. 412，比总样本的 3. 508 要低 0. 096，而且差距是显著的。这说明，中高净值人群对工作晋升的满意度比较低，比普通人群要低。经济条件薄弱的人群得到工作晋升的机会往往需要付出更多的努力，因此他们对于通过自身努力所换来的机会更容易感到满意；而经济条件优越的中高净值人群往往会对自己有着更高的要求和期待，因为他们的专业背景都较为优秀，彼此之间的竞争更加激烈，所以对于工作晋升，他们往往可能面临理想与现实不符的情况。此外，这也说明中高净值人群对于工作晋升有更大的企图。

五　宗教、法律与政治

政治是指政府政党等治理国家的行为，是有关政府权威性决策及执行的社会活动及社会关系，与每个人的生活息息相关，所以人们也会不由自主地关注它。此外，政治也是风向标，会影响人们的日常生活。不同人群对政治的关心程度是不同的。

（一）关注时事

本书分组计算不同人群对于政治的关注程度，统计结果汇总在表 2-18 中。

表 2-18　对于政治的关注程度的统计结果

单位：天/周，%

属性特征	中高净值家庭	总样本	均值差绝对值
通过电视台了解政治的频率	2.611	2.393	0.218***
通过网络了解政治的频率	4.941	4.338	0.603***
过去一年通过网站发表政治言论的比例	4.420	3.180	1.240***

注：“过去一年通过网站发表政治言论的比例”均值差绝对值的单位是“个百分点”；*** $p < 0.01$。

如表 2-18 所示，经济条件比较好的中高净值人群更关心政治问题，且通过网络了解政治的频率高于通过电视台了解政治的频率。由工作特征可知，中高净值人群在企事业担任行政管理职务的比例较高，作为一名企事业管理人员需要对政策保持高度敏感，这会从深层次影响企事业单位的经营行为和运行业绩。随着社会主义市场经济体制的逐步完善，企事业单位所处的社会环境和市场环境也会发生变化，为了能够及时感知政治变化传递出来的相关信号，对企事业单位的经营做出进一步指导，领导者以及管理层需要关注政治。

同时，中高净值人群更愿意在网站发表政治言论，这也可能是由于工作的原因。作为企事业单位的管理人员，应把握市场最新动态，对于政策实施带来的影响有自己的估计和考量。因此，其更愿意对政策表达自己的看法。当然，总体而言，过去一年通过网站发表政治言论的比例都很低，中高净值家庭为4.42%，总样本为3.18%。所以，绝大多数人都不会通过网站发表政治言论。

（二）所属组织

个人所属组织的性质是多元的。这些组织之间有的是彼此补充的，也有的是彼此排斥的。本书分组统计不同人群的组织与信仰，统计结果汇总在表2-19中。

表 2-19 组织与信仰的统计结果

单位：%，个百分点

属性特征	中高净值家庭	总样本	均值差绝对值
党员的比例	2.11	1.50	0.61***
团员的比例	14.90	13.98	0.92*
宗教信仰团体成员的比例	2.50	2.36	0.14
工会成员的比例	17.79	8.37	9.42***
个体劳动者协会成员的比例	4.49	5.13	0.64*

注：* $p < 0.1$，*** $p < 0.01$。

如表2-19所示，中高净值家庭政治面貌是党员或者团员的比例要显著高于总样本。经济条件较好的中高净值人群接受过良好的教育，思想上更为积极，大多主动追求进步，了解入党、入团的历史意义和现实意义，愿意承担党员和团员的责任。另外，这也说明党员、团员的个人素质和能力会更强一些，在各行各业的表现会更好，因此，更有可能成为中高净值人士。

此外，经济条件较好的中高净值人群也会选择成为工会成员，中高净值家庭的这一比例也显著高于总样本。加入这些组织，有助于中高净值人群获得更多的社会资本，对于个人与其事业发展而言，这非常有利。但是，从成为个体劳动者协会成员来看，中高净值家庭的比例仅为4.49%，比总样本的5.13%低了0.64个百分点，而且具有显著性。这可能与中高净值人群所从事的职业以及所在的岗位有关。

从宗教信仰来看，尽管中高净值家庭的宗教信仰团体成员的比例要略微高于总样本。但是，两者的差距并不显著。也就是说，在加入宗教信仰团体上，中高净值家庭并没有什么特别之处。

六　精神面貌

精神状态是一种心理学术语，指的是人的思想意识的临时定位，即人当时的心理情况。人的精神状态会起伏不定，会有正面积极的状态和负面消极的状态。

（一）精神状态

本书把精神状态分成七种，分别统计“经常有”以及“大多数时候有”这些精神状态的比例，统计结果汇总在表 2-20 中。

表 2-20　精神状态的比例的统计结果

单位：%，个百分点

属性特征	中高净值家庭	总样本	均值差绝对值
感到情绪低落	9.28	13.08	3.80***
觉得做任何事情都很费劲	8.66	15.16	6.50***
睡眠不好	18.76	20.90	2.14***
感到孤独	5.47	9.58	4.11***
感到悲伤难过	4.67	7.45	2.78***
感到生活快乐	77.57	73.20	4.37***
感到愉快	74.10	67.90	6.20***

注：*** $p < 0.01$。

如表 2-20 所示，中高净值家庭中感到情绪低落的比例是 9.28%，比总样本的 13.08% 要低 3.8 个百分点；觉得做任何事情都很费劲的比例是 8.66%，比总样本的 15.16% 要低 6.5 个百分点；睡眠不好的比例是 18.76%，比总样本的 20.9% 要低 2.14 个百分点；感到孤独的比例是

5.47%，比总样本的9.58%低了4.11个百分点；感到悲伤难过的比例是4.67%，比总样本的7.45%要低2.78个百分点。上述差距都是显著的。这说明，在这些负面情绪上，中高净值人群普遍比总样本要低。

此外，中高净值家庭中感到生活快乐的比例是77.57%，比总样本的73.2%要高4.37个百分点。中高净值家庭中感到愉快的比例是74.1%，比总样本的67.9%高出6.2个百分点。这些差距都是显著的。这说明，中高净值人群具有更多的积极情绪和良好的精神状态。因此，在总体精神面貌上，中高净值人群更加阳光、更加积极和更加精神饱满。

由此可见，中高净值人群拥有更多的积极情绪，而产生消极情绪的可能性更低一些。首先，经济条件不好的人会承受很大的社会压力，比如，收入是低资产家庭的一大难关，而生活上处处都会有花销——孩子的教育费用、就医的费用、衣食住行的费用等。其次，经济条件也可能影响社交水平，与友人外出聚餐等社交活动都需要成本，经济条件一般的人考虑这种原因，因此会尽量降低自己的社交成本，其可能会感到孤独。长期的焦虑、郁闷的状态可能进一步影响人的睡眠质量和心理状态。中高净值人群更加乐观，更加积极。经济条件好的中高净值人群拥有实现梦想的成本，这种成本体现在很多方面，比如，想要进行深造时有教育经费支持；在面对不喜欢的工作时有底气“裸辞”，因为其有底气承担空窗期的经济负担；在生活娱乐方面，有足够的资金支持自己喜欢的领域。综上所述，经济条件好的中高净值人群可能更容易保持积极乐观的态度。

良好的精神面貌来自生活的方方面面。本书对人际关系和幸福感进一步进行探究，分组计算不同人群在这两个方面的得分均值，在得分上，0代表最低，10代表最高，统计结果汇总在表2-21中。

表2-21 人际关系和幸福感的统计结果

属性特征	中高净值家庭	总样本	均值差绝对值
人际关系	7.146	7.106	0.040
幸福感	7.690	7.534	0.156***

注：*** $p < 0.01$。

如表 2-21 所示，中高净值家庭的人际关系要略微好于总样本，但是，这种差异是不显著的。家境富裕的中高净值人群自身的优越感更强，在人际交往中更自信，敢于展示自己。由于人际关系具有复杂性，因此，中高净值人群的人际关系并不见得比普通人群好到哪儿去。

在幸福感方面，中高净值家庭的平均得分是 7.69，总样本的平均得分是 7.534，两者的差距是 0.156，而且是显著的。这说明，中高净值人群认为自己更幸福。经济条件较好的中高净值人群会接受良好的家庭教育，由于没有物质匮乏的经历，更愿意和别人分享，懂得分享的人更容易感到幸福。此外，家庭收入水平高的人群的住房条件和居住环境更优越，好的居住环境能够提升个人的幸福感和安全感。经济条件好的中高净值人群会接受更好的教育，社会对接受过高等教育的人会给予更多的尊重，这种尊重也会在一定程度上提升人的幸福感。

（二）生活满意度

当下是过去和未来的对话。精神状态与生活满意度和对于未来的信心相关。本书就从这两个方面分组计算均值，在打分上，1 表示很不满意，5 表示非常满意；1 表示没有信心，5 表示很有信心，结果汇总在表 2-22 中。

表 2-22　生活满意度和对于未来的信心的统计结果

属性特征	中高净值家庭	总样本	均值差绝对值
生活满意度	4.040	4.004	0.036***
对于未来的信心	4.128	4.148	0.020

注：*** $p < 0.01$。

如表 2-22 所示，中高净值家庭的生活满意度的得分是 4.04，比总样本的 4.004 要高出 0.036，而且差距是显著的。这说明，中高净值人群对目前的生活状态更满意。首先，经济条件好的中高净值人群普遍拥有较好的工作，事业成就感和社会保障会让这部分人的生活满意度更高；其次，较高的收入水平可以提高人的休闲活动的质量，如进行健身、阅读等，这些活动也会提高人对生活的满意度。

但是，在对于未来的信心上，中高净值家庭的得分是4.128，比总样本的4.148要低一些。尽管这种差距是不显著的，但是，不难看出中高净值人群对于未来会有更多的考虑以及更多的担心。拥有越多的东西，就越害怕失去。中高净值人群相对于普通人群而言，拥有更多的资源和优势。但是，事情总是不断变化的。未来的不确定性，会让中高净值人群担心失去现有的东西，因此，对于未来的不确定性可能会让人更有所顾虑。相对而言，普通人群更有可能知足常乐，反而会期望未来过得更好。

（三）信任

一个人的精神面貌与信任感相关。信任感是指个体对周围的人、事、物感到安全、可靠、值得信赖的情感体验。信任感在个体感到某人、某事或某物具有一贯性、可预期性和可靠性时产生。本书分组统计不同人群的信任感，进行打分，0代表非常不信任，而10代表非常信任，统计结果汇总在表2-23中。

表2-23 信任感的统计结果

属性特征	中高净值家庭	总样本	均值差绝对值
对父母的信任程度	9.441	9.369	0.072***
对邻居的信任程度	6.660	6.796	0.136***
对美国人的信任程度	3.708	3.689	0.019
对陌生人的信任程度	3.729	3.596	0.133***
对本地政府官员的信任程度	5.862	6.041	0.179***
对医生的信任程度	7.113	7.239	0.126***

注：*** $p < 0.01$。

如表 2-23 所示，在对不同对象的信任程度中，对父母的信任程度最高，这是显而易见的，因为父母是自己最亲爱的人，具有养育之恩。接着是对医生的信任程度，因为医生是专业人士，不仅呵护人的健康，还可能决定人的生死。然后是对邻居的信任程度。之后是对本地政府官员的信任程度，政府官员是很重要的。得分较低的是对陌生人和美国人的信任程度。

在对父母的信任程度上，中高净值家庭的打分要显著高于总样本。这说明中高净值人群更加容易信任亲近的人。值得注意的是，在对邻居的信任程度上，中高净值家庭的打分要显著低于总样本。在对医生以及本地政府官员的信任程度上，中高净值家庭的打分显著低于总样本。这说明，中高净值人群更具有怀疑精神，更喜欢独立思考，对于专业上的权威容易产生更多的质疑。

比较有意思的是，中高净值家庭对陌生人的信任程度的打分是 3.729，比总样本的 3.596 要高 0.133，而且两者的差异是显著的。这说明，对于陌生人，中高净值人群也有可能给予更大的信任。这可能与中高净值人群比较强调契约精神有关。例如，在金融理财上，中高净值人群更愿意通过信托来进行财富管理，这可能与其重视契约精神有关（Marrache and Vinet，2004）。

七　价值观

价值观是基于人的一定的思维感官而做出的认知、理解、判断或抉择，也就是人认定事物、辨认是非的一种思维或取向，从而体现出人、事、物一定的价值或作用。一般而言，一个人的价值观会对其动机有导向作用。人的行为的动机受价值观的支配和制约，价值观对动机模式有重要影响。

（一）个人价值观

本书从多个角度研究中高净值人群的价值观，分组统计之后，有关价值观的比例的统计结果汇总在表 2-24 中。

表 2-24　有关价值观的比例的统计结果

单位：%，个百分点

属性特征	中高净值家庭	总样本	均值差绝对值
同意公平竞争才有和谐的人际关系	84.88	85.45	0.57
同意财富反映个人成就	74.91	78.00	3.09***
同意努力工作能有回报	83.24	87.55	4.31***
同意聪明才干能得到回报	83.93	86.66	2.73***
同意有关系比有能力重要	69.36	71.49	2.13***
同意当今社会提高生活水平的机会很多	81.54	82.61	1.07

注：*** $p < 0.01$。

如表 2-24 所示，74.91%的中高净值家庭同意财富反映个人成就，但是，这个比例比总样本的 78%低 3.09 个百分点，而且差距是显著的。这说明，虽然大多数中高净值人群认同财富在个人成就中的作用和地位，但是，与普通人群相比，认同的比例略微偏低。也就是说，一部分中高净值人群认同财富反映个人成就，还有一部分人认同财富之外的指标反映个人成就。

83.24%的中高净值家庭同意努力工作能有回报，但是，与总样本的 87.55%相比，要低 4.31 个百分点，而且两者的差距是显著的。中高净值人群往往已经担任较高职务，在工作中的职务变动相对来说比较困难，因此，其认为努力工作得到回报的比例会显著低于低资产家庭的人。当然，还有另一个重要原因就是中高净值人群的家庭财富有相当一部分是通过家族传承得到的，相对而言，个人努力的贡献就显得少一些。

83.93%的中高净值家庭同意聪明才干能得到回报，但是，与总样本的 86.66%相比，要低 2.73 个百分点，而且差距是显著的。这说明，尽管绝大多数中高净值人群相信聪明才干的作用，但是，也有一部分人认为除了个人聪明才干之外，还有其他因素是影响个人得到回报的不可忽视的因素，比如家庭背景、人际关系等。也就是说，中高净值人群对于现实世界中的个人回报的复杂性看得比较透彻。个人所能获得的回报与个人努力工作和聪明才干有很大的关系，但并不是简单的线性关系。

69.36%的中高净值家庭同意有关系比有能力重要，但是，与总样本的71.49%相比，要低2.13个百分点，而且差距是显著的。这说明，尽管中高净值人群重视社会关系和社会资本的力量，但是，也有相当一部分人肯定个人能力的重要性。

此外，对于同意公平竞争才有和谐的人际关系以及同意当今社会提高生活水平的机会很多的比重，中高净值家庭和总样本的差距并不显著。也就是说，无论是中高净值人群还是普通人群，都有超过80%的人肯定公平竞争的重要性，都认为当今社会的机会还是比较多的。当然，机会往往与挑战是并存的。

（二）成功因素评估

本书分组计算个人成就的影响因素的得分，其中，0表示最不重要，10表示最重要，个人成就的影响因素的统计结果汇总在表2-25中。

表2-25　个人成就的影响因素的统计结果

属性特征	中高净值家庭	总样本	均值差绝对值
社会地位对一个人的成就重要	6.333	6.486	0.153
经济条件对一个人的成就重要	6.542	6.724	0.182
受教育程度对一个人的成就重要	7.953	8.025	0.072
天赋对一个人的成就重要	6.328	6.364	0.036
孩子的努力程度对一个人的成就重要	8.115	8.214	0.099
孩子的运气对一个人的成就重要	6.260	5.874	0.386***
家里有关系对一个人的成就重要	6.801	6.745	0.056

注：*** $p < 0.01$。

如表2-25所示，在所有因素中，无论是中高净值家庭还是普通家庭，孩子的努力程度对一个人的成就最重要，得分都超过了8。这说明这是一种普遍的共识，任何家庭都会鼓励孩子去努力奋斗。在所有因素中，无论是中高净值家庭还是普通家庭，孩子的运气对一个人的成就重要的得分相对而言是最低的。这也是一种普遍共识。这说明，无论是中高净值家庭还是普通家庭，都不认为运气对于孩子未来的成就会起到关键作用。无论是中高净值家庭还是普通家庭，都更强调个人努力和奋斗的重要性。对于“孩子的运气对一个人的成就重要”，中高净值家庭的得分是6.26，比总样本的5.874要高出0.386，而且两者的差异是显著的。也就是说，中高净值家庭并不是完全忽视运气的作用，甚至比总样本更重视运气的作用。

此外，不论是中高净值家庭还是普通家庭，对于社会地位、经济条件、受教育程度、天赋、孩子的努力程度以及家里有关系对个人成功的重要性的认识基本上是一致的，并没有显著差异。这说明，这些都是共同的认知和观念。也就是说，这些因素总体上都会影响个人成功，大家都是这样认为的。由此可见，影响个人成功与成就的因素是多方面、多维度的，这是一个综合作用的结果。这也说明决定个人成就的因素具有复杂性，不是三言两语就可以说清楚的。中高净值家庭的孩子在社会地位、经济条件、受教育程度、家里有关系等方面，比普通家庭的孩子要有优势。因此，中高净值家庭的孩子未来可能更有成就。但是，这不一定具有普遍性，因为家庭条件差的孩子也有可能通过个人不懈努力而成就一番事业。这样的例子并不少见。所以，预测一个人未来是否有成就，不能一概而论，而是要对具体问题进行具体分析。

本章总结

本章通过对中高净值家庭以及总样本的不同人群的心理、行为等的分析，对中高净值家庭和人群进行全景式分析，可观、全面地呈现了中高净值人群的精神风貌和行为特征，有效填补了这个领域的空白，为了解和掌握中高净值家庭与人群的情况提供了重要的线索。根据本章的分析，可以得到如下主要结论。

其一，在家庭关系方面，中高净值家庭在同意男性应该承担一半家务、父母向子女提供经济帮助、同意生养子女是为了从经济上帮助家庭、同意生养孩子是为了延续家族香火等方面的比例更低。

其二，在网络与信息方面，中高净值家庭更多使用移动网络，进行网络学习的比例比较高，但是，网上购物的比例比较低；认为网络对工作、休闲娱乐、学习以及日常生活的重要性的比例比较高；对通过传统信息媒介获取信息的重视程度较低。

其三，在身体与健康方面，中高净值家庭的平均身高要比总样本高一点，曾经吸烟的比例要低一些，过去一周吃过肉和摄入蔬果的比例要高一些，健康程度为很健康及非常健康的比例要更高一些，伤病与就医的比例要低一些。

其四，在工作条件方面，中高净值家庭过去 12 个月所有工作的税后人均工资性收入以及 12 个月的人均现金福利金额都比较多，月度个人保险以及公积金缴纳额也比较多，在企事业单位中担任行政管理职务和在企事业单位中有直接下属的比例比较高，从事的工作使用外语和计算机的比例比较高，工作满意度也比较高。

其五，在宗教、法律与政治方面，中高净值人群更关心政治，中高净值家庭的党员、团员的比例以及工会成员的比例高一些。

其六，在精神面貌方面，中高净值人群感到情绪低落、觉得做任何事情都很费劲、睡眠不好、感到孤独与感到悲伤难过的比例要明显低一些。但是，感到生活快乐、愉快的比例要明显高一些。中高净值家庭有更高的幸福感，生活满意度更高，对父母、陌生人的信任程度更高，但是，对本地政府官员以及医生的信任程度低一些。

其七，在价值观方面，中高净值人群同意财富反映个人成就、努力工作能有回报、聪明才干能得到回报以及有关系比有能力重要的比例都低一些，但认为孩子的运气对一个人的成就重要的比例要高一些。

参考文献

陈毅恩：《高净值客户群体特征及需求分析》，《中国科技博览》2012 年第 35 期。

廖志梅：《浅论私人银行客户的接触和营销策略——基于高净值人群行为特征和金融消费偏好分析》，《浙江金融》2014 年第 5 期。

刘娜、邵梦：《安徽高净值人群画像出炉》，《徽商》2017 年第 9 期。

吕晶晶：《家族办公室，刮起“中国风”——中国高净值人群“画像”》，《金融博览》（财富）2018 年第 8 期。

齐良书：《议价能力变化对家务劳动时间配置的影响——来自中国双收入家庭的经验证据》，《经济研究》2005 年第 9 期。

万海远、郁杨成：《高净值人群缺失与居民财产差距》，《财政研究》2022 年第 2 期。

万海远：《高净值人群修补技术新进展》，《中国人口科学》2020 年第 5 期。

王小平：《我国高净值人士特征概述及对商业银行的启示》，《武汉金融》2012 年第 12 期。

赵路云：《中国高净值人群“画像”》，《金融博览》2018 年第 16 期。

周长城、吴琪、邹隽若：《高净值人群的消费特征及其生活方式探析》，《社会科学研究》2019 年第 6 期。

Alenezi, M., Walden, A., “A New Look at Husbands' and Wives' Time Allocation,” *The Journal of Consumer Affairs*, 38 (1), 2004.

Marrache, B., Vinet, F., “The Use of Trusts for High Net Worth Individuals,” *Trusts & Trustees*, 10 (3), 2004.

Ramtohul, R., “‘High Net Worth’ Migration in Mauritius: A Critical Analysis,” *Migration Letters*, 13 (1), 2016.

Schroeder, T., “Understand the Mind of a High Net-Worth Donor,” *The Major Gifts Report*, 22 (8), 2020.

Shin, D., Darpy, D., “Rating, Review and Reputation: How to Unlock the Hidden Value of Luxury Consumers from Digital Commerce?” *Journal of Business & Industrial Marketing*, 2020, https://doi.org/https://doi.org/10.1108/JBIM-01-2019-0029.

Westermeier, C., Grabka, M. M., “Significant Statistical Uncertainty over Share of High Net Worth Households,” *DIW Economic Bulletin*, 5, 2015.

Zhang, J., “Chinese High-Net-Worth Individuals Have the Highest Confidence in the Future Economy of China,” *China's Foreign Trade*, 1, 2021.

第三章
中高净值家庭金融资产管理

金融资产（Financial Assets）是相对于实物资产的一种资产，指单位或个人所拥有的以价值形态存在的资产。相应地，家庭金融资产指的是家庭所持有的以价值形态存在的各类资产，是家庭财富的重要组成部分。随着我国经济持续发展，居民所拥有的金融资产的规模呈现持续增长的态势。进入21世纪以来，我国家庭财富不断增加。据统计，2000~2019年，我国家庭财富总额从3.7万亿美元增长至78.08万亿美元，足足增长了20多倍，目前已居全球第二位（王亚柯、刘东亚，2021）。于是，金融资产的配置问题就成为家庭进行金融投资决策时所面临的一个普遍问题。即便是农村地区，家庭在金融资产上的配置也越来越受到重视。一项基于南京市几个农村的调查研究表明，在南京的农村家庭的金融资产中，风险性金融资产占13.4%（谭天宇等，2022）。那么，对于家庭而言，如何通过购买金融产品等方式，实现家庭财富的优化配置？这就成为家庭金融学研究的重要课题。

对于中高净值家庭而言，由于其掌握大量的可投资性资产，因此，这个问题显得尤为重要。中高净值家庭所持有的资产规模以及对金融资产的配置历来是政府以及银行、保险等行业所关心的议题（Allianz，2020）。对于政府而言，掌握中高净值家庭的金融资产的配置情况，有助于出台相关的政策，优化金融资产在中高净值家庭的配置，提高中高净值家庭抵御金融风险的能力，实现家庭财富增值。对于银行、保险等行业而言，分析中高净值家庭金融资产等情况以及配置策略，有助于掌握中高净值客户的财富管理特征，进而制定有针对性的经营策略，设计和提供相应的金融产品及服务，吸引中高净值家庭把更多的金融资产配置到这些金融产品及服务上来，提高中高净值客户的留存率。所以，对这个领域的研究很重要。

一　家庭金融产品持有率分析

家庭参与金融投资和金融市场的情况，是体现一个国家金融市场覆盖率和金融知识普及程度的重要指标。掌握家庭金融产品的持有情况，是了解家庭金融资产配置的重要途径。CFPS 问卷已经包含“您家现在是否持有金融产品，如股票、基金、国债、信托产品、外汇等产品”。这是一个由 1 和 0 构成的变量。1 代表家庭持有上述金融产品中的至少一种；0 代表家庭并未持有任何金融产品。据此，就可以计算家庭参与金融市场投资的比例。

（一）家庭层面

本书根据社区性质分组，计算全样本家庭持有金融产品覆盖率，结果汇总在图 3-1 中。

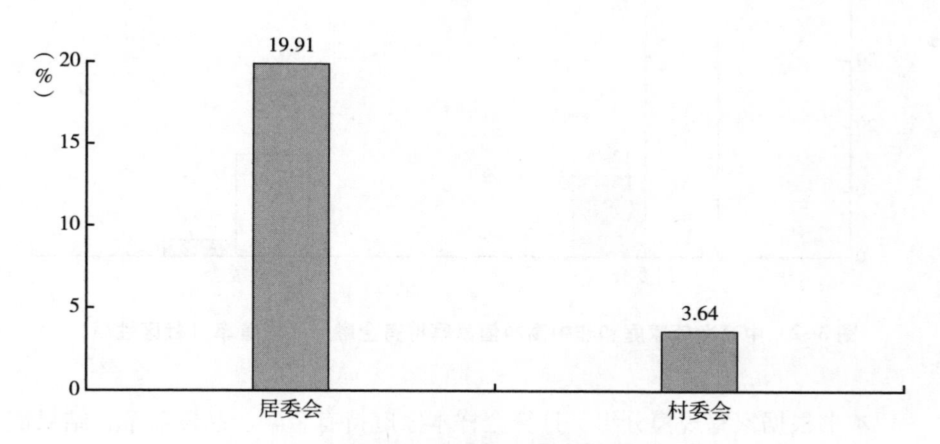

图 3-1　全样本家庭持有金融产品覆盖率（社区性质）

根据图 3-1，社区性质为居委会的家庭持有金融产品覆盖率比社区性质为村委会的高 16. 27 个百分点，二者的差异十分显著。根据 2018 年的中国家庭收入调查（CHIP）中的数据，风险金融资产的参与率仅为 8. 5%，其中股票参与率仅为 3. 6%，基金参与率仅为 2%（王亚柯、刘东亚，2021）。总体而言，这个比例与本书的研究的结果大致接近。此外，本书的研究结果显示，居住在村委会的家庭持有金融产品覆盖率比较低，仅为 3.64%。可见，农村地区家庭的金融市场参与率相对较低，农村家庭在金融市场进行投资和理财的比例还不高。当然，不同地区的农村家庭也会存在一定的差异。

根据图 3-2，总体而言，无论是居委会还是村委会，中高净值家庭持有金融产品覆盖率要明显高于非中高净值家庭。在居委会中，中高净值家庭持有金融产品覆盖率已经达到了 42.92%。在居委会中，中高净值家庭持有金融产品覆盖率比非中高净值家庭高 30.47 个百分点；在村委会中，中高净值家庭持有金融产品覆盖率比非中高净值家庭高 13.09 个百分点。可见，两者的差距还是很明显的，尤其在居委会中，差距更大。

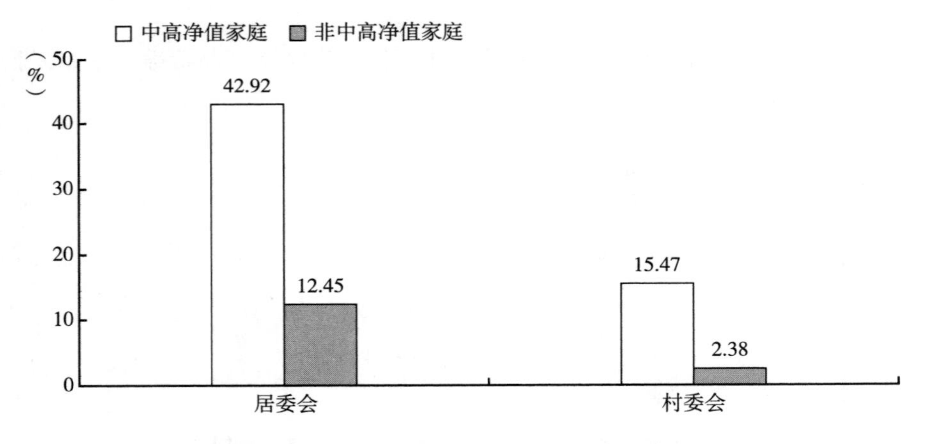

图 3-2　中高净值家庭和非中高净值家庭持有金融产品覆盖率（社区性质）

本书根据家庭规模分组，计算全样本家庭持有金融产品覆盖率，结果汇总在图 3-3 中。

根据图 3-3，随着人数的增加，家庭持有金融产品覆盖率呈阶梯式下降趋势。也就是说，家庭规模越大，持有金融产品的比例越低。其中的一个原因是家庭规模越大，养家的压力就越大，家庭财富中可以用于金融产品投资的资金也就越少，因此，越不大可能参与金融市场的投资活动。也就是说，家庭负担与家庭的金融市场参与率之间呈负相关关系。

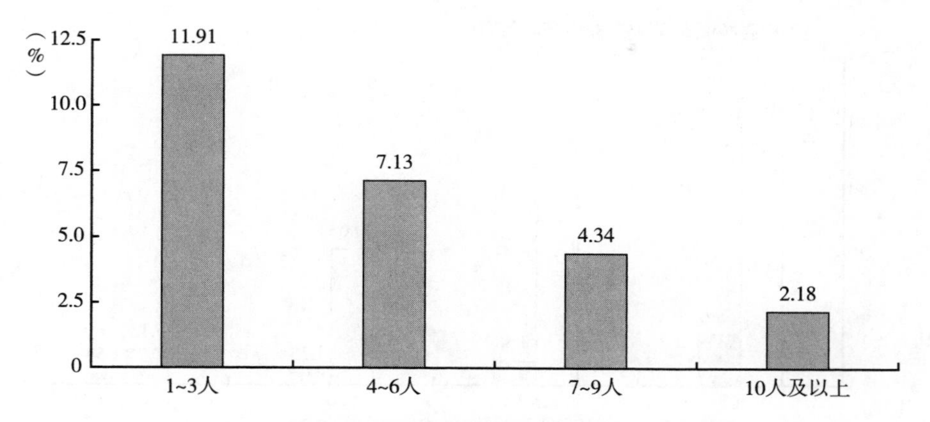

图 3-3　全样本家庭持有金融产品覆盖率（家庭规模）

根据图 3-4，总体而言，无论是何种规模的家庭，中高净值家庭持有金融产品覆盖率要明显高于非中高净值家庭。具体而言，家庭规模为 1~3 人时，中高净值家庭比非中高净值家庭持有金融产品覆盖率高 32.26 个百分点；家庭规模为 4~6 人时，中高净值家庭比非中高净值家庭持有金融产品覆盖率高 21.32 个百分点；家庭规模为 7~9 人时，中高净值家庭比非中高净值家庭持有金融产品覆盖率高 18.88 个百分点；家庭规模为 10 人及以上时，中高净值家庭比非中高净值家庭持有金融产品覆盖率高 3.59 个百分点。可见，家庭规模越小时，中高净值家庭和非中高净值家庭持有金融产品的覆盖率的差距越大。

本书根据城乡区划分组，计算全样本家庭持有金融产品覆盖率，结果汇总在图 3-5 中。

根据图 3-5，城镇家庭持有金融产品覆盖率要明显高于乡村家庭。在城镇，家庭持有金融产品覆盖率为 13.94%，而在乡村，仅为 2.42%。城镇家庭持有金融产品覆盖率和乡村家庭相差 11.52 个百分点，差距十分显著。之前的研究已经表明，我国城乡居民在金融资产配置的选择上的差距较大，尤其是风险性金融产品，城镇居民的占比要远高于乡村居民（张聪，2021）。本书的研究验证了这个观点。这也意味着，农村地区在发展金融投资上具有

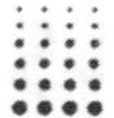

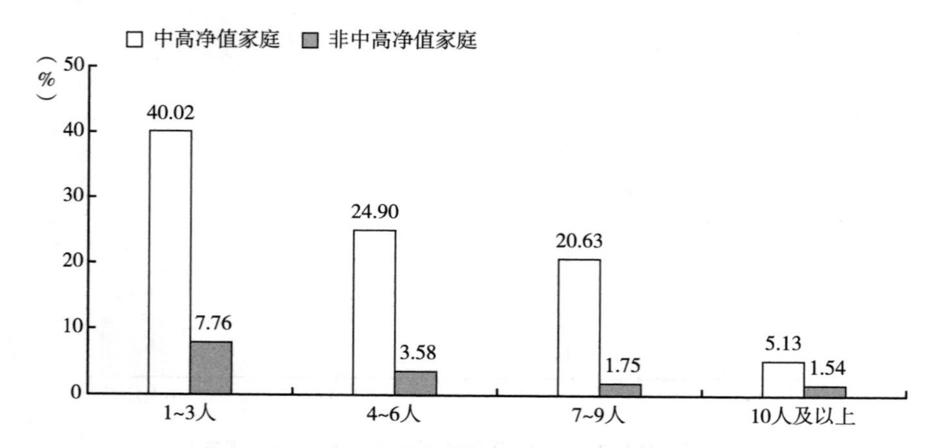

图 3-4 中高净值家庭和非中高净值家庭持有金融产品覆盖率（家庭规模）

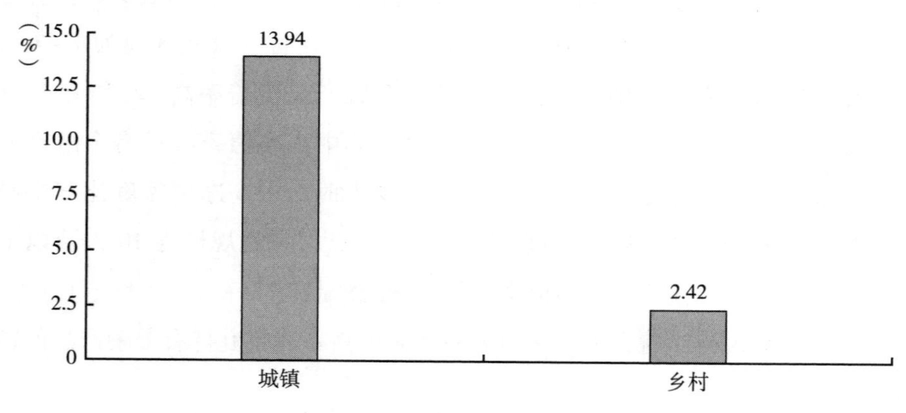

图 3-5 全样本家庭持有金融产品覆盖率（城乡区划）

很大的市场潜力。金融机构应对农村地区的潜在投资者进行定期的金融知识讲解，有针对性地合理宣传金融产品，提升农村居民对进入产品的接受度。同时，政府也应广泛宣传金融知识，尤其是针对农村地区，可以利用互联网、微信、短信等各种渠道对农村居民进行金融知识的宣传和普及，提高农村居民对金融产品的了解程度，优化和提升农村居民的投资理念。这对于构建和谐社会以及市场经济的平稳发展都有重要的意义，也有利于农村家庭财富的保值和增值，激发农村家庭参与金融市场投资的积极性。

根据图 3-6，无论是城镇还是乡村，中高净值家庭持有金融产品覆盖率都要明显高于非中高净值家庭。具体而言，城镇中高净值家庭和非中高净值家庭持有金融产品覆盖率相差 28.79 个百分点；乡村中高净值家庭和非中高净值家庭持有金融产品覆盖率相差 11.28 个百分点。可见，在家庭持有金融产品覆盖率上，城镇地区不同类型家庭之间的差距要明显高于乡村地区。

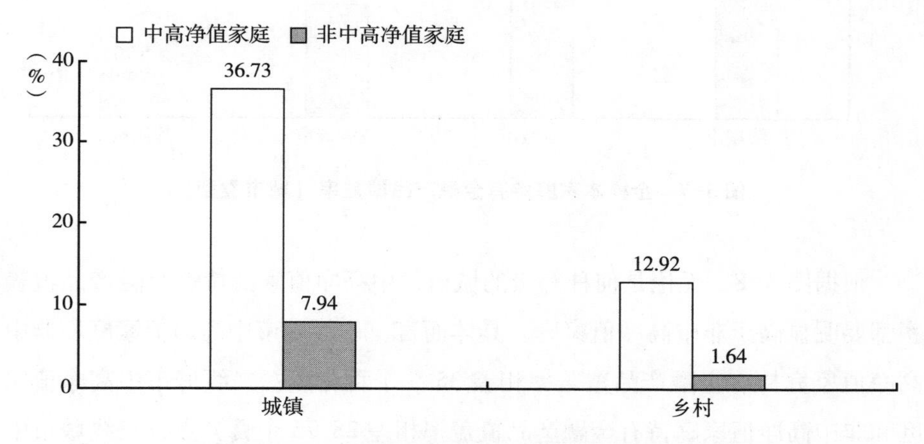

图 3-6　中高净值家庭和非中高净值家庭持有金融产品覆盖率（城乡区划）

此处的结果可以和之前居委会和村委会（社区性质）的结果进行比较。总体而言，两者的结果是一致的。但是，在具体比例上，两者也略微有所不同。这是因为在城镇地区存在“城中村”。同时，在乡村地区，由于新农村建设，有些村委会已经改成居委会，因此，它们彼此之间存在交叉的情形。但是，总体上，城乡差异并没有因此受到影响。

本书根据城市类型，计算全样本家庭持有金融产品覆盖率，结果汇总在图3-7中。

根据图 3-7，随着城市等级的下降，家庭持有金融产品覆盖率呈阶梯式下降趋势。一线城市家庭持有金融产品覆盖率达到了 32.24%，即大约 1/3 的家庭持有金融产品。二线城市家庭持有金融产品覆盖率下降到了

20.39%，即大约1/5的家庭持有金融产品。三线城市家庭持有金融产品覆盖率为14.19%，而其他城市家庭持有金融产品覆盖率仅为5.7%。

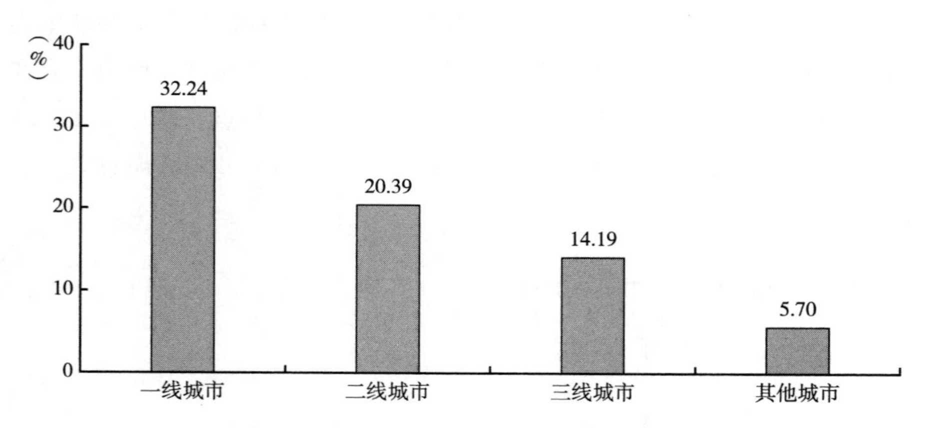

图3-7　全样本家庭持有金融产品覆盖率（城市类型）

根据图3-8，无论是何种等级的城市，中高净值家庭持有金融产品覆盖率都要明显高于非中高净值家庭。具体而言，一线城市中高净值家庭和非中高净值家庭持有金融产品覆盖率相差35.5个百分点；二线城市中高净值家庭和非中高净值家庭持有金融产品覆盖率相差28.75个百分点；三线城市中高净值家庭和非中高净值家庭持有金融产品覆盖率相差22.66个百分点；其

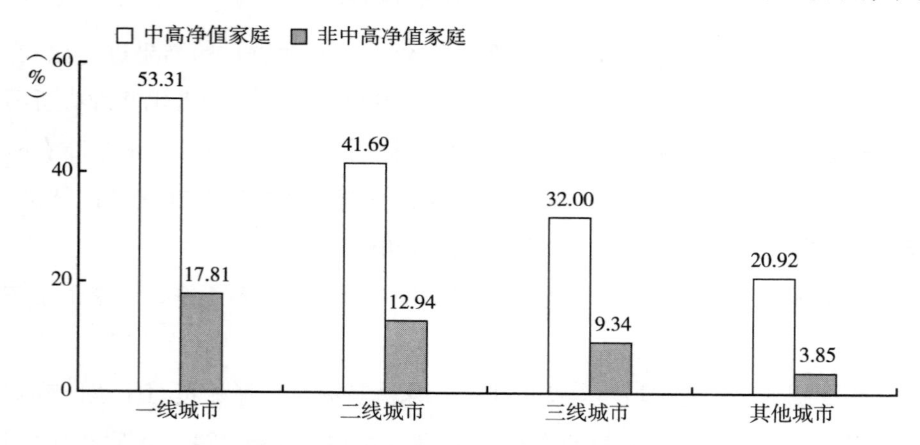

图3-8　中高净值家庭和非中高净值家庭持有金融产品覆盖率（城市类型）

他城市中高净值家庭和非中高净值家庭持有金融产品覆盖率相差 17. 07 个百分点。综上，随着城市等级的升高，不同经济条件家庭持有金融产品覆盖率的差距逐渐增加。此外，在一线城市中，中高净值家庭持有金融产品覆盖率达到了 53. 31%，即有一半以上的中高净值家庭持有金融产品。

（二）户主层面

除了家庭层面的因素之外，户主层面的因素也会对家庭持有金融产品产生影响。本书根据户主受教育程度进行分组，计算全样本家庭持有金融产品覆盖率，结果汇总在图 3-9 中。

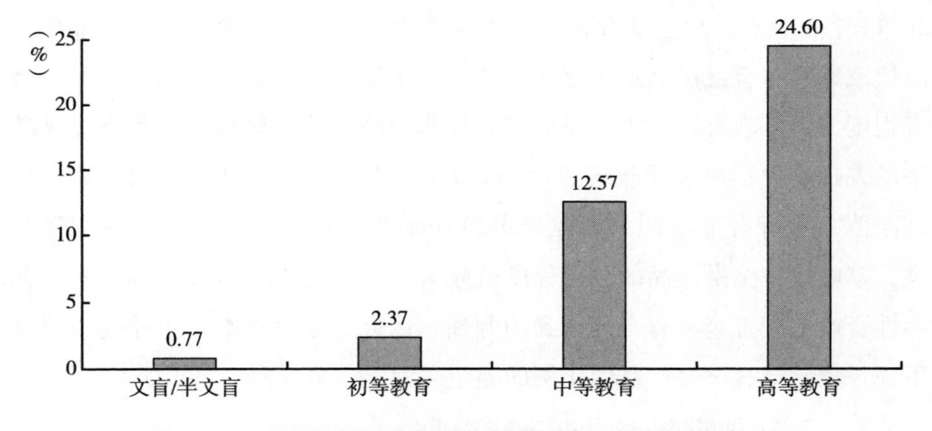

图 3-9　全样本家庭持有金融产品覆盖率（户主受教育程度）

根据图 3-9，随着户主受教育程度的提高，家庭持有金融产品覆盖率逐渐提高。当户主受教育程度为中等教育或高等教育时，家庭持有金融产品覆盖率同户主受教育程度在初等教育及以下的家庭存在显著差距。已有研究表明，户主的受教育程度对风险性金融资产的参与度和持有比例有积极影响（卢亚娟、殷君瑶，2021）。受教育程度的提高不仅增加了就业机会，增加了居民的收入，而且提高了个人的认知能力，避免了投资理财行为的非理性，提高了个人参与股票和其他风险资产市场的概率，改变了家庭风险性资产与无风险性资产的比例。国外的研究表明，户主接受额外一年的教育会使家庭的股票市场参与度提高 2 个百分点，分配给股票的金融财富份额增加 10 个百分点（Black et al.，2018）。这些都表明教育对于金融市场参与的促进作用。

根据图 3-10，无论对于何种受教育程度的户主，中高净值家庭持有金融产品覆盖率都要明显高于非中高净值家庭。具体而言，户主受教育程度为文盲/半文盲时，中高净值家庭和非中高净值家庭持有金融产品覆盖率相差 5.2 个百分点；户主受教育程度为初等教育时，中高净值家庭和非中高净值家庭持有金融产品覆盖率相差 12.06 个百分点；户主受教育程度为中等教育时，中高净值家庭和非中高净值家庭持有金融产品覆盖率相差 26.11 个百分点；户主受教育程度为高等教育时，中高净值家庭和非中高净值家庭持有金融产品覆盖率相差 22.51 个百分点。综上，当户主的受教育程度为中等教育时，中高净值家庭和非中高净值家庭持有金融产品覆盖率的差距最大；户主受教育程度为文盲/半文盲时，中高净值家庭和非中高净值家庭持有金融产品覆盖率的差距最小。可见，户主受教育程度越高，家庭持有金融产品的分化程度就越大。户主受教育程度越高，对于风险性资产的配置越具有自己独到的判断，因此，家庭理财的思路越有可能不同，家庭持有金融产品的比例的差距越大。

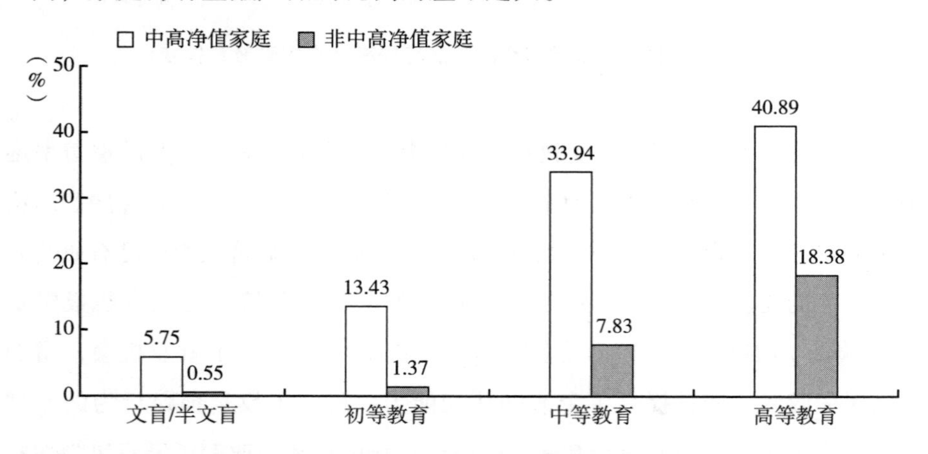

图 3-10　中高净值家庭和非中高净值家庭持有金融产品覆盖率（户主受教育程度）

由于男性和女性在生理、心理等方面存在先天差异，家庭内部对于资产配置不同的决策模式往往会带来不一样的决策结果。本书根据户主性别进行分组，计算中高净值家庭和非中高净值家庭持有金融产品覆盖率，结果汇总在图 3-11 中。

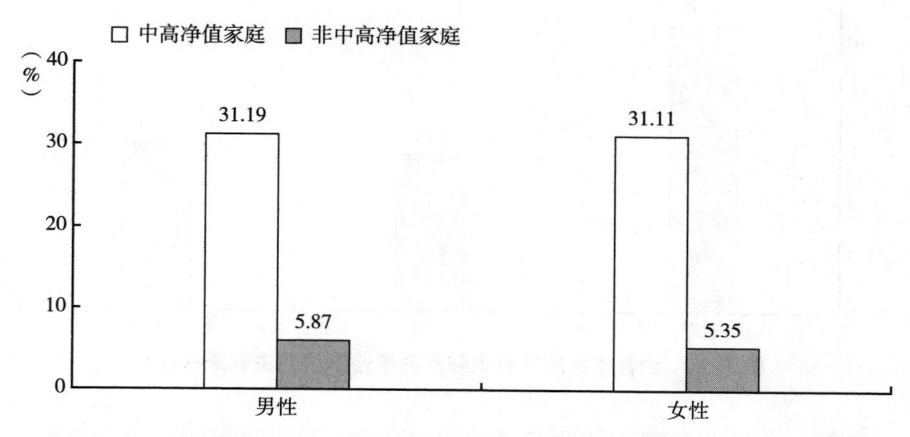

图 3-11　中高净值家庭和非中高净值家庭持有金融产品覆盖率（户主性别）

根据图 3-11，总体而言，户主性别为男性的家庭持有金融产品覆盖率要稍微高于户主性别为女性的家庭。户主为男性时，中高净值家庭和非中高净值家庭持有金融产品覆盖率相差 25.32 个百分点；户主为女性时，中高净值家庭和非中高净值家庭持有金融产品覆盖率相差 25.76 个百分点。综上，户主为女性时中高净值家庭和非中高净值家庭持有金融产品覆盖率的差距较大。女性决策赋权对家庭参与金融市场概率和风险性金融资产占比均有显著的负向影响（Black et al.，2018）。反之，由于男性有着更高的风险偏好，户主为男性的家庭有更大的可能性参与风险资产市场（Guiso et al.，2004）。因此，户主为男性的家庭持有金融产品的比例更高一些。

本书根据户主健康状况进行分组，计算全样本家庭持有金融产品覆盖率，结果汇总在图 3-12 中。

根据图 3-12，当户主健康时，家庭持有金融产品覆盖率最高；当户主健康状况为一般时，家庭持有金融产品覆盖率最低。当户主健康时，其精力比较充沛，有能力参与包括股票市场在内的投资与交易，因此，家庭更有可能在风险性金融资产上进行配置。如果户主不健康，那么，家庭会把一部分资产货币化以用于医疗支出，这可能会使家庭从股票市场中退出。

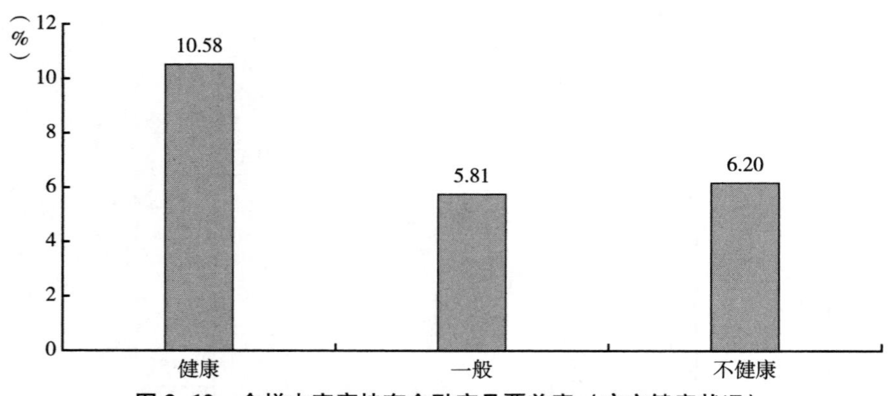

图 3-12　全样本家庭持有金融产品覆盖率（户主健康状况）

根据图 3-13，总体而言，无论户主健康状况如何，中高净值家庭持有金融产品覆盖率要明显高于非中高净值家庭。具体而言，户主健康时，中高净值家庭和非中高净值家庭持有金融产品覆盖率相差 25. 86 个百分点；户主健康状况为一般时，中高净值家庭和非中高净值家庭持有金融产品覆盖率相差 21. 84 个百分点；户主不健康时，中高净值家庭和非中高净值家庭持有金融产品覆盖率相差 26. 17 个百分点。综上，不同经济条件家庭之间的覆盖率的差距非常显著，尤其是当户主不健康时，中高净值家庭和非中高净值家庭持有金融产品覆盖率的差距最大。

本书根据户主婚姻状况进行分组，计算全样本家庭持有金融产品覆盖率，结果汇总在图 3-14 中。

根据图 3-14，户主处于未婚状态时，家庭持有金融产品覆盖率最高。此时，一些家庭为结婚做好准备，会采取积极的投资策略，通过股市等渠道进行投资，试图使家庭财富尽快增值。此外，由于处于未婚状态，户主更有可能成为风险偏好者，因此，更有可能持有金融产品（傅毅等，2017）。户主处于丧偶状态时，家庭持有金融产品覆盖率最低。

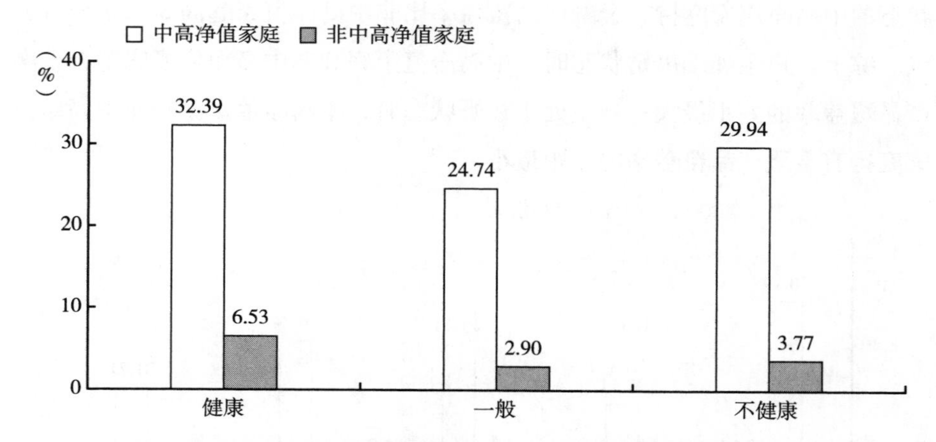

图 3-13　中高净值家庭和非中高净值家庭持有金融产品覆盖率（户主健康状况）

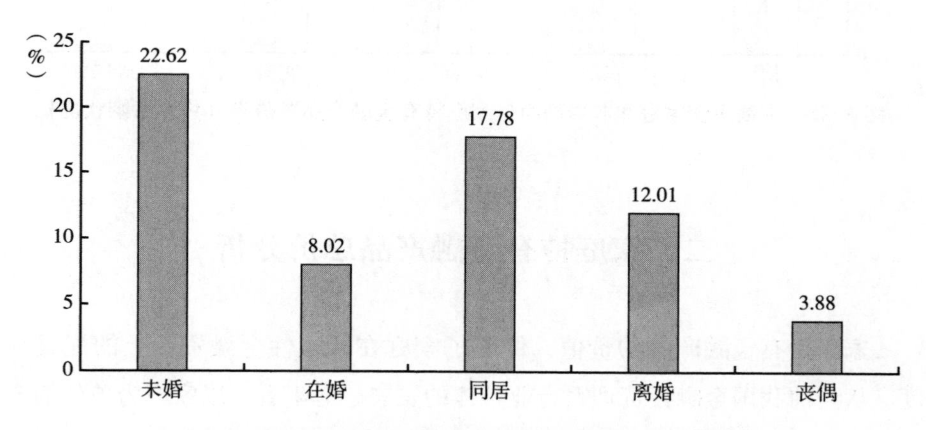

图 3-14　全样本家庭持有金融产品覆盖率（户主婚姻状况）

由图 3-15 可知，总体而言，无论户主处于何种婚姻状态，中高净值家庭持有金融产品覆盖率都要明显高于非中高净值家庭。具体而言，户主处于未婚状态的中高净值家庭持有金融产品覆盖率比非中高净值家庭高 29.95 个百分点；户主处于在婚状态的中高净值家庭持有金融产品覆盖率比非中高净值家庭高 24.81 个百分点；户主处于同居状态的中高净值家庭持有金融产品覆盖率比非中高净值家庭高 25 个百分点；户主处于离婚状态的中高净值家庭持有金融产品覆盖率比非中高净值家庭高 31.49 个百分点；户主处于丧偶状态的中高净值家庭持有金融产品覆盖率比非中高净值家庭高 30.25 个百分点。综上，户主处于离婚状态时，中高净值家庭和非中高净值家庭持有金融产品覆盖率的差距最大；户主处于在婚状态时，中高净值家庭和非中高净值家庭持有金融产品覆盖率的差距最小。

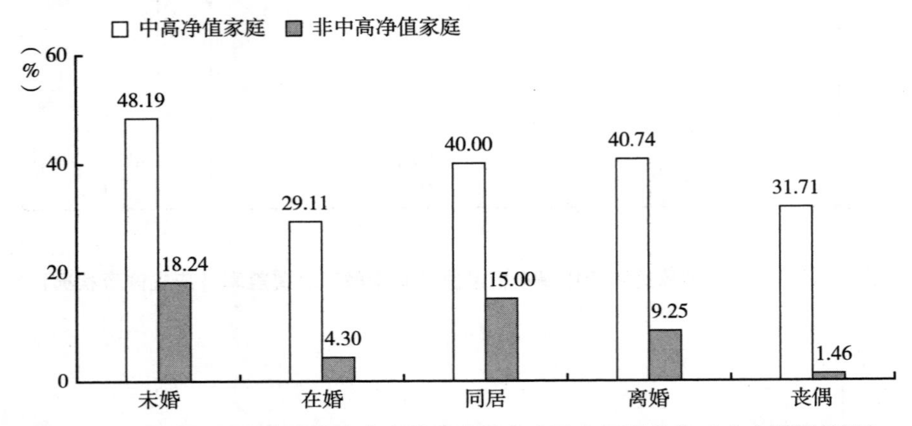

图 3-15　中高净值家庭和非中高净值家庭持有金融产品覆盖率（户主婚姻状况）

二　家庭持有金融产品总价分析

家庭持有金融产品的价值，体现了家庭在风险性金融资产上的配置强度。从当前我国金融投资理财行业整体的发展趋势来看，以家庭为单位的金融投资理财活动越来越频繁，家庭金融投资理财金额也在不断增加，这不仅对于家庭资产的保值与增值有着诸多益处，而且对于我国市场经济和资本市场运作也有重要的积极意义。本书通过计算家庭持有金融产品总价的平均值，来分析中高净值家庭持有金融产品的价值情况。

（一）家庭层面

本书根据社区性质进行分组，计算全样本家庭持有金融产品总价，结果汇总在图 3-16 中。

根据图 3-16，社区性质为居委会的家庭持有金融产品总价比社区性质为村委会的高 11.25 万元，二者的差距十分显著。

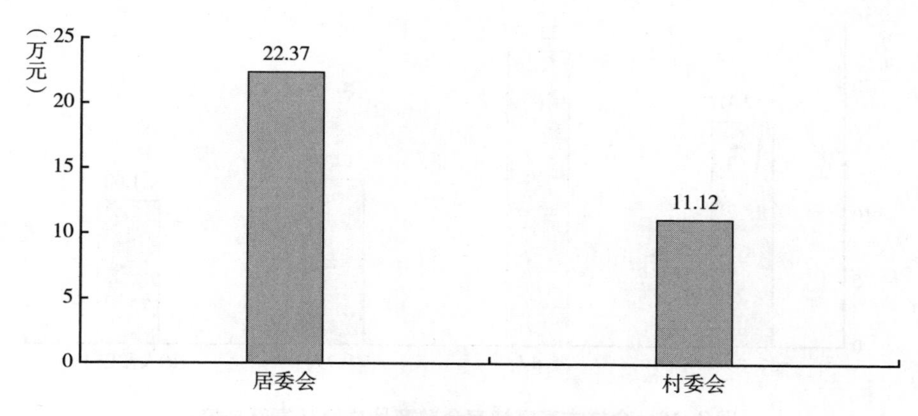

图 3-16　全样本家庭持有金融产品总价（社区性质）

根据图 3-17，总体而言，无论是居委会还是村委会，中高净值家庭持有金融产品总价要明显高于非中高净值家庭。具体而言，社区性质为居委会的中高净值家庭持有金融产品总价比非中高净值家庭高 33.18 万元；社区性质为村委会的中高净值家庭持有金融产品总价比非中高净值家庭高 19.16 万元。

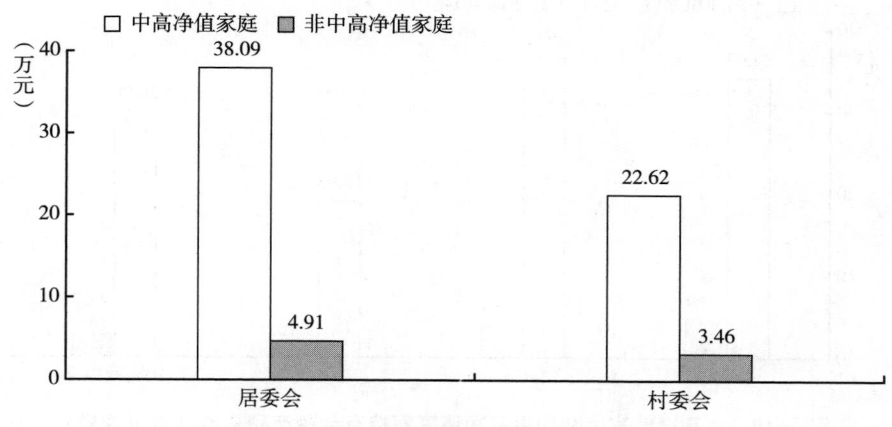

图 3-17　中高净值家庭和非中高净值家庭持有金融产品总价（社区性质）

本书根据家庭规模进行分组，计算全样本家庭持有金融产品总价，结果汇总在图 3-18 中。

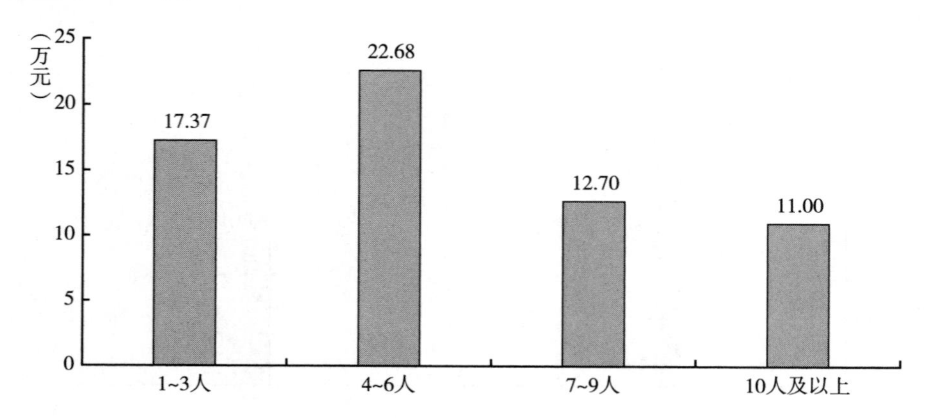

图 3-18　全样本家庭持有金融产品总价（家庭规模）

根据图 3-18，当家庭规模为 4～6 人时，家庭持有金融产品总价最高，达到 22.68 万元；当家庭规模为 10 人及以上时，家庭持有金融产品总价最低，仅为 11 万元。

根据图 3-19，总体而言，无论何种家庭规模，中高净值家庭持有金融产品总价都要明显高于非中高净值家庭。具体而言，家庭规模为 1～3 人时，

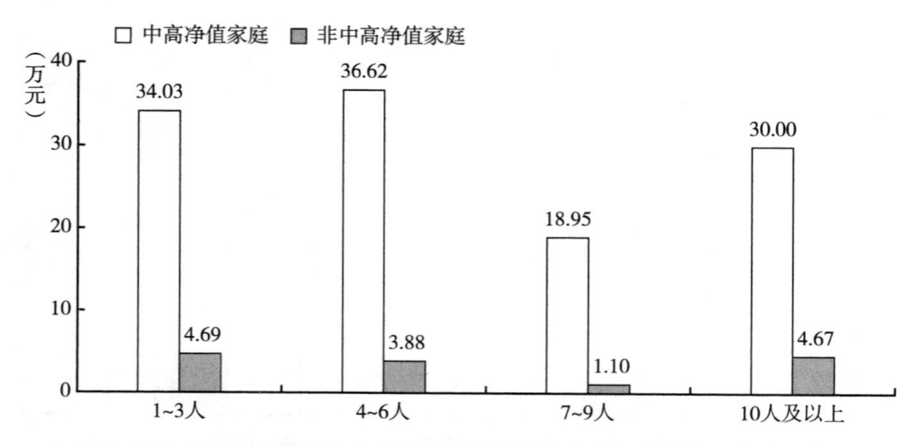

图 3-19　中高净值家庭和非中高净值家庭持有金融产品总价（家庭规模）

中高净值家庭比非中高净值家庭持有金融产品总价高 29.34 万元；家庭规模为 4~6 人时，中高净值家庭比非中高净值家庭持有金融产品总价高 32.74 万元；家庭规模为 7~9 人时，中高净值家庭比非中高净值家庭持有金融产品总价高 17.85 万元；家庭规模为 10 人及以上时，中高净值家庭比非中高净值家庭持有金融产品总价高 25.33 万元。综上，中高净值家庭和非中高净值家庭持有金融产品总价的差距较为明显。

本书根据城乡区划进行分组，计算全样本家庭持有金融产品总价，结果汇总在图 3-20 中。

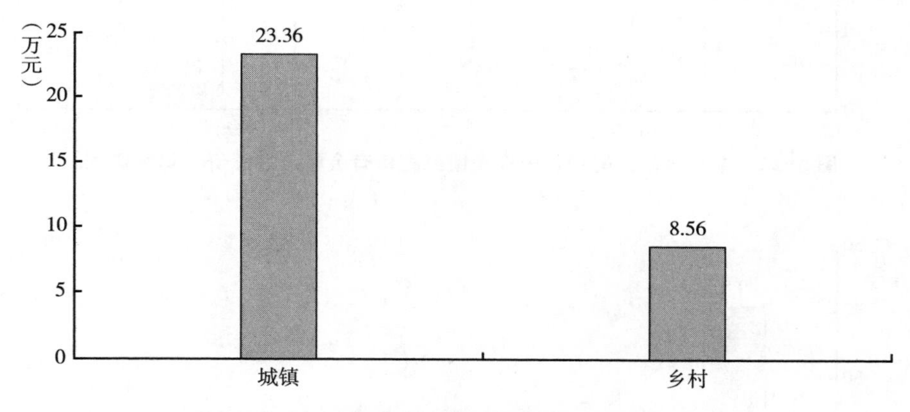

图 3-20　全样本家庭持有金融产品总价（城乡区划）

根据图 3-20，城镇家庭持有金融产品总价和乡村家庭相差 14.8 万元，城镇家庭持有金融产品总价要明显高于乡村家庭，差距十分显著。

根据图 3-21，无论是城镇还是乡村，中高净值家庭持有金融产品总价都要明显高于非中高净值家庭。具体而言，城镇中高净值家庭和非中高净值家庭持有金融产品总价相差 33.56 万元；乡村中高净值家庭和非中高净值家庭持有金融产品总价相差 15.21 万元。在城镇，中高净值家庭持有金融产品总价已经达到了 38.61 万元；在乡村，是 18.19 万元。

本书根据城市类型进行分组，计算全样本家庭持有金融产品总价，结果汇总在图 3-22 中。

根据图 3-22，一线城市家庭持有金融产品总价最高，达到 40.82 万元。

相比而言，二线城市和三线城市家庭持有金融产品总价比较低，接近 17 万元。其他城市家庭持有金融产品总价最低，为 11.74 万元。

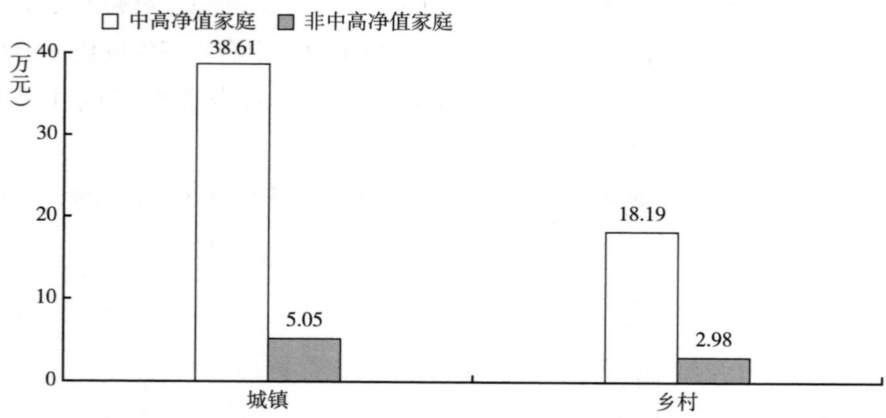

图 3-21　中高净值家庭和非中高净值家庭持有金融产品总价（城乡区划）

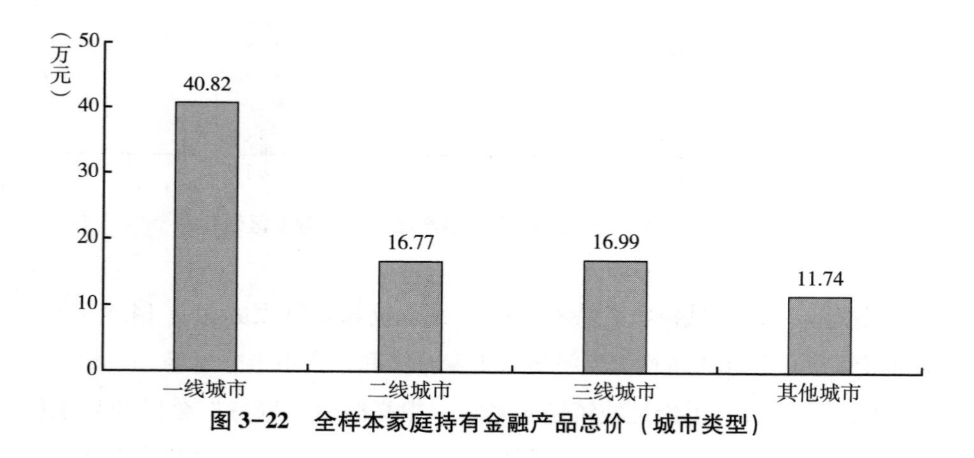

图 3-22　全样本家庭持有金融产品总价（城市类型）

根据图 3-23，无论是哪种类型的城市，中高净值家庭持有金融产品总价都要明显高于非中高净值家庭。一线城市中高净值家庭和非中高净值家庭持有金融产品总价相差 52.43 万元；二线城市中高净值家庭和非中高净值家庭持有金融产品总价相差 20.36 万元；三线城市中高净值家庭和非中高净值家庭持有金融产品总价相差 26.69 万元；其他城市中高净值家庭和非中高净值家庭持有金融产品总价相差 20.46 万元。

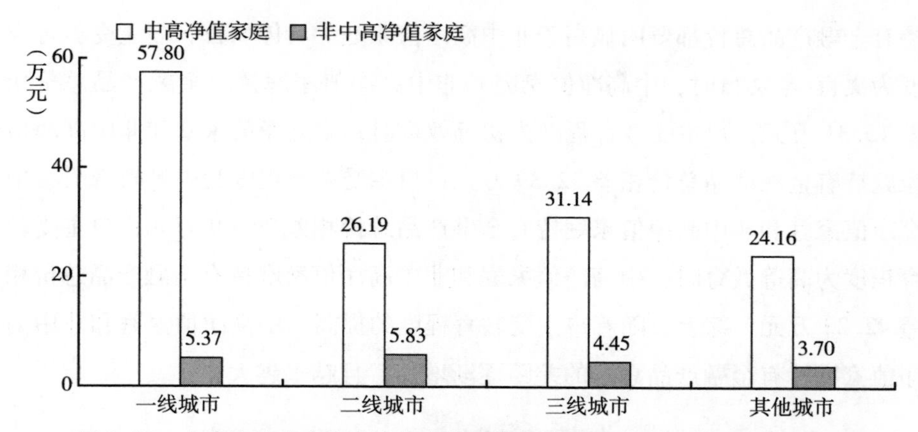

图 3-23　中高净值家庭和非中高净值家庭持有金融产品总价（城市类型）

（二）户主层面

本书根据户主受教育程度进行分组，计算全样本家庭持有金融产品总价，结果汇总在图 3-24 中。

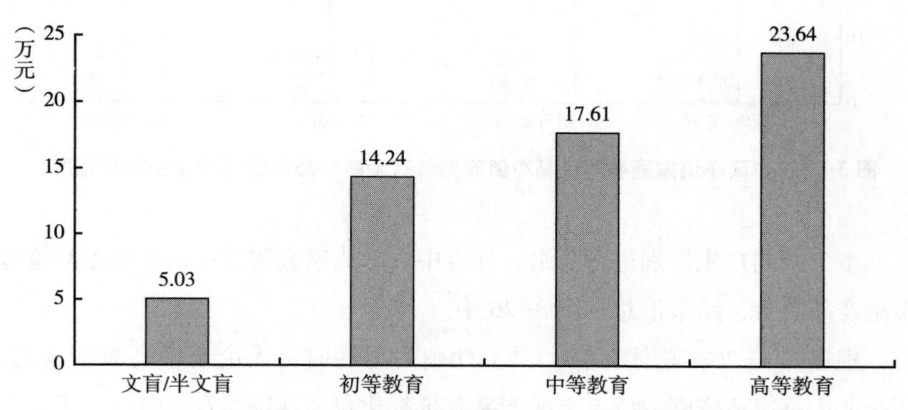

图 3-24　全样本家庭持有金融产品总价（户主受教育程度）

根据图 3-24，随着户主受教育程度的提高，家庭持有金融产品总价呈现阶梯状上涨的趋势。受教育程度越高的户主，对于金融投资知识的掌握程度越高，对于风险的管控能力越强，越有可能投入更多资金购买金融产品（闵诗筠，2022）。

根据图 3-25，总体而言，无论户主是何种受教育程度，中高净值家庭持有金融产品总价都要明显高于非中高净值家庭。具体而言，户主受教育程度为文盲/半文盲时，中高净值家庭和非中高净值家庭持有金融产品总价相差 15.31 万元；户主受教育程度为初等教育时，中高净值家庭和非中高净值家庭持有金融产品总价相差 22.39 万元；户主受教育程度为中等教育时，中高净值家庭和非中高净值家庭持有金融产品总价相差 26.69 万元；户主受教育程度为高等教育时，中高净值家庭和非中高净值家庭持有金融产品总价相差 42.23 万元。综上，随着户主受教育程度的提高，中高净值家庭和非中高净值家庭持有金融产品总价的差距逐渐增加，且越来越大。

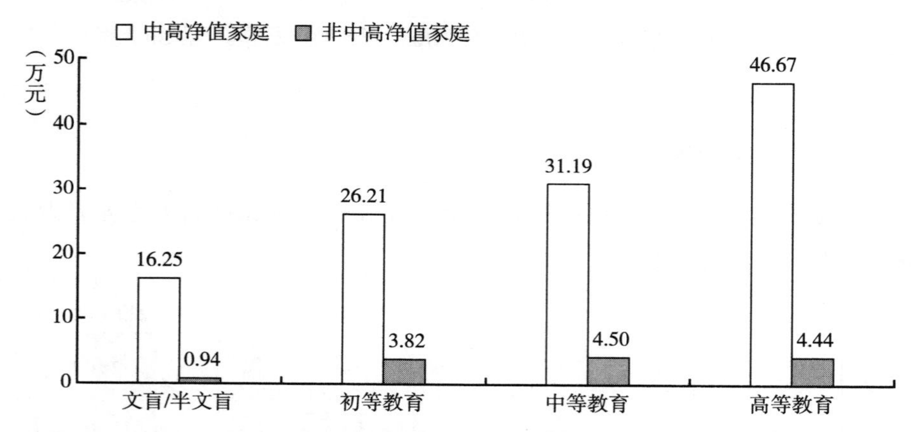

图 3-25 中高净值家庭和非中高净值家庭持有金融产品总价（户主受教育程度）

本书根据户主性别进行分组，计算中高净值家庭和非中高净值家庭持有金融产品总价，结果汇总在图 3-26 中。

根据图 3-26，总体而言，户主性别为男性时，无论是中高净值家庭，还是非中高净值家庭，持有金融产品总价都比户主性别为女性时高；无论户主是男性还是女性，中高净值家庭持有金融产品总价都要明显高于非中高净值家庭。具体而言，户主为男性时，中高净值家庭和非中高净值家庭持有金融产品总价相差 33.21 万元；户主为女性时，中高净值家庭和非中高净值家庭持有金融产品总价相差 24.22 万元。综上，户主为男性时，中高净值家庭和非中高净值家庭持有金融产品总价的差距较大。

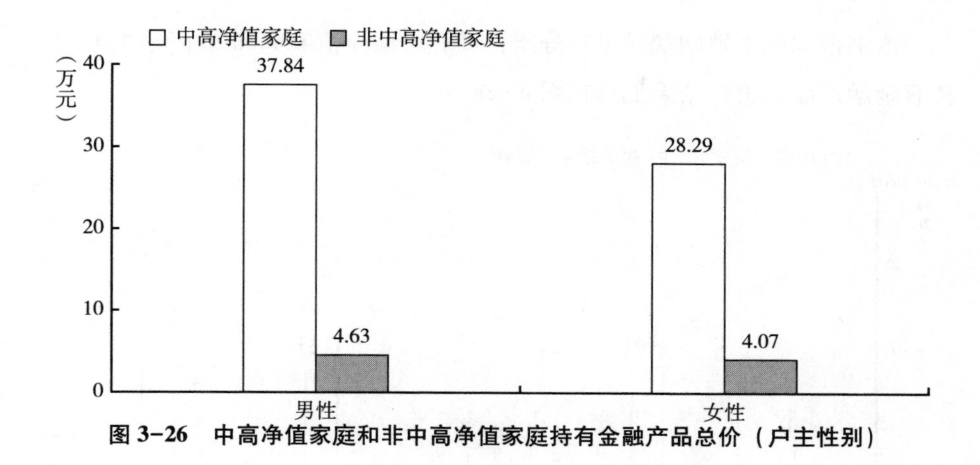

图 3-26　中高净值家庭和非中高净值家庭持有金融产品总价（户主性别）

本书根据户主健康状况进行分组，计算中高净值家庭和非中高净值家庭持有金融产品总价，结果汇总在图 3-27 中。

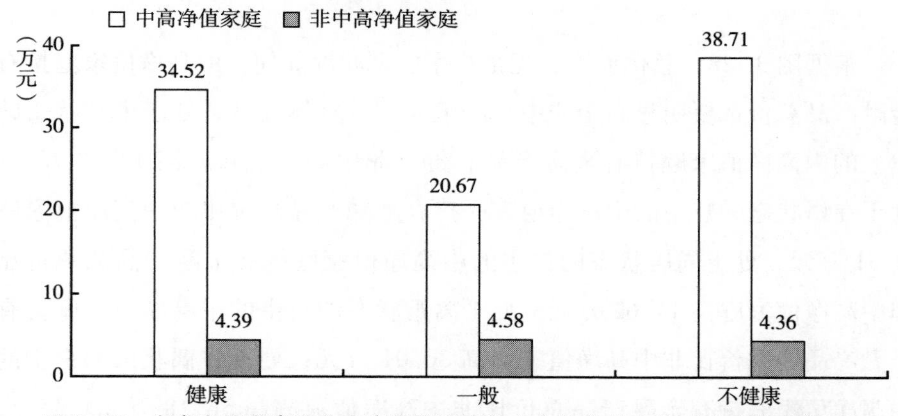

图 3-27　中高净值家庭和非中高净值家庭持有金融产品总价（户主健康状况）

根据图 3-27，总体而言，无论户主健康状况如何，中高净值家庭持有金融产品总价都要显著高于非中高净值家庭。具体而言，户主健康时，中高净值家庭和非中高净值家庭持有金融产品总价相差 30.13 万元；户主健康状况为一般时，中高净值家庭和非中高净值家庭持有金融产品总价相差 16.09 万元；户主不健康时，中高净值家庭和非中高净值家庭持有金融产品总价相差 34.35 万元。综上，中高净值家庭和非中高净值家庭持有金融产品总价的差距非常显著。

本书根据户主婚姻状况进行分组，计算中高净值家庭和非中高净值家庭持有金融产品总价，结果汇总在图 3-28 中。

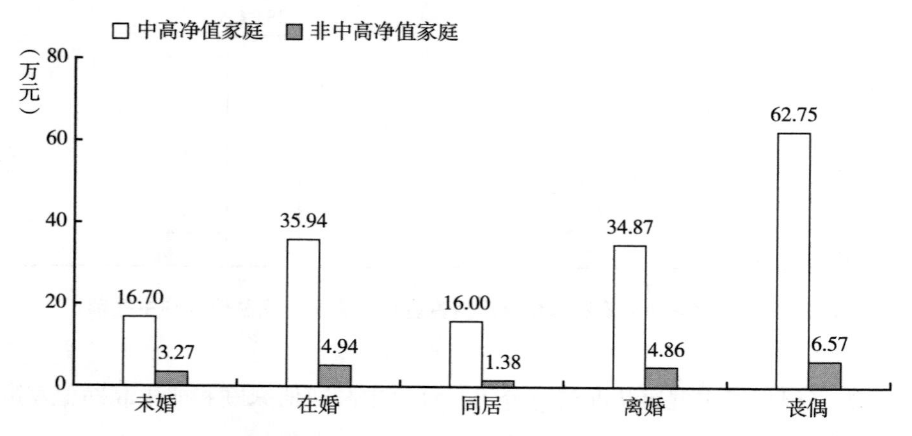

图 3-28　中高净值家庭和非中高净值家庭持有金融产品总价（户主婚姻状况）

根据图 3-28，总体而言，无论户主婚姻状况如何，中高净值家庭持有金融产品总价都要明显高于非中高净值家庭。具体而言，处于未婚状态的户主的中高净值家庭持有金融产品总价比非中高净值家庭高 13.43 万元；处于在婚状态的户主的中高净值家庭持有金融产品总价比非中高净值家庭高 31 万元；处于同居状态的户主的中高净值家庭持有金融产品的总价比非中高净值家庭高 14.62 万元；处于离婚状态的户主的中高净值家庭持有金融产品的总价比非中高净值家庭高 30.01 万元；处于丧偶状态的户主的中高净值家庭持有金融产品总价比非中高净值家庭高 56.18 万元。综上，户主处于丧偶状态时，中高净值家庭和非中高净值家庭持有金融产品总价的差距最大；户主处于未婚状态时，中高净值家庭和非中高净值家庭持有金融产品总价的差距最小。

三　风险性金融资产占家庭总金融资产比重分析

对于中高净值家庭而言，做好资产配置工作的目的其实就是要尽可能地确保家庭资产稳步增长，进而实现家庭资产的保值与增值（陈佳，2020）。对“资产配置”的研究源于 20 世纪 50 年代。哈里·马科维茨（Harry Markowitz）在 1952 年发表的《投资组合的选择》一文，一举奠定了现代资产配置理论（Modern Portfoilio Theory）的基石（Markowitz，1952）。此后，威廉·夏普（William F. Sharpe）提出的资本资产定价模型更是把资产配置理论向前推进了一大步，成为资产估值、资金成本预算以及资源配置等方面重要的决策依据（Sharpe，1964）。从经济学来说，所谓“资产配置”，就是指在一个投资组合中选择资产的不同的类别并确定其比例，在将风险控制在一定范围的同时把投资收益率最大化的过程（Rios and Sahinidis，2010）。资产配置理论产生的主要目的是通过帮助投资者建立多样化的资产类别来实现平衡风险与保障投资收益（Smimou et al.，2009）。随着资本市场的发展和壮大，资产配置理论获得了实证上的检验，成为指导投资者做出正确投资决策的重要知识体系。

随着金融市场的不断发展以及收入水平的不断提高，中高净值家庭在投资领域可供选择的途径越来越多元化。家庭金融理论的兴起，为中高净值家庭优化资产配置提供了重要的理论（Campbell，2006）。家庭金融资产的配置情况与影响家庭收入的不确定性因素和家庭背景风险等因素密不可分，其也会因为所处国家、地区的不同而呈现明显的差异性（Arrondel et al.，2016）。对于我国中高净值家庭而言，其既可以选择风险低的银行存款，也可以选择有一定风险的股票、基金和债券，当然，还可以通过投资房产的方式，使家庭金融资产转化为投资性房产。对于中高净值家庭而言，从短期看，其所拥有的金融资产变少了。但是，由于房价总体在上涨，因此，一旦出售投资性房产，就会使家庭持有的金融资产快速增长。所以，在我国，房市和股市之间往往存在资金流动的现象。在具体操作上，不同的中高净值家庭会采取不同的投资策略，在可承担的风险范围之内对所持有的金融资产进行最优化配置。

家庭金融资产一般指的是家庭所持有的、以资金流通或货币流通为内容、以信用关系为特征的债券和所有权资产，主要包括现金、银行存款、股票、基金、债券、金融理财产品、借出款、储蓄性保险、人寿保险、住房公积金余额和其他金融资产。一般而言，家庭金融资产可以分成两类。一类是无风险性金融资产，这类金融资产的预期收益标准差为零，因此，持有这类金融资产没有任何风险或者风险非常小。另一类是风险性金融资产，这类金融资产具有未来收益能力，但是这种未来收益具有不确定性，可能由于市场的变化而亏本。因此，持有这类金融资产具有一定的风险性。所以，金融资产配置首先是风险性金融资产和无风险性金融资产之间的配置。

对于中高净值家庭而言，如何在无风险性金融资产与风险性金融资产之间进行合理配置，是家庭金融资产配置的一个关键问题。由于在金融投资领域，风险和收益往往成正比，因此，中高净值家庭的风险性金融资产的配置比重会对家庭资产未来的增值情况产生直接影响。当然，持有风险性金融资产也可能出现贬值甚至亏损的情形。与之相对的是，若持有无风险性金融资产，就不存在可能的贬值或者亏损问题，因此，家庭金融资产就可以有效保值，但是，增值能力可能比较差。对于中高净值家庭而言，对这两类金融资产的配置，会直接决定家庭金融资产的保值和增值情况。此外，中高净值家庭在无风险性金融资产和风险性金融资产上的配置，也体现了其对风险的偏好程度。

（一）家庭层面

根据 2020 年 CFPS 数据，可以计算出中高净值家庭在上述两类金融资产上的配置比重。无风险性金融资产包括现金及银行存款，风险性金融资产包括股票、基金和债券。上述两类金融资产的配置比重，反映了中高净值家庭的金融资产配置结构。对于中高净值家庭而言，在进行上述两类金融资产配置的决策过程中，一般分为两个步骤：第一步评估家庭的抗风险能力、风险偏好程度以及预期的未来收益；第二步确定上述两类金融资产的持有比重。本书根据社区性质计算全样本家庭风险性金融资产占家庭总金融资产的比重，结果汇总在图 3-29 中。

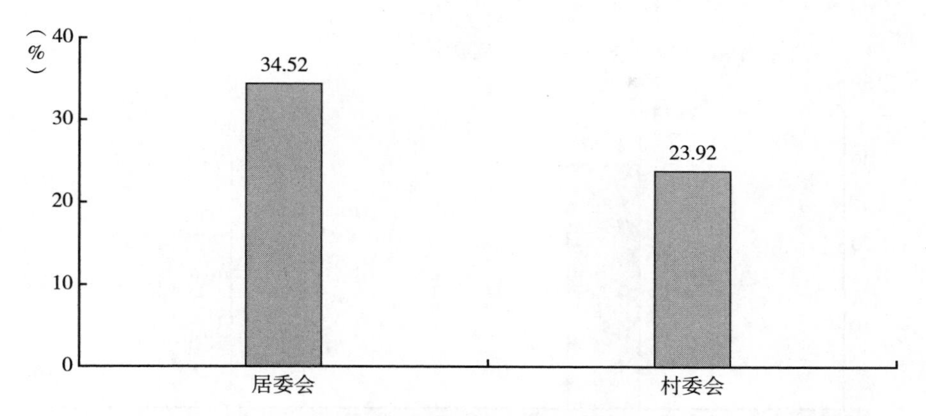

图 3-29　全样本家庭风险性金融资产占家庭总金融资产的比重（社区性质）

根据图 3-29，社区性质为居委会的风险性金融资产占家庭总金融资产的比重比社区性质为村委会的高 10.6 个百分点。在居委会，风险性金融资产占家庭总金融资产的比重达到 34.52%，而在村委会中，该比重为 23.92%。

根据图 3-30，总体而言，中高净值家庭风险性金融资产占家庭总金融资产的比重要高于非中高净值家庭。具体而言，社区性质为居委会的中高净值家庭风险性金融资产占家庭总金融资产的比重比非中高净值家庭高 3.81 个百分点；社区性质为村委会的中高净值家庭风险性金融资产占家庭总金融资产的比重比非中高净值家庭高 8.91 个百分点。可见，在村委会中，两者的差距更大。

本书根据家庭规模分组计算全样本家庭风险性金融资产占家庭总金融资产的比重，结果汇总在图 3-31 中。

根据图 3-31，当家庭规模为 10 人及以上时，家庭风险性金融资产占家庭总金融资产的比重最高；当家庭规模为 7～9 人时，家庭风险性金融资产占家庭总金融资产的比重最低。由于家庭规模在 10 人及以上的样本比较少，因此，此处仅供参考。排除 10 人及以上规模的家庭，总体而言，家庭风险性金融资产占家庭总金融资产的比重与家庭规模呈现负相关关系。

根据图 3-32，当家庭规模不到 10 人时，中高净值家庭风险性金融资产

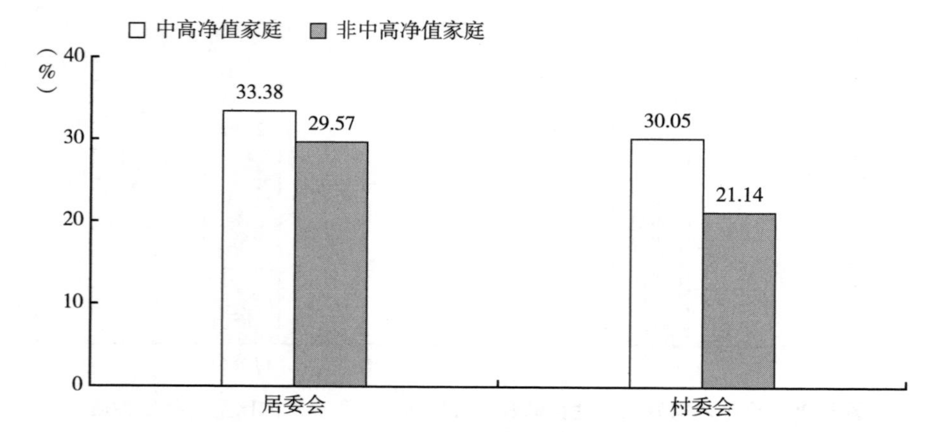

图 3-30　中高净值家庭和非中高净值家庭风险性金融资产占家庭总金融资产的比重（社区性质）

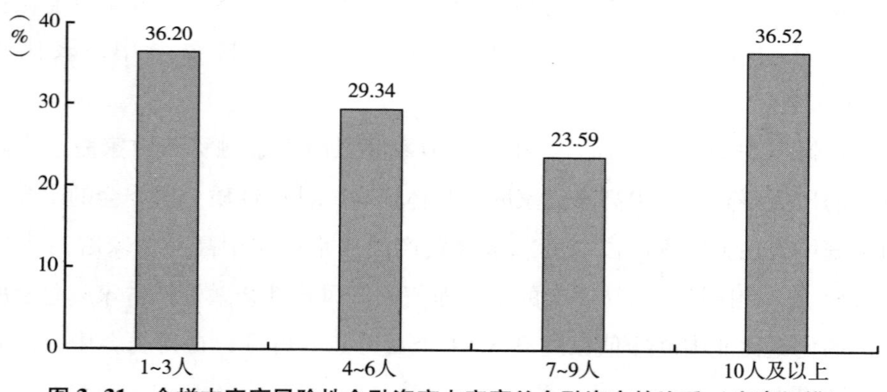

图 3-31　全样本家庭风险性金融资产占家庭总金融资产的比重（家庭规模）

占家庭总金融资产的比重都要高于非中高净值家庭。家庭规模为 1～3 人时，中高净值家庭风险性金融资产占家庭总金融资产的比重比非中高净值家庭高 3.46 个百分点；家庭规模为 4～6 人时，中高净值家庭风险性金融资产占家庭总金融资产的比重比非中高净值家庭高 5.89 个百分点；家庭规模为 7～9 人时，中高净值家庭风险性金融资产占家庭总金融资产的比重比非中高净值家庭高 19.81 个百分点；家庭规模为 10 人及以上时，非中高净值家庭风险性金融资产占家庭总金融资产的比重比中高净值家庭高 5.36 个百分点。

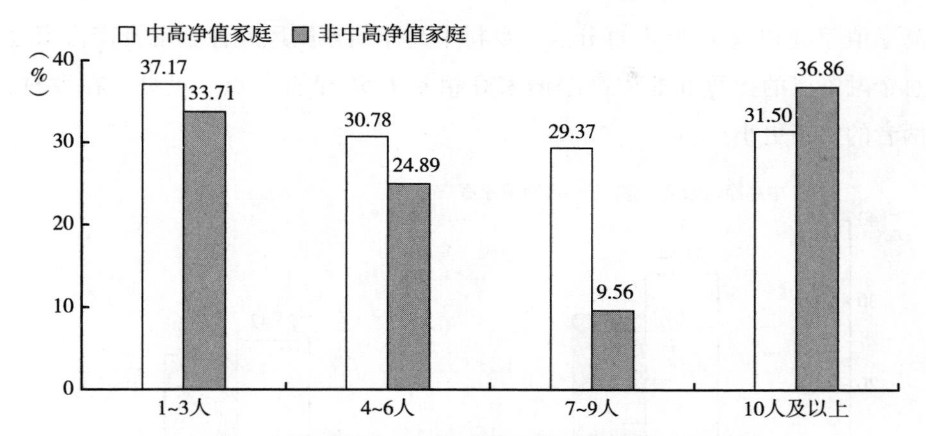

图 3-32　中高净值家庭和非中高净值家庭风险性金融资产占家庭总金融资产的比重（家庭规模）

本书根据城乡区划计算全样本家庭风险性金融资产占家庭总金融资产的比重，结果汇总在图 3-33 中。

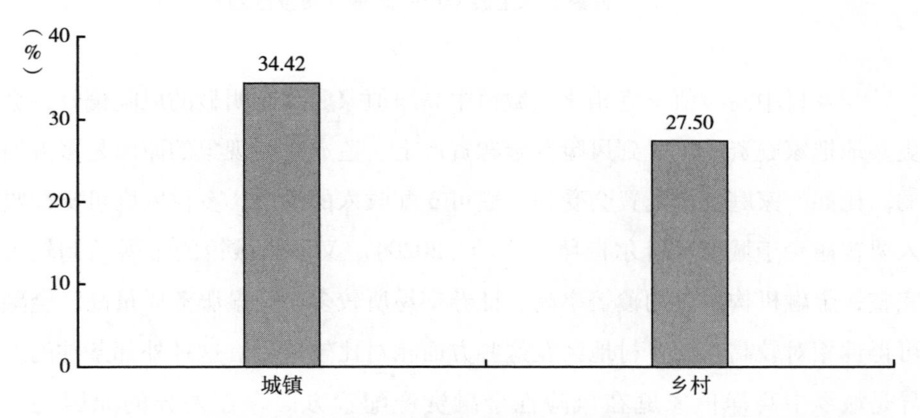

图 3-33　全样本家庭风险性金融资产占家庭总金融资产的比重（城乡区划）

根据图 3-33，城镇地区家庭风险性金融资产占家庭总金融资产的比重要比乡村地区高出 6.92 个百分点。

根据图 3-34，无论是城镇还是乡村，中高净值家庭风险性金融资产占家庭总金融资产的比重都要高于非中高净值家庭。但是，两者的差距存在城乡差异。城镇中高净值家庭风险性金融资产占家庭总金融资产的比重和非中高净值家庭相差 4.89 个百分点；乡村中高净值家庭风险性金融资产占家庭总金融资产的比重和非中高净值家庭相差 1.54 个百分点。可见，在乡村，两者的差距更小。

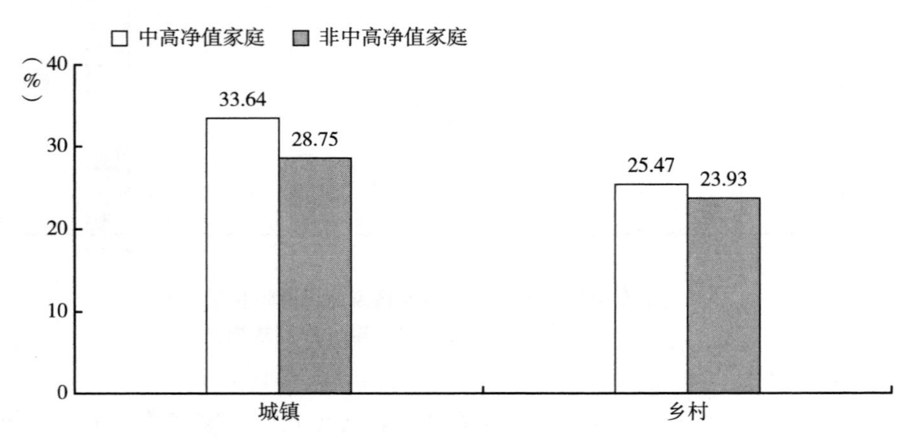

图 3-34 中高净值家庭和非中高净值家庭风险性金融资产占家庭总金融资产的比重（城乡区划）

与乡村中高净值家庭相比，城镇中高净值家庭具有明显的风险偏好，会更多地把家庭资产配置到风险性金融资产上。造成这种现象的原因是多方面的。比如，家庭资产配置会受到家庭可支配收入的约束，乡村家庭可支配收入要普遍少于城镇（叶尔肯拜·苏琴，2020）。又如，城镇的金融机制较为完整，金融机构网点的覆盖率高，证券交易所较多，金融服务质量高，金融可得性相对较高，而乡村地区在这些方面相对比较落后。这种外部条件的差异是城乡中高净值家庭在风险性金融资产配置方面存在差异的原因之一（郭东琪、雷蕾，2017）。此外，城镇居民的受教育程度较高，对金融知识的了解多于乡村居民，城镇居民的金融知识水平普遍较高，这对其参与风险性金融资产的投资有积极的推动作用（刘佳宁，2020）。

本书根据城市类型计算全样本家庭风险性金融资产占家庭总金融资产的比重，结果汇总在图 3-35 中。

根据图 3-35，一线城市的家庭风险性金融资产占家庭总金融资产的比重最高，二线城市最低。一个鲜明的特征就是一线城市中高净值家庭在风险性金融资产上的配置比重要明显高于其他城市。一线城市中高净值家庭风险性金融资产占家庭总金融资产的比重为36.18%。这个结果与目前一些研究结果基本上是一致的。招商银行和贝恩公司联合发布的《2021中国私人财富报告》把个人持有的股票、基金和债券定义为资本市场产品。根据该报告，2016年以后，资本市场产品和现金与存款之比差不多是2∶3，即风险性金融资产所占比重大约是40%（招商银行、贝恩公司，2021）。此外，德国安联集团（Allianz）公布的《2020年安联全球财富报告》显示，在2019年中国家庭金融资产中，保险和养老金等资产只占家庭投资组合很小的一部分，中国家庭金融资产仍以证券投资如股票、基金、债券等资产管理类产品和存款为主，其中股票、基金、债券等资产管理类产品所占比重为40.9%（Allianz，2020）。

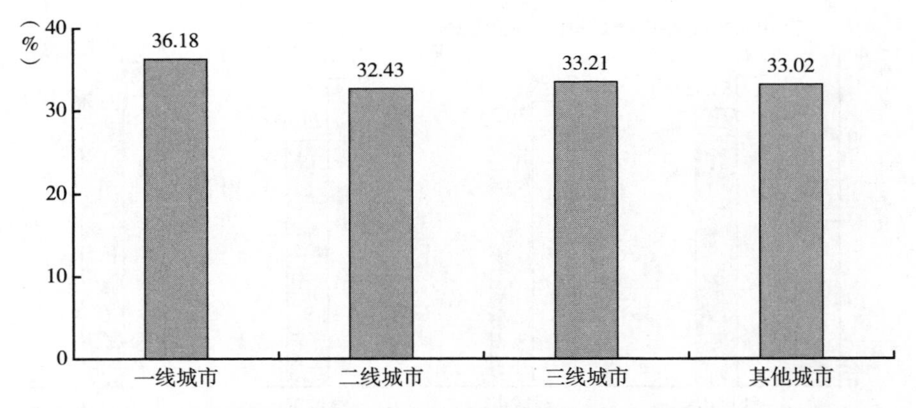

图3-35 全样本家庭风险性金融资产占家庭总金融资产的比重（城市类型）

由于一线城市是中高净值家庭的聚集地，这些中高净值家庭所持有的可投资性资产普遍比较多，因此，它们的抗风险能力相对比较强，更有可能在风险性金融资产上增加投入和配置。此外，一线城市的资本市场活跃，金融机构实力强，资本市场规模大，家庭金融投资的渠道和途径比较齐备，这些都有利于中高净值家庭在风险性金融资产上进行投资和配置。从家庭金融知识的角度来看，一线城市在向社会公众推广和普及金融知识时往往会投入更多，普及面更广。随着家庭成员掌握的金融知识的增长，家庭对参与金融市场会有更积极的心态，并在资产配置过程中更多地倾向于进行风险资产的配置（胡尧，2019）。这个现象在一线城市中高净值家庭中体现得比较普遍，因为一线城市中高净值家庭所掌握的金融知识相对比较丰富和全面。

根据图 3-36，总体而言，无论是何种类型的城市，中高净值家庭风险性金融资产占家庭总金融资产的比重都要高于非中高净值家庭。具体而言，一线城市中高净值家庭风险性金融资产占家庭总金融资产的比重和非中高净值家庭相差 4.05 个百分点；二线城市中高净值家庭风险性金融资产占家庭总金融资产的比重和非中高净值家庭相差 3.96 个百分点；三线城市中高净值家庭风险性金融资产占家庭总金融资产的比重和非中高净值家庭相差 7.3 个百分点；其他城市中高净值家庭风险性金融资产占家庭总金融资产的比重和非中高净值家庭相差 2.97 个百分点。

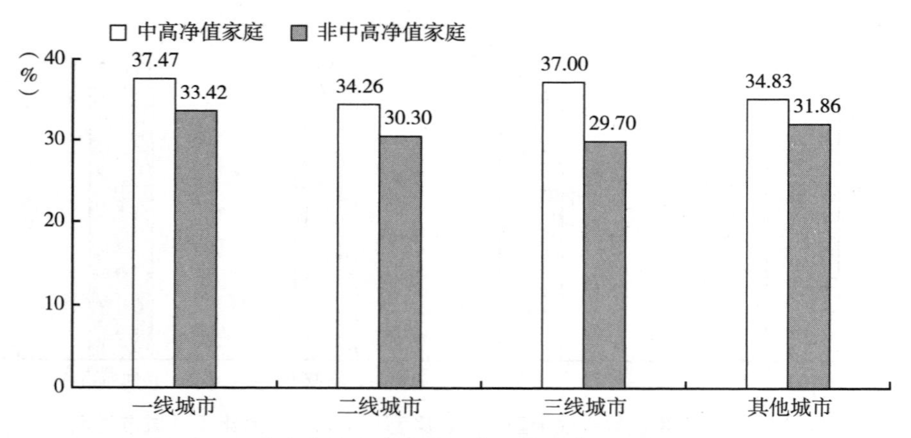

图 3-36　中高净值家庭和非中高净值家庭风险性金融资产占家庭总金融资产的比重（城市类型）

（二）户主层面

本书根据户主受教育程度计算全样本家庭风险性金融资产占家庭总金融资产的比重，结果汇总在图 3-37 中。

根据图 3-37，当户主受教育程度为文盲/半文盲时，家庭风险性金融资产占家庭总金融资产的比重最低；当户主受教育程度为中等教育时，家庭风险性金融资产占家庭总金融资产的比重最高。

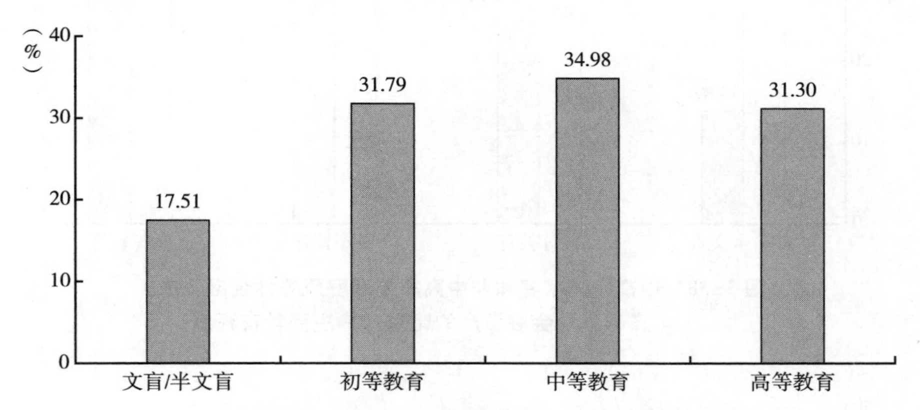

图 3-37　全样本家庭风险性金融资产占家庭总金融资产的比重（户主受教育程度）

根据图 3-38，户主受教育程度为文盲/半文盲时，中高净值家庭和非中高净值家庭风险性金融资产占家庭总金融资产的比重相差 17 个百分点；户主受教育程度为初等教育时，中高净值家庭和非中高净值家庭风险性金融资产占家庭总金融资产的比重相差 2. 81 个百分点；户主受教育程度为中等教育时，中高净值家庭和非中高净值家庭风险性金融资产占家庭总金融资产的比重相差 3. 58 个百分点；户主受教育程度为高等教育时，中高净值家庭和非中高净值家庭风险性金融资产占家庭总金融资产的比重相差 2. 98 个百分点。

本书根据户主性别计算全样本家庭风险性金融资产占家庭总金融资产的比重，结果汇总在图 3-39 中。

根据图 3-39，户主性别为男性时，家庭风险性金融资产占家庭总金融资产的比重较高。但是，这与户主为女性时的差距并不大。

根据图 3-40，户主为男性时，中高净值家庭和非中高净值家庭风险性金融资产占家庭总金融资产的比重相差 4. 89 个百分点；户主为女性时，二

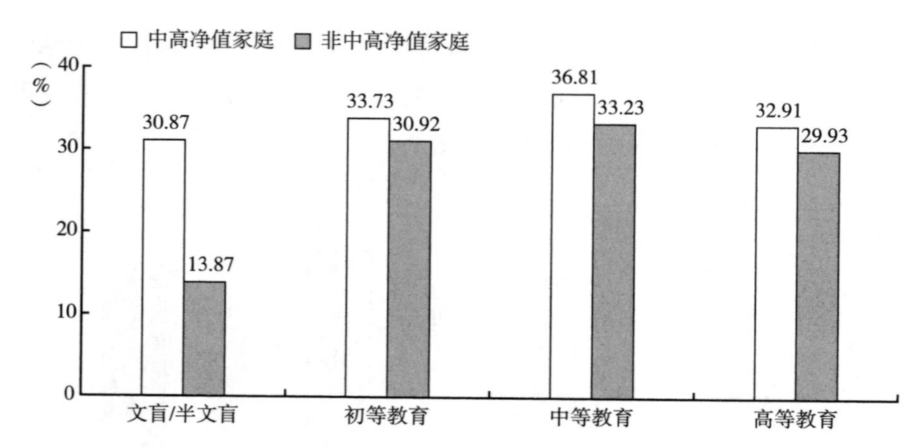

图 3-38 中高净值家庭和非中高净值家庭风险性金融资产占家庭总金融资产的比重（户主受教育程度）

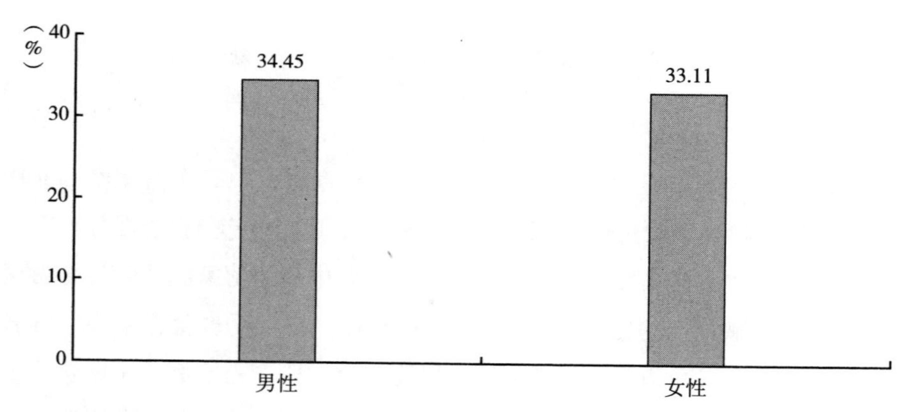

图 3-39 全样本家庭风险性金融资产占家庭总金融资产的比重（户主性别）

者相差 2 个百分点。综上，户主为男性时，二者的差距较大。

本书根据户主健康状况计算中高净值家庭和非中高净值家庭风险性金融资产占家庭总金融资产的比重，结果汇总在图 3-41 中。

根据图 3-41，户主健康时，中高净值家庭和非中高净值家庭风险性金融资产占家庭总金融资产的比重相差 5. 01 个百分点；户主健康状况为一般时，中高净值家庭和非中高净值家庭风险性金融资产占家庭总金融资产的比重相差 6. 29 个百分点；户主不健康时，非中高净值家庭和中高净值家庭风

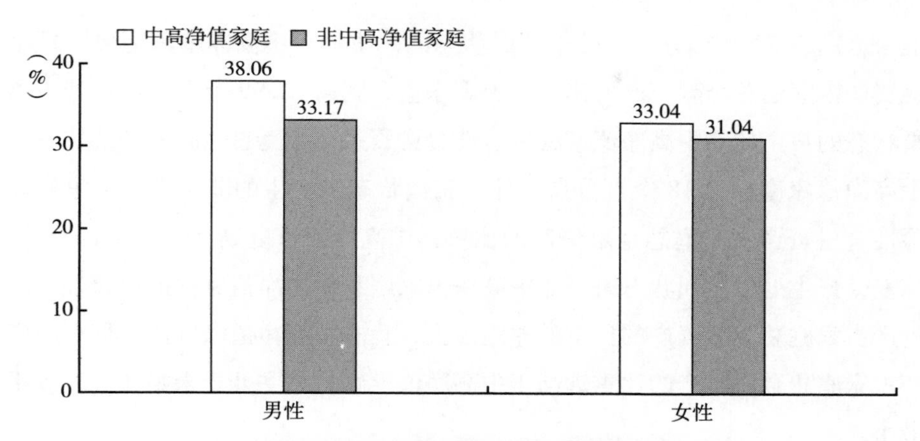

图 3-40　中高净值家庭和非中高净值家庭风险性金融资产占家庭总金融资产的比重（户主性别）

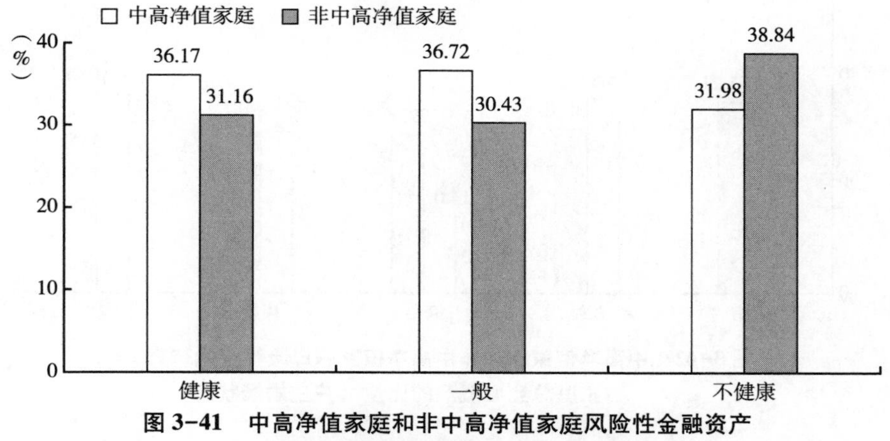

图 3-41　中高净值家庭和非中高净值家庭风险性金融资产占家庭总金融资产的比重（户主健康状况）

险性金融资产占家庭总金融资产的比重相差 6.86 个百分点。

本书根据户主婚姻状况计算中高净值家庭和非中高净值家庭风险性金融资产占家庭总金融资产的比重，结果汇总在图 3-42 中。

根据图 3-42，处于未婚状态的户主的中高净值家庭风险性金融资产占家庭总金融资产的比重比非中高净值家庭高 3.48 个百分点；处于在婚状态的户主的中高净值家庭风险性金融资产占家庭总金融资产的比重比非中高净值家庭高 5. 72 个百分点；处于同居状态的户主的非中高净值家庭风险性金融资产占家庭总金融资产的比重比中高净值家庭高 14. 99 个百分点；处于离婚状态的户主的非中高净值家庭风险性金融资产占家庭总金融资产的比重比中高净值家庭高 6. 18 个百分点；处于丧偶状态的户主的非中高净值家庭风险性金融资产占家庭总金融资产的比重比中高净值家庭高 21. 87 个百分点。综上，户主处于丧偶状态时，非中高净值家庭和中高净值家庭的风险性金融资产占家庭总金融资产的比重的差距最大，且非中高净值家庭风险性金融资产占家庭总金融资产的比重远高于中高净值家庭；户主处于未婚状态时差距最小。

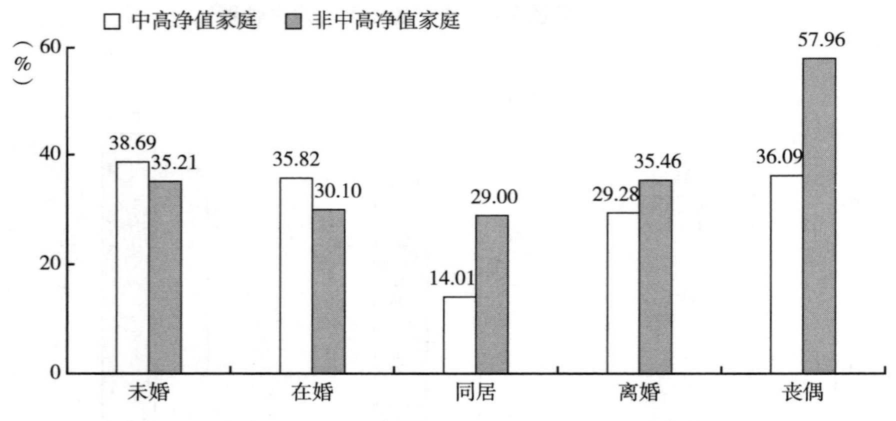

图 3-42　中高净值家庭和非中高净值家庭风险性金融资产占家庭总金融资产的比重（户主婚姻状况）

四　家庭金融投资年盈利总额分析

家庭持有金融产品的一个重要目的就是实现家庭财富的保值与增值。这里通过对 2020 年 CFPS 家庭样本中金融投资年盈利情况进行分析，了解家庭金融投资的盈利能力。具体的指标是家庭金融投资年盈利总额，即家庭通过持有如股票、基金、国债、信托产品、外汇产品等具有一定风险的金融产品而获得的盈利总额。这里不包括存款这类无风险性金融产品的盈利。

（一）家庭层面

本书根据社区性质计算全样本家庭金融投资年盈利总额，结果汇总在图3-43中。

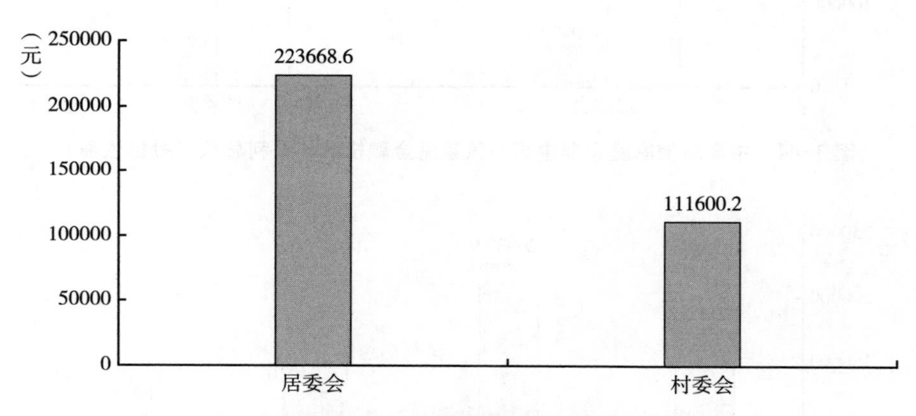

图3-43　全样本家庭金融投资年盈利总额（社区性质）

根据图3-43，社区性质为居委会的家庭金融投资年盈利总额比社区性质为村委会的高112068.4元，二者的差距十分显著。

根据图3-44，总体而言，中高净值家庭金融投资年盈利总额要明显高于非中高净值家庭。社区性质为居委会的中高净值家庭金融投资年盈利总额比非中高净值家庭高331847.93元；社区性质为村委会的中高净值家庭金融投资年盈余总额比非中高净值家庭高191400.29元。二者的差距是很明显的。

本书根据家庭规模计算全样本家庭金融投资年盈利总额，结果汇总在图3-45中。

根据图3-45，当家庭规模为4~6人时，家庭金融投资年盈利总额最高；当家庭规模为10人及以上时，家庭金融投资年盈利总额比较低。可见，家庭规模会对家庭金融投资年盈利总额产生影响。

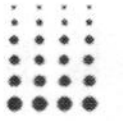

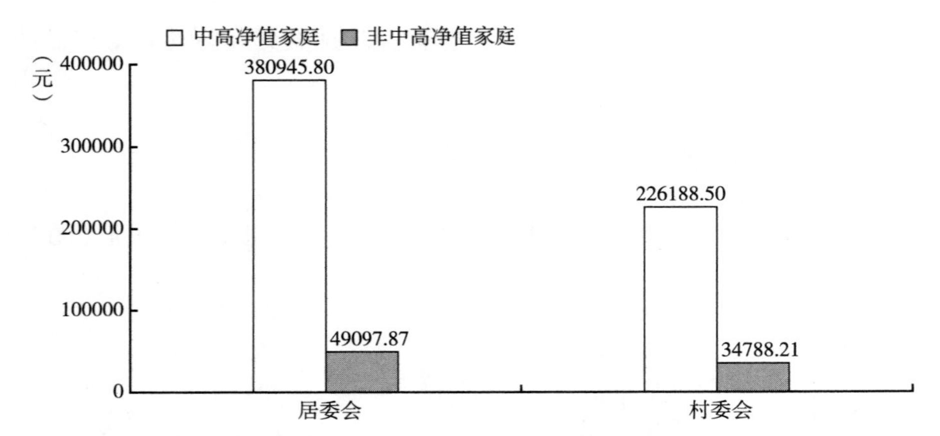

图 3-44　中高净值家庭和非中高净值家庭金融投资年盈利总额（社区性质）

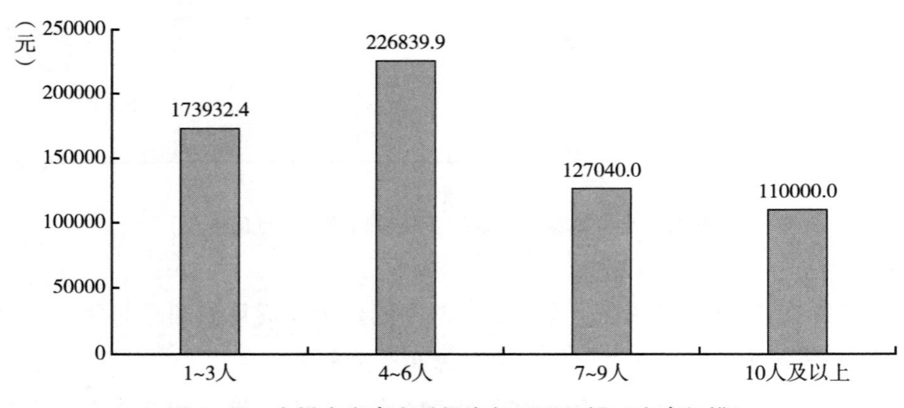

图 3-45　全样本家庭金融投资年盈利总额（家庭规模）

根据图 3-46，总体而言，无论是何种家庭规模，中高净值家庭金融投资年盈利总额明显高于非中高净值家庭。具体而言，家庭规模为 1~3 人时，中高净值家庭比非中高净值家庭金融投资年盈利总额高 293291. 59 元；家庭规模为 4~6 人时，中高净值家庭比非中高净值家庭金融投资年盈余总额高 327350. 42 元；家庭规模为 7~9 人时，中高净值家庭比非中高净值家庭金融投资年盈余总额高 178567. 07 元；家庭规模为 10 人及以上时，中高净值家庭比非中高净值家庭金融投资年盈余总额高 253333. 33 元。综上，中高净值家庭和非中高净值家庭金融投资年盈利总额的差距较为明显。

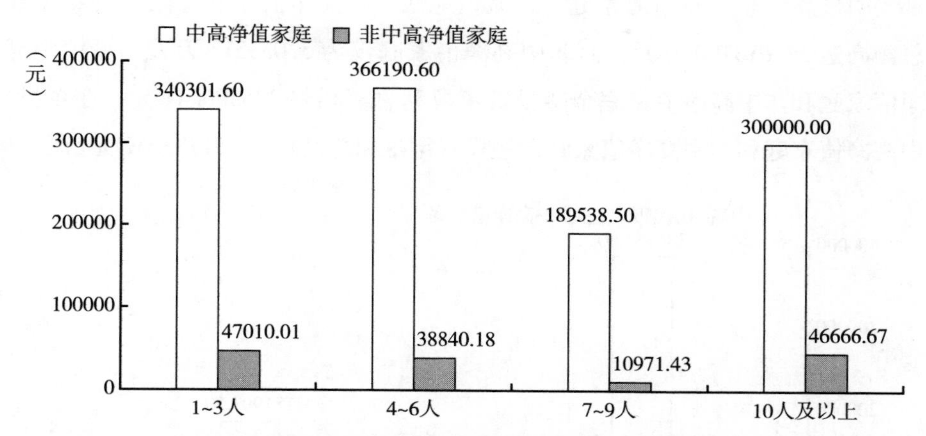

图 3-46　中高净值家庭和非中高净值家庭金融投资年盈利总额（家庭规模）

本书根据城乡区划计算全样本家庭金融投资年盈利总额，结果汇总在图 3-47 中。

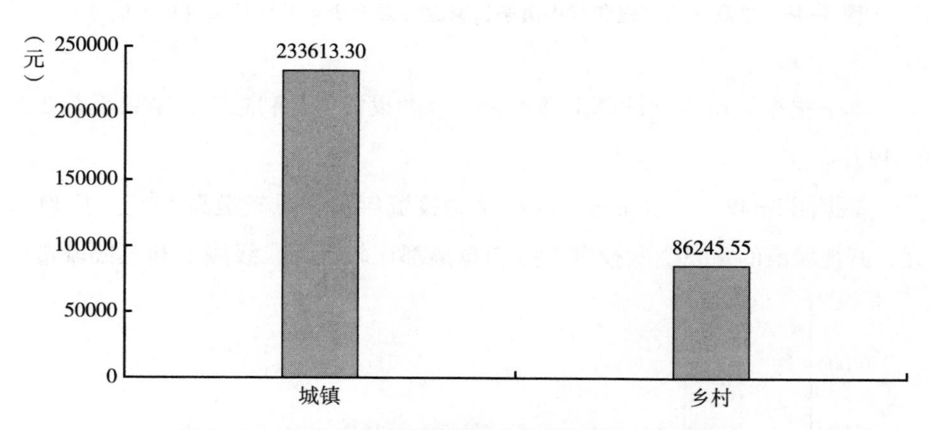

图 3-47　全样本家庭金融投资年盈利总额（城乡区划）

根据图 3-47，城镇家庭金融投资年盈利总额和乡村相差 147367.75 元，差距十分显著。城镇地区金融市场更为活跃，城镇家庭在金融投资上具有更多的选择权，投入的资金也会更多，因此，年盈利总额也更高。

根据图 3-48，无论是城镇还是乡村，中高净值家庭金融投资年盈利总额都要明显高于非中高净值家庭。在城镇地区，中高净值家庭金融投资年盈利总额高达 38.613160 万元，而非中高净值家庭仅为 5.053513 万元，城镇中高净值家庭和非中高净值家庭金融投资年盈利总额相差 335596.47 元；在乡村，中高净值家庭和非中高净值家庭金融投资年盈利总额相差 151733.32 元。

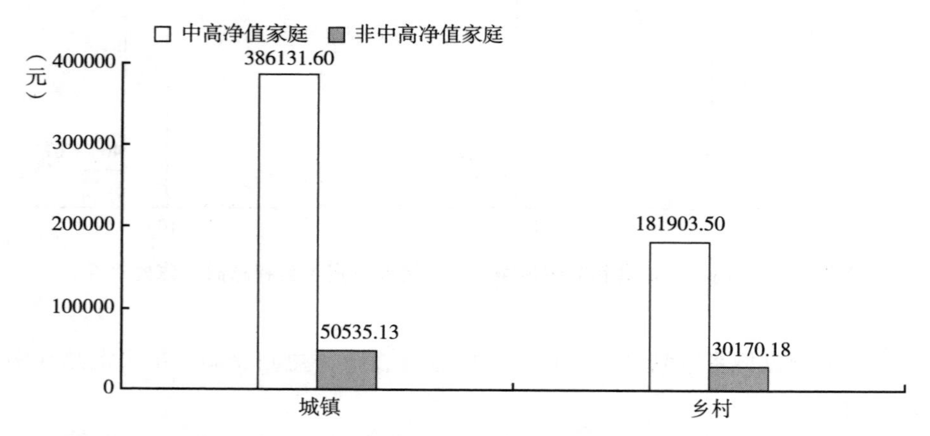

图 3-48 中高净值家庭和非中高净值家庭金融投资年盈利总额（城乡区划）

本书根据城市类型计算全样本家庭金融投资年盈利总额，结果汇总在图 3-49 中。

根据图 3-49，一线城市的家庭金融投资年盈利总额最高，超过了 40 万元；其他城市的家庭金融投资年盈利总额都比较低。二线城市和三线城市的

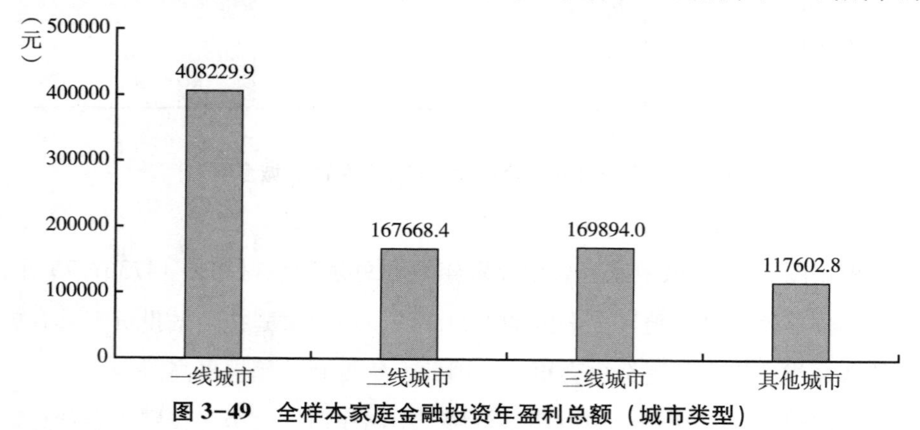

图 3-49 全样本家庭金融投资年盈利总额（城市类型）

家庭金融投资年盈利总额约为 17 万元，而其他城市的更低，约为 12 万元。

根据图 3-50，总体而言，无论是何种类型的城市，中高净值家庭金融投资年盈利总额要明显高于非中高净值家庭。具体而言，一线城市中高净值家庭和非中高净值家庭金融投资年盈利总额相差 524315. 75 元；二线城市中高净值家庭和非中高净值家庭金融投资年盈利总额相差 203597. 34 元；三线城市中高净值家庭和非中高净值家庭金融投资年盈利总额相差 266902. 78 元；其他城市中高净值家庭和非中高净值家庭金融投资年盈利总额相差 204531. 65 元。

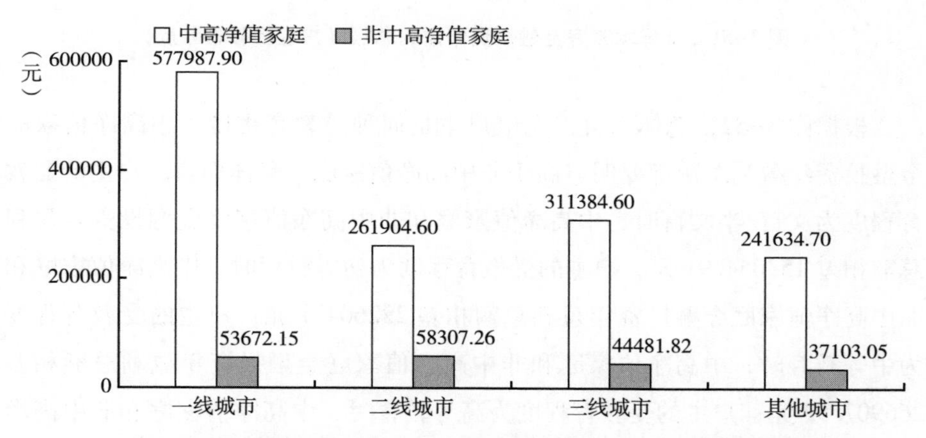

图 3-50　中高净值家庭和非中高净值家庭金融投资年盈利总额（城市类型）

（二）户主层面

从户主层面来看，受教育程度和性别是影响家庭金融投资的重要因素（王聪等，2017）。本书根据户主受教育程度计算全样本家庭金融投资年盈利总额，结果汇总在图 3-51 中。

根据图 3-51，随着户主受教育程度的提高，家庭金融投资年盈利总额也呈阶梯状上涨趋势，且户主受教育程度为文盲/半文盲时，家庭金融投资年盈利总额要显著低于其他几组家庭。户主受教育程度越高，掌握的金融投资知识越全面，越有可能在金融市场获得不菲的投资回报。

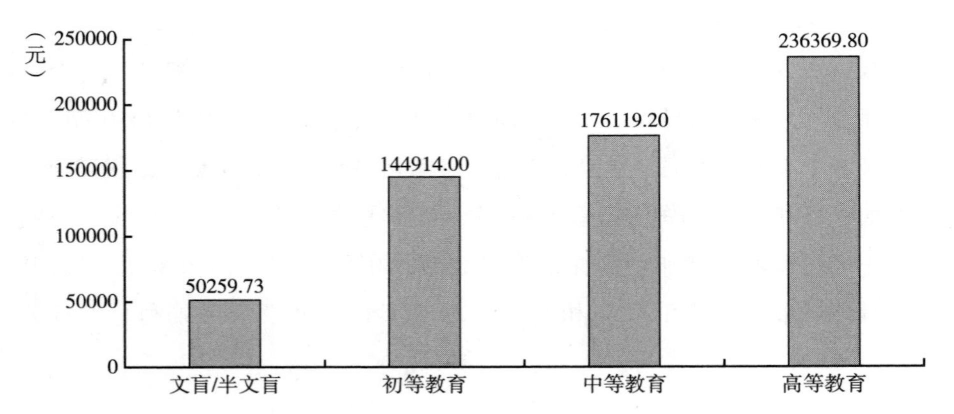

图 3-51　全样本家庭金融投资年盈利总额（户主受教育程度）

根据图 3-52，总体而言，无论户主是何种受教育程度，中高净值家庭金融投资年盈利总额都要明显高于非中高净值家庭。具体而言，户主的受教育程度为文盲/半文盲时，中高净值家庭和非中高净值家庭金融投资年盈利总额相差 153054. 91 元；户主的受教育程度为初等教育时，中高净值家庭和非中高净值家庭金融投资年盈利总额相差 222604. 1 元；户主的受教育程度为中等教育时，中高净值家庭和非中高净值家庭金融投资年盈利总额相差 266907. 52 元；户主的受教育程度为高等教育时，中高净值家庭和非中高净值家庭金融投资年盈利总额相差 422281. 63 元。综上，随着户主受教育程度的提高，中高净值家庭和非中高净值家庭金融投资年盈利总额的差距逐渐增加。

本书根据户主性别计算全样本家庭金融投资年盈利总额，结果汇总在图 3-53 中。

根据图 3-53，户主性别为男性时，家庭金融投资年盈利总额较高，达到了 20. 69 万元。户主性别为女性时，家庭金融投资年盈利总额较低，还不到 16 万元。在金融投资上，男性有可能承担更大的风险，而投资风险与投资收益是成正比的。女性风险规避的认知特点使男性的市场参与概率显著高于女性（肖作平、张欣哲，2012）。

根据图 3-54，总体而言，无论户主是男性还是女性，中高净值家庭的金融投资年盈利总额都要明显高于非中高净值家庭。具体而言，户主为男性时，中高净值家庭和非中高净值家庭金融投资年盈利总额相差 332186.26 元；户主为女性时，中高净值家庭和非中高净值家庭金融投资年盈利总额相差 242068.64 元。综上，户主为男性时，中高净值家庭和非中高净值家庭金融投资年盈利总额的差距较大。

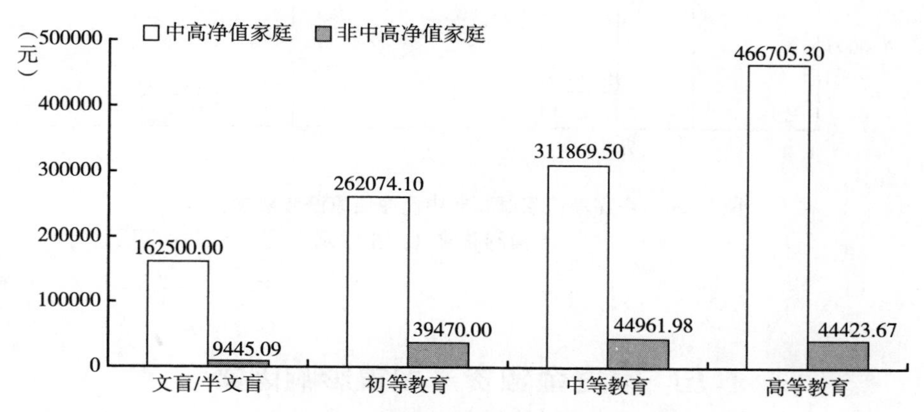

图 3-52　中高净值家庭和非中高净值家庭金融投资年盈利总额（户主受教育程度）

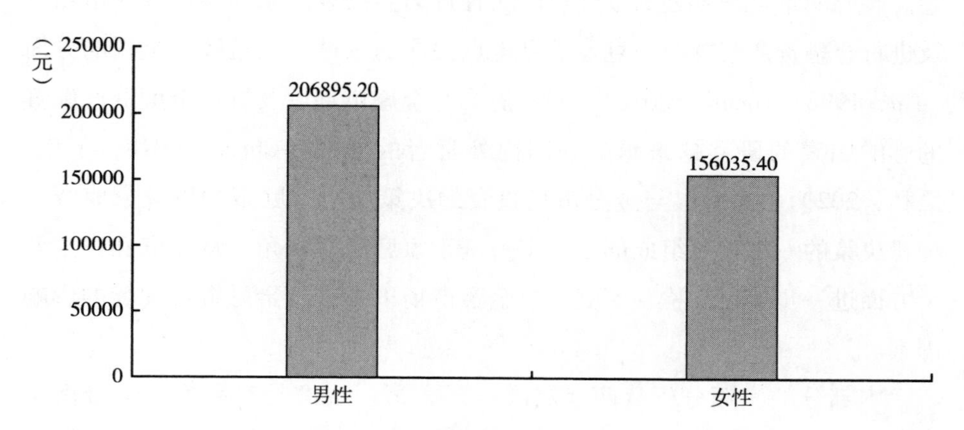

图 3-53　全样本家庭金融投资年盈利总额（户主性别）

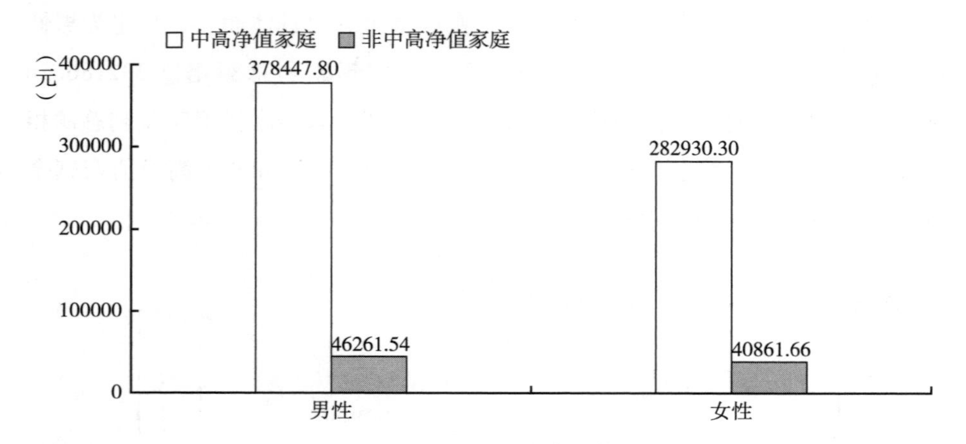

图 3-54　中高净值家庭和非中高净值家庭金融投资年盈利总额（户主性别）

五　家庭金融资产配置影响因素

接下来使用的数据来源于 2020 年 CFPS 问卷中的家庭问卷和个人问卷。研究的重点是家庭的金融资产配置行为与决策。家庭参与金融市场以及进行金融资产配置，一直是学界重点关注的领域，也是政府重视的方面（Tin，1998；Tomita，2018）。对家庭参与金融市场以及进行金融资产配置的影响因素的研究越来越受到国内外学者的重视（Cheng，2018；王稳、桑林，2020）。家庭参与金融市场投资的决策属于家庭金融以及家庭资产配置决策的一个重要组成部分。本书基于家庭微观视角，从家庭和户主两个方面进一步探讨和检验家庭参与金融市场以及进行金融资产配置的影响因素。

本部分的实证分析从两个层次展开。第一层次是对家庭参与金融市场和风险性金融资产配置的比重进行回归分析，探讨家庭和户主层面因素对家庭金融资产配置的影响。第二层次是在第一层次的基础上展开的，第二层次对家庭收入、城乡异质性以及城市等级进行分组回归分析，探究家庭金融资产配置的影响因素是否存在差异，即进行所谓的异质性分析。

（一）数据、变量与模型

1. 关键变量

此处的第一个被解释变量是家庭金融市场参与，根据 CFPS 家庭问卷中的问题“您家现在是否持有金融产品，如股票、基金、国债、信托产品、外汇等产品”对变量进行操作性定义。若对该问题的回答是肯定的，则定义家庭金融市场参与为 1，即家庭参与到金融市场之中进行金融产品的购买与交易；若对该问题的回答是否定的，则定义家庭金融市场参与为 0，即家庭并未参与到金融市场之中进行金融产品的买卖。第二个被解释变量是家庭风险性金融资产比重，这是家庭风险性金融资产占家庭总金融资产的比重。家庭总金融资产是家庭无风险性金融资产与家庭风险性金融资产之和。家庭无风险性金融资产是现金与银行存款。

核心解释变量是中高净值家庭（虚拟变量）和家庭可投资性资产。前者由 0 和 1 构成。若家庭可投资性资产大于或等于 45 万元，则为 1；若家庭可投资性资产小于 45 万元，则为 0。前者就是中高净值家庭，而后者是非中高净值家庭。

其余控制变量包括家庭层面和户主层面的控制变量，家庭层面的控制变量包括家庭创业决策、家庭房产投资决策、家庭规模、家庭收入、银行贷款、亲友及民间贷款、人情费、教育培训费；户主层面的控制变量包括性别、年龄、教育年限、婚姻状况、健康状况、自信程度以及是否上网。

2. 描述性统计

在数据处理过程中，本章剔除了变量中存在缺失值和错误值的样本，最终得到有效样本，即 6318 份。变量的定义与描述性统计见表 3-1。

表 3-1　变量的定义与描述性统计

变量名称	定义	均值	标准差	最小值	最大值
家庭金融市场参与	持有金融产品(股票、基金、国债、信托产品、外汇等产品)为1,否则为0	0.144	0.351	0	1
家庭风险性金融资产比重	家庭风险性金融资产占家庭总金融资产的比重	5.741	17.711	0	100
家庭创业决策	进行个体经营或私营企业的个数	0.115	0.363	0	5
家庭房产投资决策	除现住房以外房产的个数	0.286	0.596	0	7
中高净值家庭	中高净值家庭为1,其余为0	0.187	0.39	0	1
家庭可投资性资产	家庭可投资性资产的对数	10.895	2.218	2.398	17.371
家庭规模	家庭人口数量	3.523	1.836	1	15
家庭收入	家庭收入的对数	87542.41	99861.971	0	1500000
银行贷款	家庭存在银行贷款时取值为1,否则为0	10.881	1.232	0	14.221
亲友及民间贷款	家庭存在亲友及民间贷款时取值为1,否则为0	0.094	0.291	0	1
人情费	上一年家庭人情往来支出	0.084	0.277	0	1
教育培训费	上一年家庭教育培训支出	3896.632	6048.707	0	100000
性别	如果性别为男性,该变量取值为1,否则为0	4900.475	10655.689	0	150000
年龄	个体的年龄	0.57	0.495	0	1
教育年限	接受教育的年数	47.773	14.697	18	95
婚姻状况	如果婚姻状况为已婚,该变量取值为1,否则为0	8.768	5.1	0	24
健康状况	健康状况评分,最高为5,最低为1	0.811	0.391	0	1
自信程度	自信程度评分,最高为5,最低为1	2.964	1.132	1	5
是否上网	上网为1,否则为0	4.131	0.902	1	5

3. 模型设定

本章考察中高净值家庭和家庭可投资性资产对家庭金融资产配置的影响，具体模型如下：

$$Financialmp = \alpha_0 + \alpha_1 \times MHW + \alpha_2 \times \ln(FIA) + \alpha_3 \times X + u \quad (1)$$

$$Prfa = \beta_0 + \beta_1 \times MHW + \beta_2 \times \ln(FIA) + \beta_3 \times X + u \quad (2)$$

其中，*Financialmp* 表示家庭金融市场参与情况，这是一个由 0 和 1 组成的变量。0 表示家庭没有参与金融市场，而 1 表示家庭参与金融市场。*Prfa* 是家庭风险性金融资产占家庭总金融资产的比重。*MHW* 和 *FIA* 分别表示中高净值家庭（虚拟变量）和家庭可投资性资产，*X* 为一系列控制变量，包含家庭层面和户主层面的控制变量，*u* 为误差项。

（二）家庭金融市场参与的影响分析

表 3-2 展示了中高净值家庭对家庭金融市场参与影响的回归结果。第（1）列只考虑中高净值家庭（虚拟变量）这一解释变量，第（2）列加入了家庭层面控制变量，第（3）列在家庭层面控制变量的基础上加入了户主层面变量。在此基础上，对应第（1）~（3）列，第（4）~（6）列加入了省份固定效应。结果显示，在所有模型中，中高净值家庭的回归系数都显著为正。如第（6）列所示，同时考虑家庭层面控制变量和户主层面控制变量以及省份固定效应后，中高净值家庭比非中高净值家庭在金融市场参与上增加了 0.199，即提高了家庭金融市场参与率近 20 个百分点。这说明中高净值家庭在金融市场参与上具有更大的积极性，对于金融产品的需求也更大。

表 3-2　中高净值家庭对家庭金融市场参与影响的回归结果

变量	(1)	(2)	(3)	(4)	(5)	(6)
中高净值家庭	0.291***	0.239***	0.217***	0.254***	0.221***	0.199***
	(19.80)	(12.43)	(11.56)	(17.24)	(11.51)	(10.60)
家庭房产投资决策		−0.014	−0.016		−0.011	−0.012
		(−1.22)	(−1.37)		(−0.94)	(−1.10)
家庭创业决策		−0.023	−0.028**		−0.019	−0.024*
		(−1.54)	(−2.00)		(−1.33)	(−1.74)
家庭规模		−0.033***	−0.023***		−0.029***	−0.021***
		(−14.49)	(−10.23)		(−12.23)	(−8.69)
家庭收入		0.059***	0.040***		0.051***	0.032***
		(10.84)	(9.02)		(9.91)	(7.64)
银行贷款		0.046***	0.026		0.052***	0.031**
		(2.85)	(1.64)		(3.27)	(2.01)

续表

变量	(1)	(2)	(3)	(4)	(5)	(6)
亲友及民间贷款		-0.028**	-0.028**		-0.025*	-0.025*
		(-2.18)	(-2.21)		(-1.95)	(-1.96)
人情费		0.000	0.000		-0.000	0.000
		(0.24)	(0.69)		(-0.20)	(0.10)
教育培训费		0.001***	0.001***		0.001***	0.001***
		(5.57)	(4.76)		(5.05)	(4.16)
性别			0.006			0.007
			(0.68)			(0.84)
年龄			-0.001***			-0.002***
			(-3.39)			(-4.30)
教育年限			0.010***			0.010***
			(10.21)			(9.91)
婚姻状况			-0.048***			-0.044***
			(-4.00)			(-3.68)
健康状况			0.005			0.004
			(1.38)			(1.09)
自信程度			-0.01***			-0.007
			(-2.29)			(-1.56)
是否上网			0.040***			0.039***
			(4.93)			(4.78)
省份固定效应	否	否	否	是	是	是
常量	0.090***	-0.431***	-0.249***	0.169***	-0.350***	-0.198***
	(22.47)	(-7.96)	(-4.80)	(3.08)	(-4.71)	(-2.78)
观测值	6318	6318	6318	6318	6318	6318
R^2	0.104	0.170	0.208	0.142	0.188	0.227

注：括号内是 t 值，*、**、*** 分别代表在10%、5%和1%的置信水平下显著。

表3-3展示了家庭可投资性资产对家庭金融市场参与影响的回归结果。在所有模型中，家庭可投资性资产的回归系数都显著为正。这说明，家庭可投资性资产的增加，会促进家庭更多地参与到金融市场中去，通过投资金融产品进行家庭金融资产的优化配置。第（6）列结果显示，同时考虑家庭层面控制变量和户主层面控制变量以及省份固定效应后，家庭可投资性资产每增加1%，家庭参与金融市场的概率就会提高3.6个百分点。

表 3-3　家庭可投资性资产对家庭金融市场参与影响的回归结果

变量	(1)	(2)	(3)	(4)	(5)	(6)
家庭可投资性资产	0.057*** (28.18)	0.045*** (17.09)	0.04*** (15.68)	0.050*** (24.59)	0.043*** (16.22)	0.036*** (14.26)
家庭房产投资决策		0.001 (0.10)	0.002 (0.22)		0.003 (0.29)	0.005 (0.47)
家庭创业决策		-0.025* (-1.78)	-0.028** (-2.11)		-0.022 (-1.57)	-0.024* (-1.83)
家庭规模		-0.032*** (-14.57)	-0.023*** (-10.22)		-0.030*** (-12.71)	-0.022*** (-9.01)
家庭收入		0.041*** (8.55)	0.028*** (6.94)		0.035*** (7.78)	0.021*** (5.57)
银行贷款		0.061*** (3.83)	0.039** (2.53)		0.064*** (4.05)	0.042*** (2.72)
亲友及民间贷款		0.006 (0.48)	-0.000 (-0.02)		0.005 (0.38)	-0.001 (-0.08)
人情费		-0.000 (-0.09)	0.000 (0.45)		-0.000 (-0.53)	-0.000 (-0.13)
教育培训费		0.001*** (5.35)	0.001*** (4.68)		0.001*** (4.92)	0.001*** (4.15)
性别			0.002 (0.28)			0.003 (0.35)
年龄			-0.001*** (-3.66)			-0.002*** (-4.38)
教育年限			0.009*** (9.34)			0.009*** (9.22)
婚姻状况			-0.055*** (-4.55)			-0.049*** (-4.05)
健康状况			0.006* (1.81)			0.005 (1.51)
自信程度			-0.012*** (-2.81)			-0.008* (-1.95)
是否上网			0.030*** (3.67)			0.031*** (3.75)
省份固定效应	否	否	否	是	是	是
常量	-0.475*** (-24.14)	-0.701*** (-16.06)	-0.482*** (-9.90)	-0.345*** (-6.10)	-0.611*** (-9.07)	-0.422*** (-6.05)
观测值	6318	6318	6318	6318	6318	6318
R^2	0.129	0.174	0.208	0.157	0.192	0.226

注：括号内是 t 值，*、**、*** 分别代表在 10%、5%和 1%的置信水平下显著。

相关控制变量的结果表明，家庭层面和户主层面的变量对家庭参与金融市场的影响不尽相同。家庭房产投资决策对家庭金融市场参与的影响并不显著。家庭投资股市和投资房市往往被认为存在互斥效应。但是，本书的研究结果表明，两者之间并不存在显著关系。家庭创业决策可能会对家庭参与金融市场产生负面影响。家庭创业数量越多，家庭越没有精力通过金融市场进行投资，参与金融市场的可能性就会降低。家庭规模对家庭参与金融市场的影响是负面且显著的。家庭收入和银行贷款对家庭参与金融市场的影响是正面且显著的，但是，亲友及民间贷款和人情费对家庭参与金融市场的影响是不显著的。此外，教育培训费与家庭金融市场参与呈现显著正相关关系。

从户主层面来看，户主性别不会显著影响家庭参与金融市场。户主年龄会影响家庭参与金融市场的需求。户主年龄越大，家庭参与金融市场的需求越低。户主教育年限越多，对于家庭参与金融市场的需求就越大，家庭通过金融市场进行投资的可能性也就越大。户主婚姻状况也是影响家庭参与金融市场的重要因素。户主婚姻状况、自信程度以及是否上网都会对家庭参与金融市场产生显著影响，但是，户主健康状况的影响是不显著的。

根据户主的家庭收入水平，把样本分为家庭收入水平较高和家庭收入水平较低两组，分组进行回归。结果汇总在表 3-4 中。表 3-4 的第（1）~（2）列展示了基于收入异质性的回归结果。结果显示中高净值家庭（虚拟变量）对收入水平较高的家庭和收入水平较低的家庭的金融市场参与都会产生显著的正向影响，但是，对后者的影响强度要大于对前者的影响强度。

根据样本的家庭所在地，把样本分为城镇和乡村两组，分组进行回归。表 3-4 的第（3）~（4）列展示了基于城乡异质性的回归结果。结果显示中高净值家庭（虚拟变量）对城镇和乡村地区的家庭金融市场参与都有显著的正向影响，但是，对乡村家庭的影响要明显大于城镇家庭。

根据样本的家庭所在地，把城市样本进一步分为一线城市、二线城市、三线城市和四线及以下城市四组，分组进行回归，结果汇总在表 3-5 中。结果显示，中高净值家庭（虚拟变量）对三线城市的家庭金融市场参与的影响不显著，而对其余等级城市的家庭金融市场参与的影响显著为正。根据回归系数，其对一线城市的家庭金融市场参与的影响最大，接着是二线城市，然后是四线及以下城市。

表 3-4 中高净值家庭对家庭金融市场参与影响（收入与城乡异质性）的回归结果

变量	(1)	(2)	(3)	(4)
收入异质性	高收入	低收入	—	—
城乡异质性	—	—	城镇	乡村
中高净值家庭	0.154***	0.165***	0.201***	1.991***
	(6.94)	(4.26)	(8.72)	(2.79)
家庭层面控制变量	是	是	是	是
户主层面控制变量	是	是	是	是
省份固定效应	是	是	是	是
截距项	−1.415***	0.046	−0.341***	−4.295**
	(−6.90)	(0.71)	(−3.50)	(−2.31)
观测值	3393	2925	3674	2644
R^2	0.211	0.123	0.222	0.149

注：括号内是 t 值，**、*** 分别代表在 5%、1%的置信水平下显著。

表 3-5 中高净值家庭对家庭金融市场参与影响（城市异质性）的回归结果

变量	(1)	(2)	(3)	(4)
城市异质性	一线城市	二线城市	三线城市	四线及以下城市
中高净值家庭	0.247***	0.209***	0.105	0.175***
	(4.60)	(3.97)	(1.11)	(5.62)
家庭层面控制变量	是	是	是	是
户主层面控制变量	是	是	是	是
省份固定效应	是	是	是	是
截距项	−0.958***	−0.501**	−0.030	−0.043
	(−3.45)	(−2.43)	(−0.10)	(−0.33)
观测值	510	722	310	2132
R^2	0.327	0.230	0.253	0.179

注：括号内是 t 值，**、*** 分别代表在 5%、1%的置信水平下显著。

根据户主的家庭收入水平，把样本分为家庭收入水平较高和家庭收入水平较低两组，分组进行回归。结果汇总在表 3-6 中。表 3-6 的第（1）~（2）列展示了基于收入异质性的回归结果。结果显示家庭可投资性资产对收入水平较高以及收入水平较低家庭的金融市场参与的影响都显著为正，但是，对前者的影响要大于后者。

根据样本的家庭所在地，把样本分为城镇和乡村两组，分组进行回归。表 3-6 的第（3）~（4）列展示了基于城乡异质性的回归结果。结果显示，家庭可投资性资产对城镇和乡村家庭金融市场参与的影响都显著为正，但是，对城镇家庭的影响要更大。

表 3-6　家庭可投资性资产对家庭金融市场参与影响（收入与城乡异质性）的回归结果

变量	（1）	（2）	（3）	（4）
收入异质性	高收入	低收入	—	—
城乡异质性	—	—	城镇	乡村
家庭可投资性资产	0.060***	0.012***	0.053***	0.015***
	(12.72)	(5.09)	(13.78)	(5.88)
家庭层面控制变量	是	是	是	是
户主层面控制变量	是	是	是	是
省份固定效应	是	是	是	是
截距项	-1.655***	-0.029	-0.663***	-0.066
	(-8.28)	(-0.46)	(-7.11)	(-0.56)
观测值	3393	2925	3674	2644
R^2	0.229	0.113	0.234	0.112

注：括号内是 t 值，*** 代表在 1%的置信水平下显著。

根据样本的家庭所在地，把城市样本进一步分为一线城市、二线城市、三线城市和四线及以下城市四组，分组进行回归，结果汇总在表 3-7 中。结果显示，家庭可投资性资产对不同等级城市的家庭金融市场参与的影响都显著为正。这说明，对于不同等级城市的家庭而言，家庭可投资性资产对家庭金融市场参与的影响都是积极的，具有促进作用。根据回归系数的大小，家庭可投资性资产对一、二、三线城市的家庭金融市场参与的影响大致相当，而对于四线及以下城市的家庭金融市场参与的影响要稍微小一点。

表 3-7　家庭可投资性资产对家庭金融市场参与影响（城市异质性）的回归结果

变量	(1)	(2)	(3)	(4)
城市异质性	一线城市	二线城市	三线城市	四线及以下城市
家庭可投资性资产	0.064***	0.066***	0.064***	0.044***
	(5.20)	(6.14)	(4.35)	(9.71)
家庭层面控制变量	是	是	是	是
户主层面控制变量	是	是	是	是
省份固定效应	是	是	是	是
截距项	-1.285***	-0.989***	-0.418	-0.320**
	(-5.23)	(-5.01)	(-1.41)	(-2.45)
观测值	510	722	310	2132
R^2	0.324	0.245	0.291	0.192

注：括号内是 t 值，** 、*** 分别代表在 5%、1%的置信水平下显著。

（三）家庭风险性金融资产比重的影响分析

表 3-8 展示了中高净值家庭对家庭风险性金融资产比重的影响的回归结果。在 6 个模型中，中高净值家庭（虚拟变量）的回归系数都显著为正。这说明，中高净值家庭比非中高净值家庭在风险性金融资产上进行更多的配置，具有更强的风险偏好。第（6）列结果显示，同时考虑家庭层面控制变量和户主层面控制变量以及省份固定效应之后，中高净值家庭比非中高净值家庭的风险性金融资产比重会提高 7.7 个百分点，显著表现出中高净值家庭对提升风险性金融资产配置比重所具有的正向作用。

表 3-9 展示了家庭可投资性资产对家庭风险性金融资产比重的影响的回归结果。在 6 个模型中，家庭可投资性资产的回归系数都显著为正。这说明，家庭可投资性资产越多，家庭风险性金融资产配置越多，家庭风险性金融资

表 3-8 中高净值家庭对家庭风险性金融资产比重的影响的回归结果

变量	(1)	(2)	(3)	(4)	(5)	(6)
中高净值家庭	12.639*** (15.64)	9.501*** (9.28)	8.593*** (8.47)	10.964*** (13.77)	8.588*** (8.49)	7.7*** (7.67)
家庭房产投资决策		0.583 (0.84)	0.536 (0.78)		0.759 (1.11)	0.702 (1.04)
家庭创业决策		−0.913 (−1.25)	−1.080 (−1.51)		−0.643 (−0.88)	−0.815 (−1.14)
家庭规模		−1.536*** (−12.70)	−1.137*** (−9.49)		−1.404*** (−10.76)	−1.048*** (−8.11)
家庭收入		2.330*** (8.47)	1.646*** (6.41)		1.975*** (7.43)	1.263*** (5.12)
银行贷款		2.527*** (2.73)	1.914** (2.11)		2.834*** (3.09)	2.144** (2.38)
亲友及民间贷款		−0.715 (−0.99)	−0.608 (−0.86)		−0.616 (−0.86)	−0.521 (−0.73)
人情费		0.000 (0.71)	0.000 (0.98)		0.000 (0.26)	0.000 (0.44)
教育培训费		0.001*** (2.80)	0.001** (2.36)		0.001** (2.37)	0.001* (1.90)
性别			0.651 (1.54)			0.691 (1.62)
年龄			−0.008 (−0.42)			−0.026 (−1.33)
教育年限			0.390*** (7.81)			0.382*** (7.60)
婚姻状况			−2.168*** (−3.51)			−1.964*** (−3.19)
健康状况			0.321* (1.76)			0.264 (1.45)
自信程度			−0.285 (−1.25)			−0.135 (−0.60)
是否上网			2.042*** (4.73)			1.939*** (4.43)
省份固定效应	否	否	否	是	是	是
常量	3.379*** (17.63)	−16.754*** (−6.11)	−13.299*** (−4.52)	5.388** (2.19)	−14.372*** (−3.93)	−11.675*** (−3.09)
观测值	6318	6318	6318	6318	6318	6318
Pseudo R^2	0.077	0.123	0.145	0.107	0.139	0.161

注：括号内是 t 值，*、**、*** 分别代表在 10%、5%和 1%的置信水平下显著。

产占家庭总金融资产的比重越高。第（6）列结果显示，同时考虑家庭层面控制变量和户主层面控制变量以及省份固定效应之后，家庭可投资性资产每增加1%，家庭风险性金融资产占家庭总金融资产的比重会提高1.149个百分点。回归结果体现了家庭可投资性资产对家庭风险性金融资产比重的显著正向影响。

表3-9　家庭可投资性资产对家庭风险性金融资产比重的影响的回归结果

变量	（1）	（2）	（3）	（4）	（5）	（6）
家庭可投资性资产	2.306***	1.584***	1.328***	1.980***	1.424***	1.149***
	(19.54)	(10.79)	(9.28)	(16.90)	(9.89)	(8.09)
家庭房产投资决策		1.593**	1.656***		1.697***	1.779***
		(2.56)	(2.69)		(2.77)	(2.93)
家庭创业决策		-0.933	-1.039		-0.668	-0.774
		(-1.32)	(-1.49)		(-0.94)	(-1.10)
家庭规模		-1.533***	-1.132***		-1.434***	-1.071***
		(-12.75)	(-9.48)		(-11.05)	(-8.29)
家庭收入		1.791***	1.293***		1.512***	0.979***
		(6.46)	(5.04)		(5.69)	(3.97)
银行贷款		3.017***	2.339**		3.201***	2.457***
		(3.26)	(2.57)		(3.49)	(2.72)
亲友及民间贷款		0.429	0.271		0.335	0.181
		(0.59)	(0.38)		(0.46)	(0.25)
人情费		0.000	0.000		0.000	0.000
		(0.58)	(0.92)		(0.12)	(0.38)
教育培训费		0.001***	0.001**		0.001**	0.001**
		(2.78)	(2.40)		(2.38)	(1.96)
性别			0.548			0.565
			(1.29)			(1.32)
年龄			-0.010			-0.026
			(-0.51)			(-1.31)
教育年限			0.365***			0.366***
			(7.33)			(7.27)

续表

变量	(1)	(2)	(3)	(4)	(5)	(6)
婚姻状况			-2.387*** (-3.85)			-2.096*** (-3.39)
健康状况			0.375** (2.05)			0.313* (1.71)
自信程度			-0.369 (-1.61)			-0.194 (-0.85)
是否上网			1.764*** (4.09)			1.734*** (3.97)
省份固定效应	否	否	否	是	是	是
常量	-19.378*** (-16.53)	-26.778*** (-10.97)	-21.856*** (-7.56)	-14.557*** (-5.31)	-23.557*** (-6.82)	-19.365*** (-5.13)
观测值	6318	6318	6318	6318	6318	6318
R^2	0.083	0.120	0.139	0.108	0.136	0.156

注：括号内是 t 值，*、**、*** 分别代表在 10%、5%和 1%的置信水平下显著。

从家庭层面控制变量来看，家庭房产投资决策、家庭收入、银行贷款以及教育培训费，都与家庭风险性金融资产比重呈显著正向关系。家庭规模对家庭风险性金融资产比重的影响显著为负。家庭创业决策、亲友及民间贷款以及人情费对家庭风险性金融资产比重的影响并不显著。从户主层面控制变量来看，户主性别、年龄、自信程度对家庭风险性金融资产比重的影响不显著，而教育年限、健康状况以及是否上网与家庭风险性金融资产比重呈显著正向关系。此外，在婚状态的户主的家庭比其他婚姻状态的户主的家庭在风险性金融资产配置上要更为保守。

根据户主的家庭收入水平，把样本分为家庭收入水平较高和家庭收入水平较低两组，分组进行回归。结果汇总在表 3-10 中。表 3-10 的第（1）~（2）列展示了基于收入异质性的回归结果。结果显示中高净值家庭（虚拟变量）对收入水平较高以及收入水平较低的家庭风险性金融资产比重的影响都是显著为正的，但对前者的影响程度要大于后者。

根据样本的家庭所在地，把样本分为城镇和乡村两组，分组进行回归。表 3-10 的第（3）~（4）列展示了基于城乡异质性的回归结果。结果显示，中高净值家庭（虚拟变量）对城镇和乡村地区家庭风险性金融资产比重的影响都是显著为正的，但是，对城镇家庭的影响要明显大于乡村家庭。

表 3-10　中高净值家庭对家庭风险性金融资产比重的影响（收入与城乡异质性）的回归结果

变量	(1)	(2)	(3)	(4)
收入异质性	高收入	低收入	—	—
城乡异质性	—	—	城镇	乡村
中高净值家庭	5.791***	4.881***	7.940***	5.169***
	(1.221)	(1.646)	(1.264)	(1.387)
家庭层面控制变量	是	是	是	是
户主层面控制变量	是	是	是	是
省份固定效应	是	是	是	是
截距项	-71.12***	1.816	-19.00***	4.828
	(11.71)	(3.524)	(5.404)	(9.032)
观测值	3393	2925	3674	2644
R^2	0.158	0.080	0.159	0.080

注：括号内是 t 值，*** 代表在 1%的置信水平下显著。

根据样本的家庭所在地，把城市样本进一步分为一线城市、二线城市、三线城市和四线及以下城市四组，分组进行回归，结果汇总在表 3-11 中。结果显示，中高净值家庭（虚拟变量）对三线城市的家庭风险性金融资产比重的影响不显著，而对其余等级城市的家庭风险性金融资产比重的影响都显著为正。根据回归系数的大小，中高净值家庭（虚拟变量）对一线城市的家庭风险性金融资产比重的影响最大，接着是二线城市，然后是四线及以下城市。

表 3-11 中高净值家庭对家庭风险性金融资产比重的影响（城市异质性）的回归结果

变量	(1)	(2)	(3)	(4)
城市异质性	一线城市	二线城市	三线城市	四线及以下城市
中高净值家庭	11.028***	8.722***	1.159	7.254***
	(3.37)	(3.20)	(0.29)	(4.36)
家庭层面控制变量	是	是	是	是
户主层面控制变量	是	是	是	是
省份固定效应	是	是	是	是
截距项	-59.255***	-18.364*	17.875	-7.947
	(-3.30)	(-1.86)	(0.87)	(-1.36)
观测值	510	722	310	2132
R^2	0.219	0.179	0.273	0.140

注：括号内是 t 值，*、*** 分别代表在 10%、1%的置信水平下显著。

根据户主的家庭收入水平，把样本分为家庭收入水平较高和家庭收入水平较低两组，分组进行回归。结果汇总在表 3-12 中。表 3-12 的第（1）~（2）列展示了基于收入异质性的回归结果。结果显示家庭可投资性资产对收入水平较高以及较低家庭风险性金融资产比重的影响都是显著为正的，但是，对前者的影响要明显高于后者。

根据样本的家庭所在地，把样本分为城镇和乡村两组，分组进行回归。表 3-12 的第（3）~（4）列展示了基于城乡异质性的回归结果。结果显示，家庭可投资性资产对城镇和乡村家庭风险性金融资产比重的影响都显著为正，但是，对城镇家庭的影响更大。

根据样本的家庭所在地，把城市样本进一步分为一线城市、二线城市、三线城市和四线及以下城市四组，分组进行回归，结果汇总在表 3-13 中。结果显示，家庭可投资性资产对所有城市的家庭风险性金融资产比重的影响都显著为正。根据回归系数，家庭可投资性资产对三线城市的家庭风险性金融资产比重的影响最大，接着是一线城市和二线城市，对四线及以下城市的影响最小。

表 3-12　家庭可投资性资产对家庭风险性金融资产比重影响（收入与城乡异质性）的回归结果

变量	(1)	(2)	(3)	(4)
收入异质性	高收入	低收入	—	—
城乡异质性	—	—	城镇	乡村
家庭可投资性资产	1.873***	0.270**	1.821***	0.358***
	(0.270)	(0.122)	(0.227)	(0.123)
家庭层面控制变量	是	是	是	是
户主层面控制变量	是	是	是	是
省份固定效应	是	是	是	是
截距项	-80.39***	0.0713	-30.69***	1.660
	(11.45)	(3.596)	(5.219)	(9.031)
观测值	3393	2925	3674	2644
R^2	0.163	0.075	0.161	0.072

注：括号内是 t 值，**、*** 分别代表在 5%、1%的置信水平下显著。

表 3-13　家庭可投资性资产对家庭风险性金融资产比重影响（城市异质性）的回归结果

变量	(1)	(2)	(3)	(4)
城市异质性	一线城市	二线城市	三线城市	四线及以下城市
家庭可投资性资产	2.346***	2.317***	2.582***	1.422***
	(3.01)	(4.05)	(2.90)	(5.43)
家庭层面控制变量	是	是	是	是
户主层面控制变量	是	是	是	是
省份固定效应	是	是	是	是
截距项	-72.874***	-36.723***	4.451	-17.590***
	(-4.29)	(-3.52)	(0.25)	(-2.89)
观测值	510	722	310	2132
R^2	0.211	0.183	0.298	0.140

注：括号内是 t 值，*** 代表在 1%的置信水平下显著。

本章总结

金融资产配置，是家庭财富管理的重要组成部分，对于家庭财富的保值和增值发挥重要的作用。近些年来，随着我国经济的持续增长，家庭金融资产的积累速度在加快，家庭对于金融产品的需求也在不断增加。在这种情况下，研究家庭金融资产配置具有重要的理论价值和实践意义。根据 2020 年 CFPS 数据，本章的主要研究结果如下。

其一，总体而言，无论是居委会还是村委会，中高净值家庭的金融产品覆盖率要明显高于非中高净值家庭。在居委会中，中高净值家庭持有金融产品覆盖率已经达到了 42.92%。在居委会中，中高净值家庭持有金融产品覆盖率比非中高净值家庭高 30.47 个百分点；在村委会中，中高净值家庭持有金融产品覆盖率比非中高净值家庭高 13.09 个百分点。

其二，随着城市等级的下降，家庭持有金融产品覆盖率呈阶梯式下降趋势。一线城市家庭持有金融产品覆盖率达到了 32.24%，即大约 1/3 的家庭持有金融产品。二线城市家庭持有金融产品覆盖率下降到了 20.39%，即大约 1/5 的家庭持有金融产品。三线城市家庭持有金融产品覆盖率为 14.19%，而其他城市家庭持有金融产品覆盖率仅为 5.7%。无论是何种等级的城市，中高净值家庭持有金融产品覆盖率都要明显高于非中高净值家庭。

其三，无论是城镇还是乡村，中高净值家庭持有金融产品总价都要明显高于非中高净值家庭。具体而言，城镇中高净值家庭和非中高净值家庭持有金融产品总价相差 33.56 万元；乡村中高净值家庭和非中高净值家庭持有金融产品总价相差 15.21 万元。在城镇，中高净值家庭持有金融产品总价已经达到了 38.61 万元；在乡村，是 18.19 万元。

其四，一线城市家庭持有金融产品总价最高，达到 40.82 万元。相比而言，二线城市和三线城市家庭持有金融产品总价比较低，接近 17 万元。其他城市家庭持有金融产品总价最低，为 11.74 万元。无论是哪种类型的城市，中高净值家庭持有金融产品总价都要明显高于非中高净值家庭。

其五，无论是城镇还是乡村，中高净值家庭风险性金融资产占家庭总金融资产的比重都要高于非中高净值家庭。但是，两者的差距存在城乡差异。城镇中高净值家庭风险性金融资产占家庭总金融资产的比重和非中高净值家庭相差 4.89 个百分点；乡村中高净值家庭风险性金融资产占家庭总金融资产的比重和非中高净值家庭相差 1.54 个百分点。可见，在乡村，两者的差距更小。

其六，无论是何种类型的城市，中高净值家庭风险性金融资产占家庭总金融资产的比重都要高于非中高净值家庭。具体而言，一线城市中高净值家庭风险性金融资产占家庭总金融资产的比重和非中高净值家庭相差 4.05 个百分点；二线城市中高净值家庭风险性金融资产占家庭总金融资产的比重和非中高净值家庭相差 3.96 个百分点；三线城市中高净值家庭风险性金融资产占家庭总金融资产的比重和非中高净值家庭相差 7.3 个百分点；其他城市中高净值家庭风险性金融资产占家庭总金融资产的比重和非中高净值家庭相差 2.97 个百分点。

其七，总体而言，中高净值家庭金融投资年盈利总额要明显高于非中高净值家庭。社区性质为居委会的中高净值家庭金融投资年盈利总额比非中高净值家庭高 331847.93 元；社区性质为村委会的中高净值家庭金融投资年盈余总额比非中高净值家庭高 191400.29 元。

其八，总体而言，无论是何种类型的城市，中高净值家庭金融投资年盈利总额要明显高于非中高净值家庭。具体而言，一线城市中高净值家庭和非中高净值家庭金融投资年盈利总额相差 524315.75 元；二线城市中高净值家庭和非中高净值家庭金融投资年盈利总额相差 203597.34 元；三线城市中高净值家庭和非中高净值家庭金融投资年盈利总额相差 266902.78 元；其他城市中高净值家庭和非中高净值家庭金融投资年盈利总额相差 204531.65 元。

其九，中高净值家庭金融市场参与以及家庭风险性金融资产比重都要明显高于非中高净值家庭。而且，家庭可投资性资产与家庭金融市场参与、家庭风险性金融资产比重具有正向关系。

参考文献

陈佳：《高净值家庭的资产配置方案》，《理财》（市场版）2020 年第 10 期。

傅毅、张寄洲、郭润楠：《基于配对策略的基金动态资产配置》，《系统管理学报》2017 年第 5 期。

郭东琪、雷蕾：《南京市城乡居民风险性资产配置差异分析》，《安徽农业科学》2017 年第 17 期。

胡尧：《金融知识、投资能力对我国家庭金融市场参与及资产配置的影响》，《中国市场》2019 年第 1 期。

刘佳宁：《城乡差异视角下金融知识对风险偏好的影响研究》，《财富时代》2020 年第 12 期。

卢亚娟、殷君瑶：《户主受教育程度对家庭风险性金融资产选择的影响研究》，《南京审计大学学报》2021 年第 3 期。

闵诗筠：《金融知识影响家庭互联网理财参与度的实证分析》，《金融纵横》2022 年第 3 期。

谭天宇、孙萌、李辉涛：《农村家庭金融资产配置状况研究——基于江苏省南京市的调研数据》，《农村经济与科技》2022 年第 9 期。

王聪、姚磊、柴时军：《年龄结构对家庭资产配置的影响及其区域差异》，《国际金融研究》2017 年第 2 期。

王稳、桑林：《社会医疗保险对家庭金融资产配置的影响机制研究》，《首都经济贸易大学学报》2020 年第 1 期。

王亚柯、刘东亚：《家庭金融资产配置：一个文献综述》，《学术界》2021 年第 5 期。

肖作平、张欣哲：《制度和人力资本对家庭金融市场参与的影响研究——来自中国民营企业家的调查数据》，《经济研究》2012 年第 S1 期。

叶尔肯拜·苏琴：《我国城乡家庭金融资产配置及影响因素分析》，《上海第二工业大学学报》2020 年第 2 期。

张聪：《我国城乡居民家庭金融资产配置现状差异化分析——基于中国家庭金融调查（CHFS）数据》，《农村经济与科技》2021 年第 23 期。

招商银行、贝恩公司：《2021 中国私人财富报告》，2021。

Allianz, *Allianz Global Wealth Report 2020*, 2020.

Arrondel, L., Bartiloro, L., Fessler, P., Lindner, P., Mathä, T. Y., Rampazzi, C., Savignac, F., Schmidt, T., Schürz, M., Vermeulen, P., "How Do Households Allocate

Their Assets? Stylized Facts from the Eurosystem Household Finance and Consumption Survey," *International Journal of Central Banking*, 12 (2), 2016.

Black, S. E., Devereux, P. J., Petter, L., Kaveh, M., "Learning to Take Risks? The Effect of Education on Risk-Taking in Financial Markets," *Review of Finance*, 3, 2018.

Campbell, J. Y., "Household Finance," *Scholarly Articles*, 61 (4), 2006.

Cheng, L., "China's Household Balance Sheet: Accounting Issues, Wealth Accumulation, and Risk Diagnosis," *China Economic Review*, 51, 2018.

Guiso, L., Sapienza, P., Zingales, L., "The Role of Social Capital in Financial Development," *The American Economic Review*, 94 (3), 2004.

Markowitz, H. M., "Portfolio Selection," *The Journal of Finance*, 7 (1), 1952.

Rios, L. M., Sahinidis, N. V., "Portfolio Optimization for Wealth-Dependent Risk Preferences," *Annals of Operations Research*, 177 (1), 2010.

Sharpe, W. F., "Capital Asset Prices: A Theory of Market Equilibrium under Conditions of Risk," *Journal of Finance*, 19 (3), 1964.

Smimou, K., Bector, C. R., Jacoby, G., "Portfolio Selection Subject to Experts' Judgments," *International Review of Financial Analysis*, 17 (5), 2009.

Tin, J., "Household Demand for Financial Assets: A Life-cycle Analysis," *Quarterly Review of Economics & Finance*, 38 (4), 1998.

Tomita, Y., "Does Legal Origin Affect Shareholding Ratio on Household Financial Assets? Evidence from Cross-Country Comparison," *Journal of Household Economics*, 48, 2018.

第四章 中高净值家庭非金融资产管理

非金融资产（Non-financial Assets）是家庭资产的重要组成部分，对于家庭的维持与发展具有重要的作用。家庭对于非金融资产的投资和配置，是家庭财富管理的重要组成部分，直接影响家庭财富的发展趋势以及未来价值。对于中高净值家庭而言，非金融资产的配置还直接涉及家庭财富的传承。此外，家庭非金融资产配置也会影响家庭在金融资产上的配置。例如，家庭在房产上的配置就会对家庭金融资产配置产生显著影响（吴卫星等，2014；段忠东，2021）。因此，对于中高净值家庭而言，需要从家庭资产总体上规划对非金融资产的投资与配置，进而实现家庭财富总体上的保值和增值。

从发展趋势来看，总体来看，我国家庭非金融财产价值呈现持续增长趋势（韦宏耀、钟涨宝，2017）。中国人民银行调查统计司城镇居民家庭资产负债调查课题组于 2019 年 10 月中下旬在全国 30 个省（自治区、直辖市）对 3 万余户城镇居民家庭开展的资产负债情况调查数据显示，家庭实物资产占家庭总资产的 79.6%，而金融资产所占比重仅为 20.4%（《中国城镇居民家庭资产负债调查》，2020）。《中国家庭金融调查报告（2014）》中的数据显示，2013 年，我国家庭非金融资产占家庭资产的比重高达 91.9%（甘犁等，2015）。也就是说，平均而言，我国家庭总资产中的九成是非金融资产。OECD 国家家庭非金融资产占家庭资产的比重一般不超过 70%（Jantti and Sierminska，2007）。可见，与西方一些发达国家相比，我国家庭在非金融资产上的配置比重要更高。那么，对于中高净值家庭而言，其具体在非金融资产上是如何配置的？具有何种特征？未来发展趋势如何？这些问题都值得研究和探讨，相关研究对于预测中高净值人群的资产配置趋势具有重要的理论价值和现实意义。

一　相关概念

一般而言，家庭资产是指家庭所拥有的能以货币计量的财产、债券和其他资产。家庭资产主要分为金融资产和非金融资产两大类，金融资产包括银行存款、债券、股票、投资基金、退休基金、人寿保险、各类管理性资产等。上一章已经就中高净值家庭金融资产配置进行了深入的研究，本章则就中高净值家庭非金融资产配置展开研究。顾名思义，家庭中除了金融资产之外的资产，都可以称为非金融资产。一般而言，家庭非金融资产包括自用住宅、非自用住宅、商业资产、汽车、耐用消费品、黄金、白银、珠宝、古董和艺术品等。可见，非金融资产主要是具有较高价值的实物资产。当然，这些实物资产具有保值和增值的功能，往往具有投资价值，是家庭财富的重要体现。此外，在需要的时候，这些实物资产还可以变现，实现实物资产向金融资产的转化。

对于家庭非金融资产的界定，不同的研究往往会有所不同。本章使用2013年甘犁等提出的家庭非金融资产定义，即非金融资产包括农业或工商业生产经营工具、房产与土地、车辆、耐用消费品等资产（甘犁等，2013）。这种界定与国际上的相关调查项目的定义和口径基本上是一致的，符合国际规范（Bricker et al.，2009）。比如经济合作与发展组织财富分布数据库（The OECD Wealth Distribution Database）也采用类似的界定（Balestra and Tonkin，2018）。本章延用这个界定。

在中高净值家庭的界定上，本章继续延用之前的定义，即中高净值家庭是指可投资性资产在45万元及以上的家庭。在2020年CFPS的数据中，涉及家庭的非金融资产主要是个体经营和私营设施、房产、农业（农林牧副渔）生产工具等。本部分主要依赖CFPS中的家庭数据，基于上述界定开展关于中高净值家庭非金融资产配置的研究。本章试图对中高净值家庭在非金融资产上的配置进行全景式的刻画和描述，解释配置过程中的规律和趋势，从而为优化家庭非金融资产配置提供参考和借鉴。

二　经营性资产情况

为了发展家庭经济，使家庭财富实现保值和增值，家庭在有条件的情况下往往会通过进行个体经营，如家庭创业，积累资产。个体经营一般指生产资料归个人所有，以个人劳动为基础，劳动所得归劳动者个人所有的一种经营形式。从具体经营方式来看，个体经营有个体工商户和个人合伙两种形式。个体经营和小微企业都是家庭发家致富的重要渠道（缪洪涛、钦佩，2018）。本章利用 CFPS 数据具体分析家庭进行个体经营的情况。

（一）家庭进行个体经营情况

并不是所有家庭都适合进行个体经营。但是，对于进行个体经营的家庭而言，经营所需的生产设备等实物投入以及其他经营性资产，都是家庭非金融资产的重要组成部分。家庭进行个体经营的比例，可以体现家庭在经营性资产上的配置情况。

家庭进行个体经营，往往会存在城乡差异。本书计算城镇和乡村家庭进行个体经营的比例，汇总在图 4-1 中。

根据图 4-1，整体来看，城镇家庭和乡村家庭进行个体经营的比例相差 5.45 个百分点，差距较为明显。城镇家庭进行个体经营的比例达到了 11.8%，而乡村仅为 6.35%。

根据图 4-2，对于中高净值家庭进行个体经营的比例，城镇比乡村低；在非中高净值家庭，则是城镇的比例更高。城镇中的中高净值家庭和非中高净值家庭进行个体经营的比例相差 8.16 个百分点；乡村中的中高净值家庭和非中高净值家庭进行个体经营的比例相差 16.39 个百分点，差距较大。有研究表明，乡村居民选择创业的概率是城镇居民的 2.18 倍（曲兆鹏、郭四维，2017）。但是，这个结论是有前提的，对于中高净值家庭而言才成立。乡村中的中高净值家庭拥有比较可观的可投资性资产，而且在乡村进行个体经营的投入要低于城镇，因此，其更有可能通过个体经营的方式来进行家庭资产的配置和实现家庭财富的保值和增值。

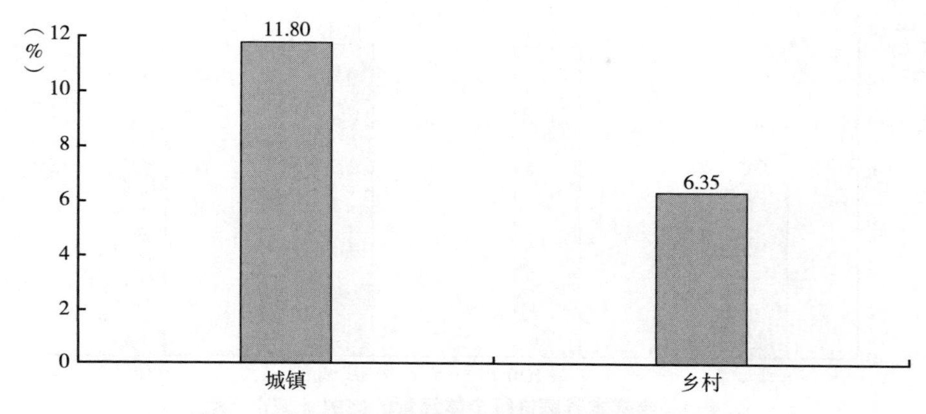

图 4-1　全样本家庭进行个体经营的比例（城乡类型）

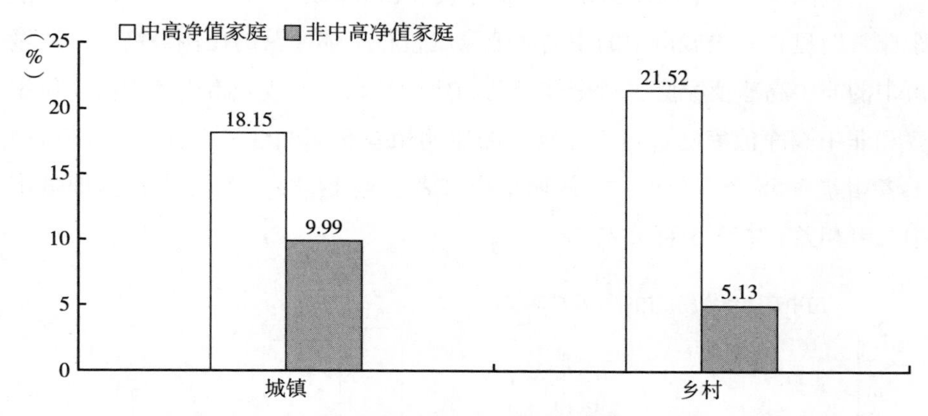

图 4-2　中高净值家庭和非中高净值家庭进行个体经营的比例（城乡类型）

家庭进行个体经营会因为其所处城市的不同而存在差异。本书计算不同类型的城市家庭进行个体经营的比例，结果汇总在图 4-3 中。

根据图 4-3，二线城市和三线城市进行个体经营的家庭的比例要显著高于一线城市和其他城市。一线城市中进行个体经营的家庭的比例最低，一个可能的原因是在一线城市进行个体经营的成本比较高，竞争比较激烈。二、三线城市中的家庭进行个体经营的比例比较高，是因为这些城市无论是房租成本还是市场竞争，都比较适合个体经营者生存与发展。

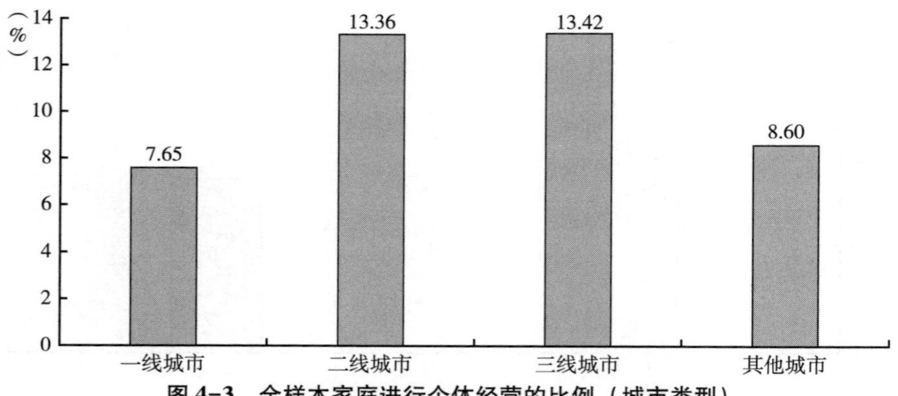

图 4-3　全样本家庭进行个体经营的比例（城市类型）

根据图 4-4，中高净值家庭和非中高净值家庭进行个体经营的比例的差距非常明显；三线城市中的中高净值家庭进行个体经营的比例最高。二线城市中的非中高净值家庭进行个体经营的比例最高。一线城市中的中高净值家庭和非中高净值家庭进行个体经营的比例相差 5. 92 个百分点；二线城市中二者相差 6. 58 个百分点；三线城市中二者相差 14. 85 个百分点；其他城市中二者相差 13. 25 个百分点。

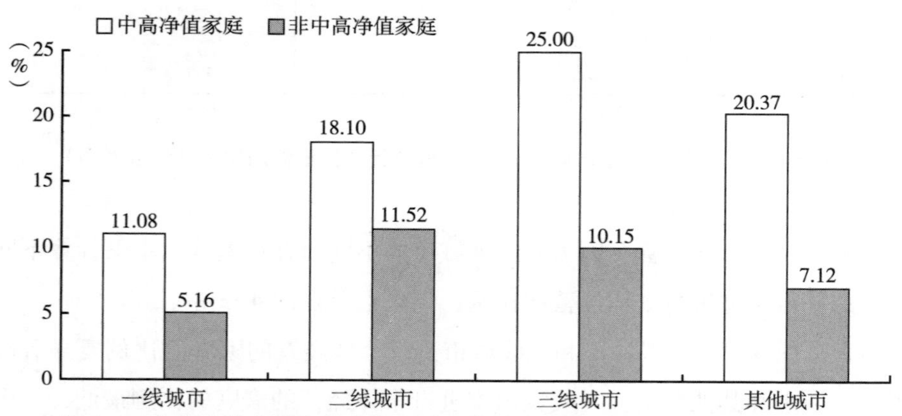

图 4-4　中高净值家庭和非中高净值家庭进行个体经营的比例（城市类型）

本书根据户主受教育程度计算全样本家庭进行个体经营的比例，结果汇总在图 4-5 中。

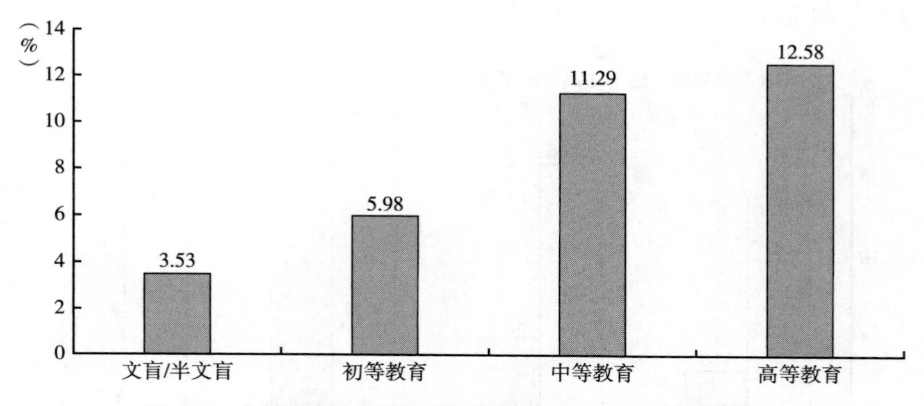

图 4-5 全样本家庭进行个体经营的比例（户主受教育程度）

如图 4-5 所示，整体上，随着户主受教育程度的提高，家庭进行个体经营的比例逐渐上升。受教育程度与个体创业呈现正相关关系（李仕玉、龙海军，2022）。比如当下“网红经济”中的互联网个体创业中的一个重要主体是接受过高等教育的创业者（唐爽、王克婴，2018）。户主受教育程度越高，越有可能鼓励家庭成员采用包括互联网在内的多种方式进行个体经营与创业。

如图 4-6 所示，中高净值家庭进行个体经营的比例要明显高于非中高净值家庭。户主受教育程度是文盲/半文盲时，中高净值家庭和非中高净值家庭进行个体经营的比例相差 10.63 个百分点；户主受教育程度为初等教育时，二者相差 10.53 个百分点；户主受教育程度为中等教育时，二者相差 9.07 个百分点；户主受教育程度为高等教育时，二者相差 8.81 个百分点。

婚姻状况会对个体创业产生影响。本书根据户主婚姻状况计算家庭进行个体经营的比例，结果汇总在图 4-7 中。

根据图 4-7，户主处于在婚状态时，家庭进行个体经营的比例最高；户主处于同居状态时，家庭进行个体经营的比例最低。家庭稳定是事业的基础。婚姻能够通过“资源拓展机制”对家庭合体创业行为产生显著的促进作用（陈晓东，2020）。同居状态是一种不确定的状态，未来具有更多的不确定性，因此，进行个体创业的概率较低。这从一个侧面说明了“家和万事兴”的道理。

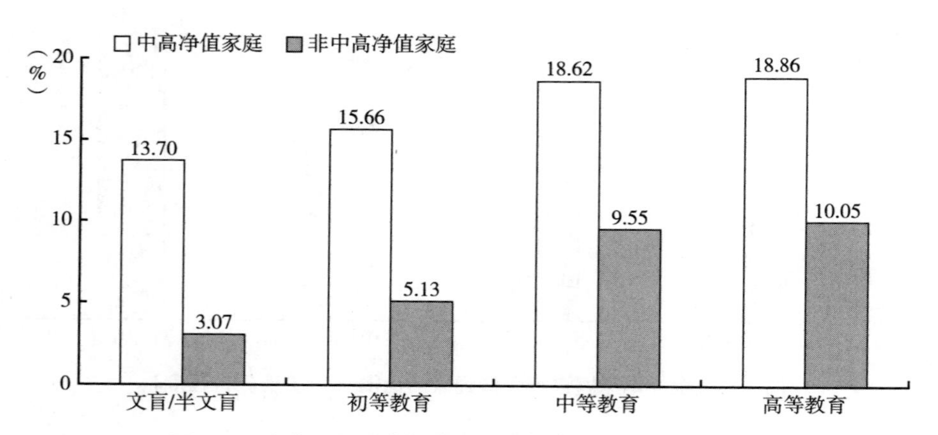

图 4-6　中高净值家庭和非中高净值家庭进行个体经营的比例（户主受教育程度）

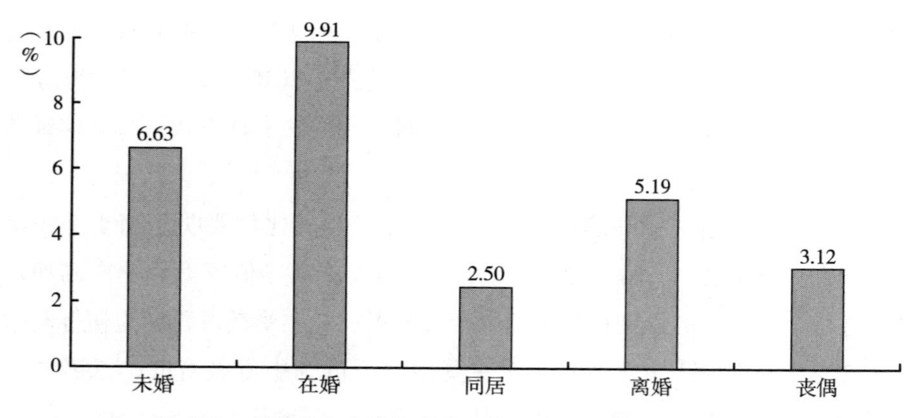

图 4-7　全样本家庭进行个体经营的比例（户主婚姻状况）

根据图 4-8，当户主处于在婚状态时，中高净值家庭进行个体经营的比例要明显高于非中高净值家庭。在户主处于未婚以及离婚状态时，也存在类似的情形。在户主处于未婚状态时，中高净值家庭和非中高净值家庭进行个体经营的比例相差 4.96 个百分点；在户主处于在婚状态时，二者相差

11.72 个百分点；在户主处于同居状态时，二者相差 2.86 个百分点；在户主处于离婚状态时，二者相差 6.53 个百分点；在户主处于丧偶状态时，二者相差 3.35 个百分点。其中，中高净值家庭户主处于同居或丧偶状态时没有进行个体经营活动。

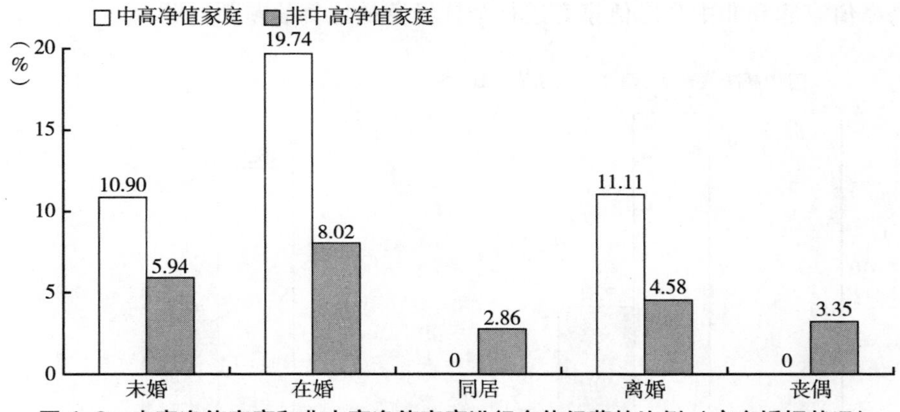

图 4-8　中高净值家庭和非中高净值家庭进行个体经营的比例（户主婚姻状况）

本书根据户主性别，计算全样本家庭进行个体经营的比例，结果汇总在图 4-9 中。

根据图 4-9，户主为男性时，家庭进行个体经营的比例比户主为女性时高一点。个体创业需要承担一定的风险，男性比女性更可能愿意承担一定的风险。所以，户主为男性的家庭比户主为女性的家庭更有可能进行创业和个体经营。

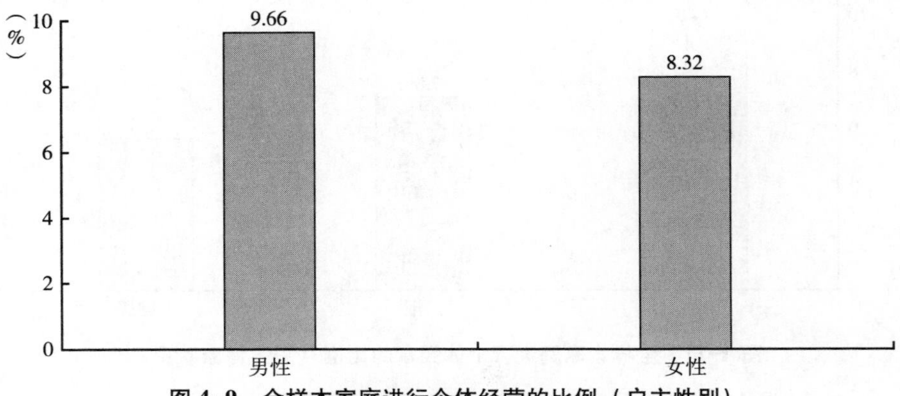

图 4-9　全样本家庭进行个体经营的比例（户主性别）

根据图 4-10，无论户主是男性还是女性，中高净值家庭进行个体经营的比例要明显高于非中高净值家庭。当户主为男性时，中高净值家庭和非中高净值家庭进行个体经营的比例相差 11.88 个百分点；当户主为女性时，中高净值家庭和非中高净值家庭进行个体经营的比例相差 9.34 个百分点。中高净值家庭和非中高净值家庭进行个体经营的比例的差距显著。

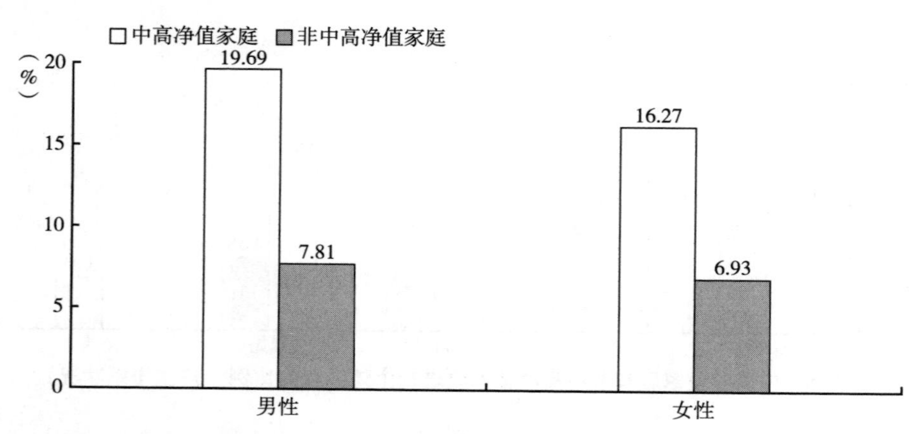

图 4-10　中高净值家庭和非中高净值家庭进行个体经营的比例（户主性别）

个体经营需要从业者有良好的身体状况。本书根据户主健康状况，计算全样本家庭进行个体经营的比例，结果汇总在图 4-11 中。

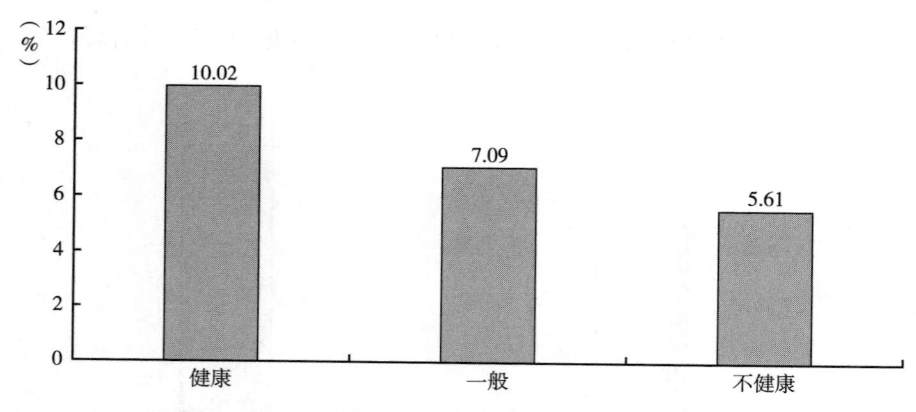

图 4-11　全样本家庭进行个体经营的比例（户主健康状况）

根据图 4-11，随着户主健康状况的下降，家庭进行个体经营的比例也呈下降趋势。这个结论和之前的研究结论是一致的（李仕玉、龙海军，2022）。健康状况不佳，一方面，户主没有能力和精力去进行个体经营；另一方面，家中的资金会被用于提高个人健康水平上，比如支付相应的医疗费用、花钱购买药物等，所以，很难有额外的资金用于个体经营。

根据图 4-12，无论户主是何种健康状况，中高净值家庭进行个体经营的比例都要明显高于非中高净值家庭。户主健康时，中高净值家庭和非中高净值家庭进行个体经营的比例相差 9.62 个百分点；户主健康状况为一般时，二者相差 14.34 个百分点；户主不健康时，二者相差 11.59 个百分点。

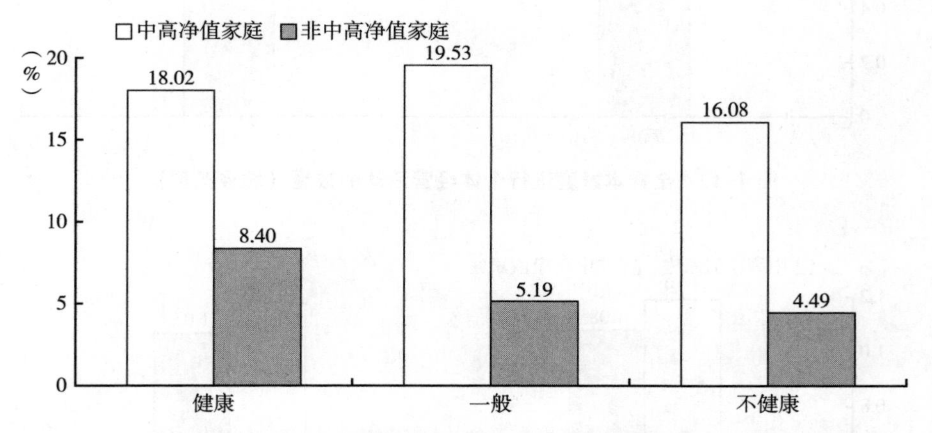

图 4-12 中高净值家庭和非中高净值家庭进行个体经营的比例（户主健康状况）

（二）家庭进行个体经营活动的数量

不同的家庭进行个体经营活动的数量也会有所不同。本书进一步分析不同背景下家庭进行个体经营活动的数量的差异性。

根据图 4-13，整体上，城镇和乡村家庭进行个体经营活动的数量仅相差 0.01 项，差距较小。所以，总体而言，两者差距不大。可以说，在这方面并不存在城乡差异。

根据图 4-14，总体而言，中高净值家庭进行个体经营活动的数量要多于非中高净值家庭。但是，中高净值家庭和非中高净值家庭进行个体经营活动的数量的差距并不大。与图 4-13 相比，在进行个体经营活动的数量上，中高净值家庭与非中高净值家庭之间的差异要明显大于城乡差异。可见，在家庭进行个体经营活动的数量上，家庭经济条件上的差异要大于城乡差异。

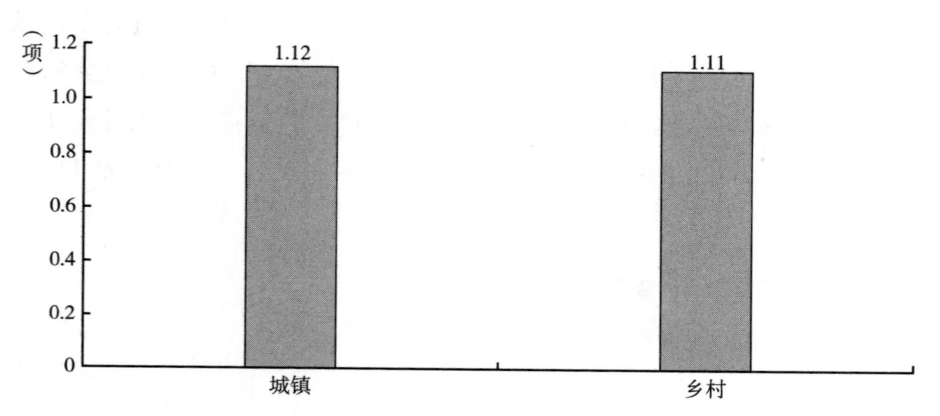

图 4-13　全样本家庭进行个体经营活动的数量（城乡类型）

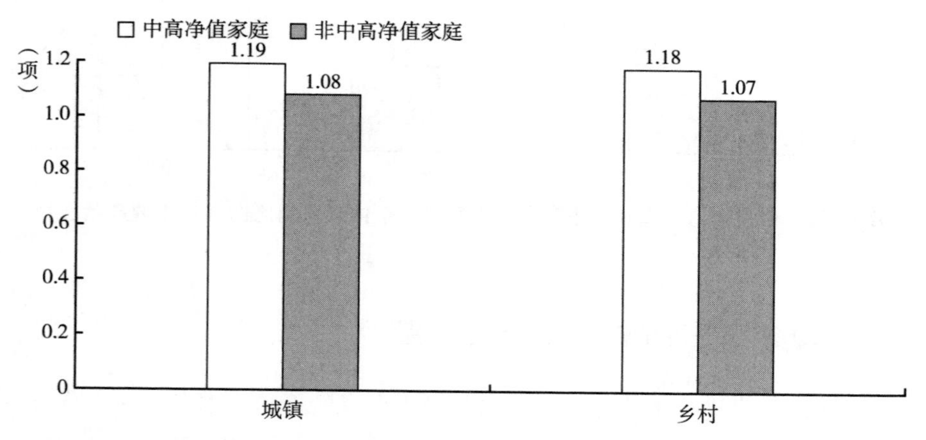

图 4-14　中高净值家庭和非中高净值家庭进行个体经营活动的数量（城乡类型）

根据图 4-15，整体上，一线城市和三线城市的家庭进行个体经营活动的数量会多一些，相对而言，二线城市和其他城市的家庭进行个体经营活动的数量会少一些。但是，不同类型城市进行个体经营活动的数量的差距并不大，表现并不明显。

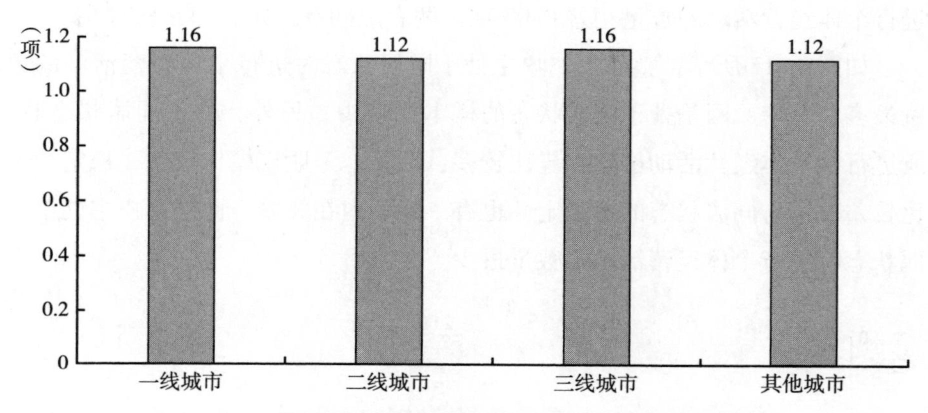

图 4-15　全样本家庭进行个体经营活动的数量（城市类型）

如图 4-16 所示，除了一线城市之外，在其他城市中，中高净值家庭进行个体经营活动的数量都要多于非中高净值家庭。在二线城市中，前者比后者多了 0.17 项，这说明两者有一定差距；在三线城市中，前者比后者多了 0.03 项，这说明两者之间的差距很小；在其他城市中，前者比后者多了 0.12 项，这说明两者之间有一定差距。

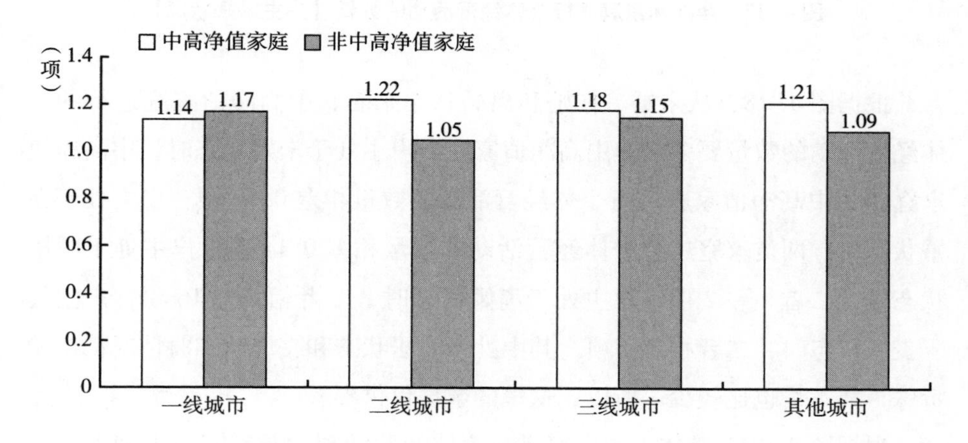

图 4-16　中高净值家庭和非中高净值家庭进行个体经营活动的数量（城市类型）

一线城市的情况恰恰相反，非中高净值家庭进行个体经营活动的数量要多于中高净值家庭。具体而言，一线城市的非中高净值家庭和中高净值家庭进行个体经营活动的数量相差0.03项。两者之间有差距，但是比较小。

如图4-17所示，整体上，户主处于同居状态时进行个体经营活动的数量最多，一个原因是处于同居状态的样本比较少。另外，处于同居状态时，所进行的个体经营活动虽然数量比较多，但是，一般规模比较小，稳定性也比较差。这与同居状态的不稳定性也有一定的内在关联。此外，户主处于丧偶状态时进行个体经营活动的数量最少。

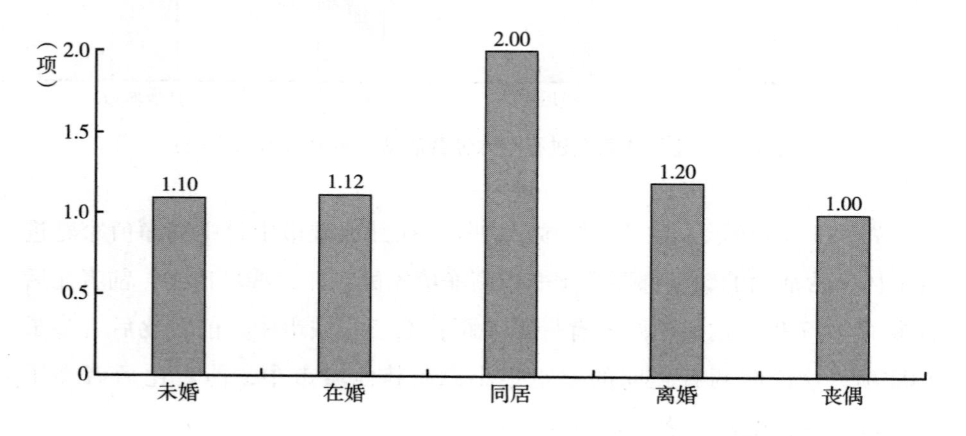

图4-17　全样本家庭进行个体经营活动的数量（户主婚姻状况）

根据图4-18，从未婚、在婚和离婚状态来看，中高净值家庭进行的个体经营活动的数量要多于非中高净值家庭。户主处于未婚状态时，中高净值家庭和非中高净值家庭进行个体经营活动的数量相差0.02项；户主处于在婚状态时，两类家庭进行个体经营活动的数量相差0.14项；户主处于同居状态时，二者相差2项；户主处于离婚状态时，二者相差0.16项；户主处于丧偶状态时，二者相差1项。其中处于同居状态和丧偶状态时情况都比较特殊，样本量也比较少。所以，这里的数据仅供参考。

根据图4-19，整体上，家庭进行个体经营活动的数量基本上随着户主受教育程度的提高而呈增加的态势。其中，户主接受过高等教育的家庭，进行个体经营活动的数量要比其他类型家庭多，而户主受教育程度是文盲/半文盲的家庭，进行个体经营活动的数量要比其他类型家庭少。

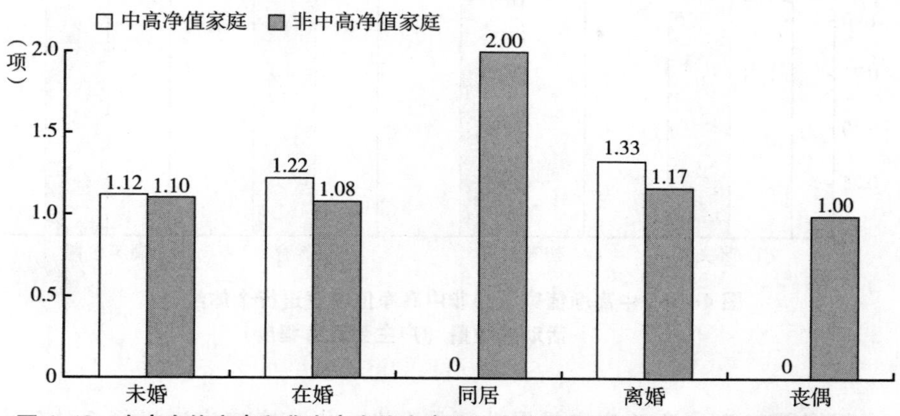

图 4-18 中高净值家庭和非中高净值家庭进行个体经营活动的数量（户主婚姻状况）

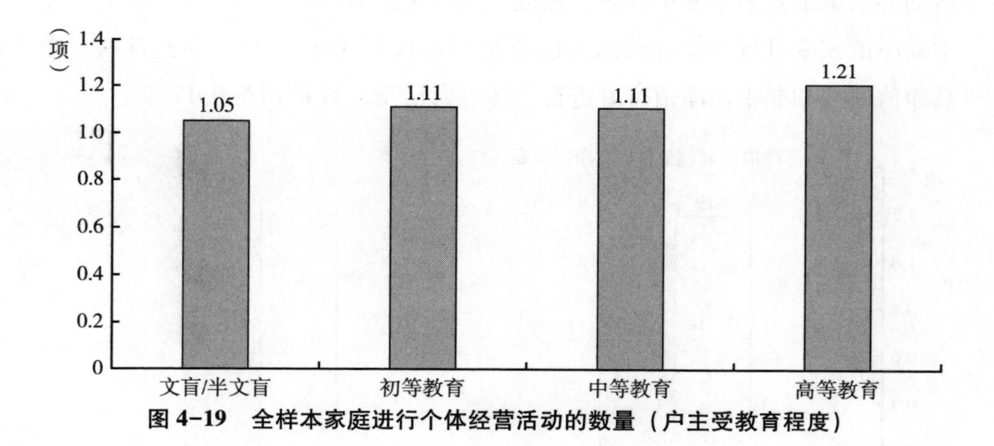

图 4-19 全样本家庭进行个体经营活动的数量（户主受教育程度）

根据图 4-20，总体而言，无论户主是何种受教育程度，中高净值家庭进行个体经营活动的数量都要多于非中高净值家庭。户主受教育程度是文盲/半文盲时，中高净值家庭和非中高净值家庭进行个体经营活动的数量相差 0.06 项；户主受教育程度为初等教育时，二者相差 0.1 项；户主受教育程度为中等教育时，二者相差 0.1 项；户主受教育程度为高等教育时，二者相差 0.37 项，差距较小。

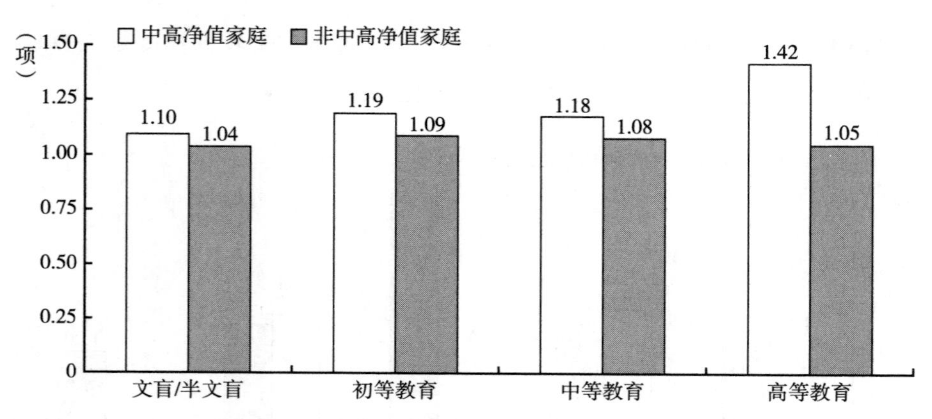

图 4-20　中高净值家庭和非中高净值家庭进行个体经营活动的数量（户主受教育程度）

根据图 4-21，无论户主是男性还是女性，中高净值家庭进行个体经营活动的数量都要多于非中高净值家庭。当户主为男性时，中高净值家庭和非中高净值家庭进行个体经营活动的数量相差 0. 12 项；当户主为女性时，中高净值家庭和非中高净值家庭进行个体经营活动的数量相差 0. 17 项。

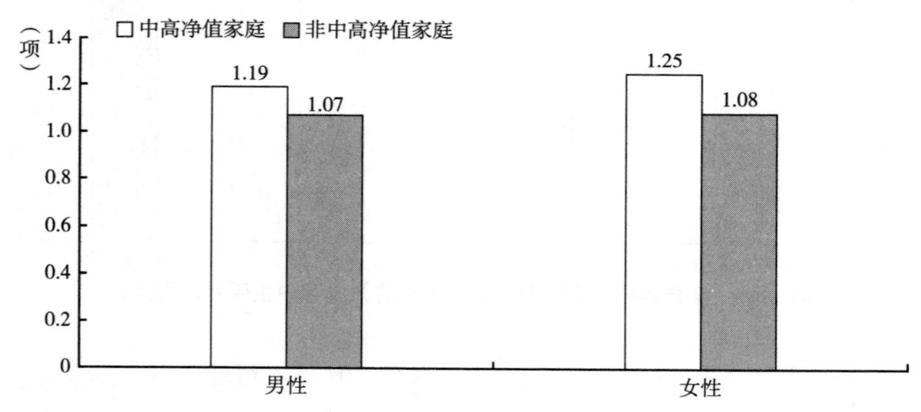

图 4-21　中高净值家庭和非中高净值家庭进行个体经营活动的数量（户主性别）

根据图 4-22，户主健康时，中高净值家庭和非中高净值家庭进行个体经营活动的数量相差 0. 16 项；户主健康状况为一般时，二者相差 0. 05 项；户主不健康时，二者相差 0. 16 项。除户主健康状况一般外，在户主其他健

康状况下，中高净值家庭进行个体经营活动的数量均略多于非中高净值家庭。

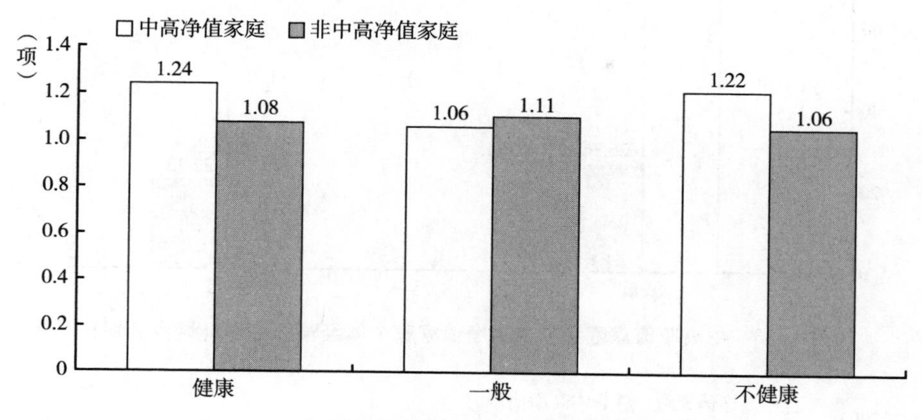

图 4-22　中高净值家庭和非中高净值家庭进行个体经营活动的数量（户主健康状况）

（三）个体经营总资产

家庭所参与的个体经营活动的资产总和就是家庭个体经营总资产。这体现了家庭在经营性资产上的配置情况，是影响家庭财富未来走向的一个重要因素。本书就这个指标展开分析。

根据图 4-23，城镇中高净值家庭和非中高净值家庭的个体经营总资产相差 49. 13 万元；乡村中高净值家庭和非中高净值家庭的个体经营总资产相差 21. 39 万元，差距十分明显。此外，城镇中高净值家庭、非中高净值家庭分别与乡村中高净值家庭、非中高净值家庭的个体经营总资产也有较大差距，其中，非中高净值家庭的差距较小。

根据图 4-24，一线城市中高净值家庭和非中高净值家庭个体经营总资产相差 242. 87 万元；二线城市中高净值家庭和非中高净值家庭个体经营总资产相差 14. 26 万元；三线城市中高净值家庭和非中高净值家庭个体经营总资产相差 10. 46 万元；其他城市二者相差 20. 36 万元。其中，一线城市中高净值家庭和非中高净值家庭个体经营总资产的差距最明显。

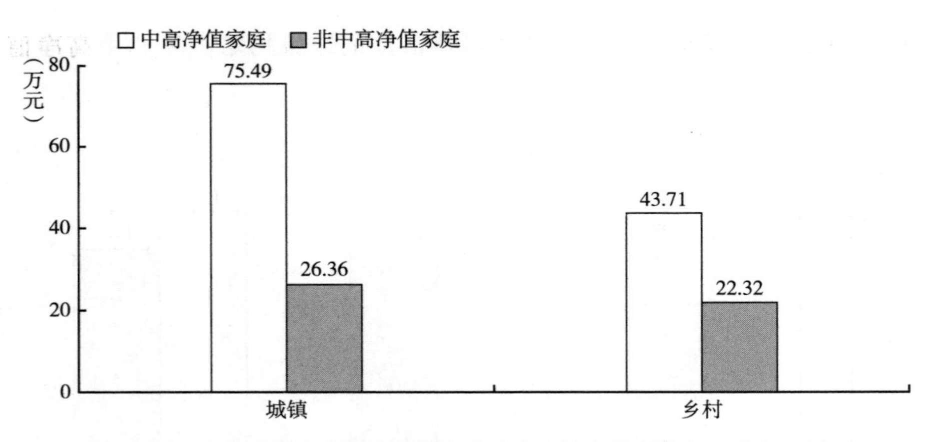

图 4-23 中高净值家庭和非中高净值家庭个体经营总资产（城乡区划）

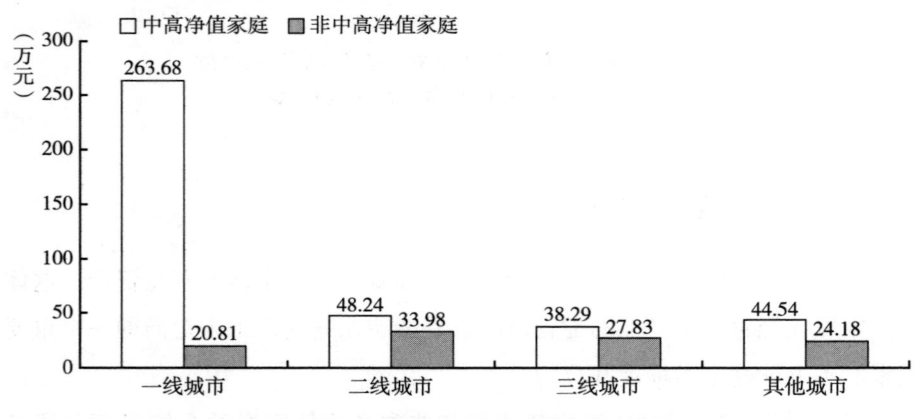

图 4-24 中高净值家庭和非中高净值家庭个体经营总资产（城市类型）

根据图 4-25，户主受教育程度为文盲/半文盲时，中高净值家庭和非中高净值家庭个体经营总资产相差 72.71 万元；户主受教育程度为初等教育时，二者相差 12.83 万元；户主受教育程度为中等教育时，二者相差 31.59 万元；户主受教育程度为高等教育时，二者相差 86.62 万元。综上，当户主受教育程度为高等教育时，中高净值家庭和非中高净值家庭的个体经营总资产的差距最大。

根据图 4-26，户主处于未婚状态时，中高净值家庭和非中高净值家庭的个体经营总资产相差 2.62 万元；户主处于在婚状态时，二者相差 43.6 万

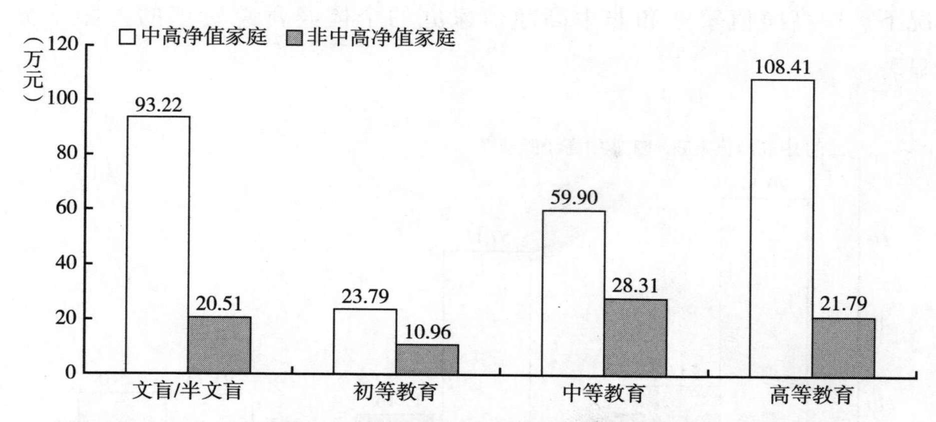

图 4-25　中高净值家庭和非中高净值家庭个体经营总资产（户主受教育程度）

元；户主处于同居状态时，二者相差 20 万元；户主处于离婚状态时，二者相差 6.78 万元；户主处于丧偶状态时，二者相差 7.75 万元。综上，当户主处于在婚状态时，中高净值家庭和非中高净值家庭的个体经营总资产的差距最大。

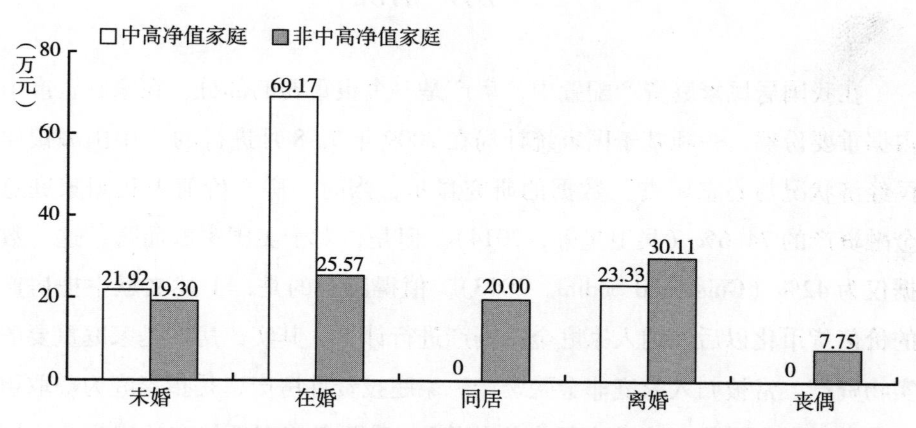

图 4-26　中高净值家庭和非中高净值家庭个体经营总资产（户主婚姻状况）

根据图 4-27，户主健康时，中高净值家庭和非中高净值家庭的个体经营总资产相差 45.52 万元；户主健康状况为一般时，二者相差 39.95 万元；户主不健康时，二者相差 0.37 万元。除了户主不健康时，其他情况下，中高净值家庭和非中高净值家庭的个体经营总资产的差距十分显著。

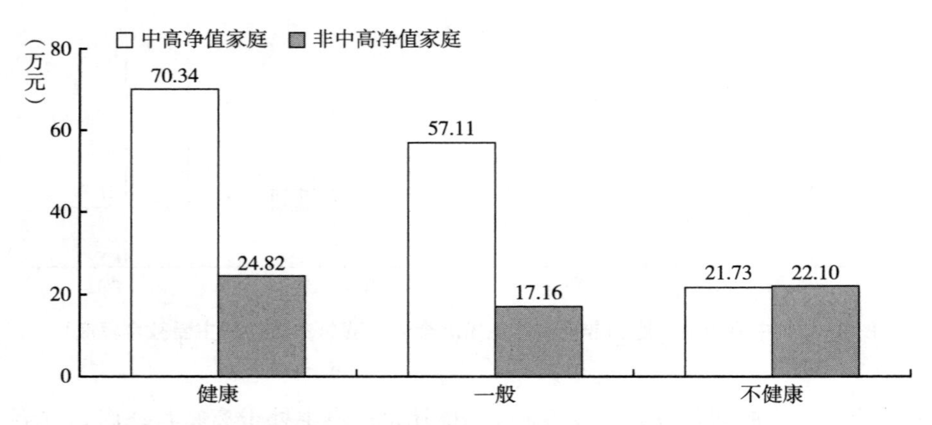

图 4-27　中高净值家庭和非中高净值家庭个体经营总资产（户主健康状况）

三　房产情况

在我国居民家庭资产配置中，房产是一个很重要的部分，在家庭资产中占据重要份额。一项基于国家统计局在 2009 年 7~8 月进行的“中国城镇居民经济状况与心态调查”数据的研究显示，当时，房产价值占我国家庭总金融资产的 74.6%（吴卫星等，2014）。但是，对于美国家庭而言，这一数据仅为 42%（Guiso and Sodini，2013）。值得注意的是，上述文献中把房产的价值货币化以后，纳入家庭金融资产进行计算。其实，房产是家庭重要的实物资产，常被归入家庭非金融资产。家庭投资性房产，是指家庭为赚取租金或实现资本增值（房地产买卖的差价），或两者兼有而持有的房产。不同类型的家庭，对于投资性房产的需求有所不同。投资偏好型家庭主要对投资性房产形成需求，储蓄偏好型家庭对住宅房产形成需求（侯伟凤、田新民，2021）。一般而言，中高净值家庭多属于投资偏好型家庭，因此，更有可能把家庭资产投入购买投资性房产之中。

（一）家庭第二套及以上房产拥有率

家庭拥有的第二套及以上房产，常被认为是投资性房产。已有研究表明，当拥有多套房产的家庭预测未来房价还会上涨很多时，就会减持风险性金融资产，转而购买投资性房产（徐淑一，2021）。可见，即便已经拥有多套房产，当看到房价还有很大的上涨空间时，这些家庭会毫不犹豫地从股市、债市和基金中抽出资金投入房市之中。为了进一步了解家庭购买投资性房产的情况，本书接下来分析家庭第二套及以上房产的拥有情况。

关于我国家庭第二套及以上房产拥有率，存在不同的估计。2015 年，金融产品搜索平台银率网发布的《中国居民金融能力报告》显示，我国二套房家庭占比达 40.07%（银率网，2015）。但是，这个报告的样本代表性不足。有研究用 2017 年中国家庭金融调查的数据估计的我国家庭第二套及以上房产拥有率为 31%（易成栋等，2022）。但是，该调查的样本更偏向于城镇，家庭拥有第二套及以上房产比较少的农村地区的样本比较少。因此，数据可能偏高。

根据图 4-28，城镇中高净值家庭第二套及以上房产拥有率为 82.39%；乡村为 82.94%。

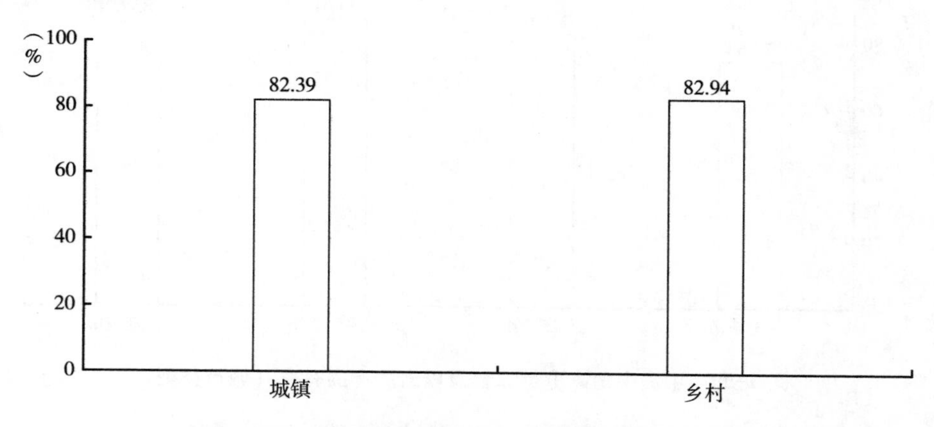

图 4-28 中高净值家庭第二套及以上房产拥有率（城乡类型）

根据图4-29，整体来看，随着城市等级的降低，家庭第二套及以上房产拥有率也逐渐降低。这个趋势与房价的情况正好相反。一般城市等级越高，平均房价也就越高。一线城市的房价最高，但是，在一线城市中，拥有第二套及以上房产的家庭比例也最高。

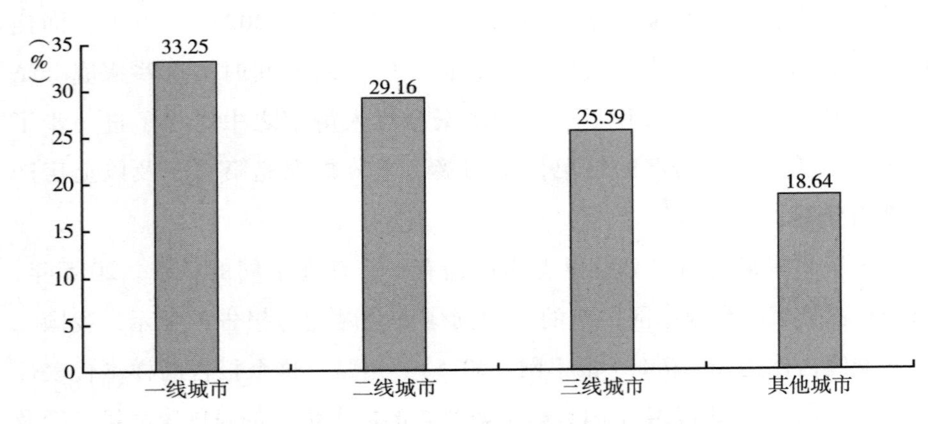

图4-29　全样本第二套及以上房产拥有率（城市类型）

根据图4-30，一线城市中高净值家庭第二套及以上房产拥有率为74.68%，二线城市为82.52%，三线城市为86.61%，其他城市为85.62%。

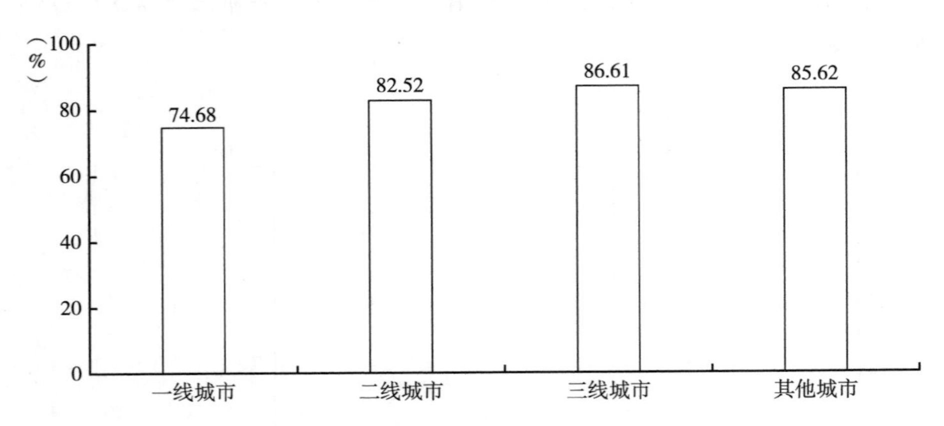

图4-30　中高净值家庭第二套及以上房产拥有率（城市类型）

根据图 4-31，整体来看，随着户主受教育程度的提高，家庭第二套及以上房产拥有率也逐渐提高。一般而言，受教育程度与收入呈正相关关系。受教育程度越高，家庭收入就越多，对于投资性房产的需求也就越大。此外，受教育程度越高，对于房产投资的意识以及风险承受能力也就越强，越有可能投资房产。

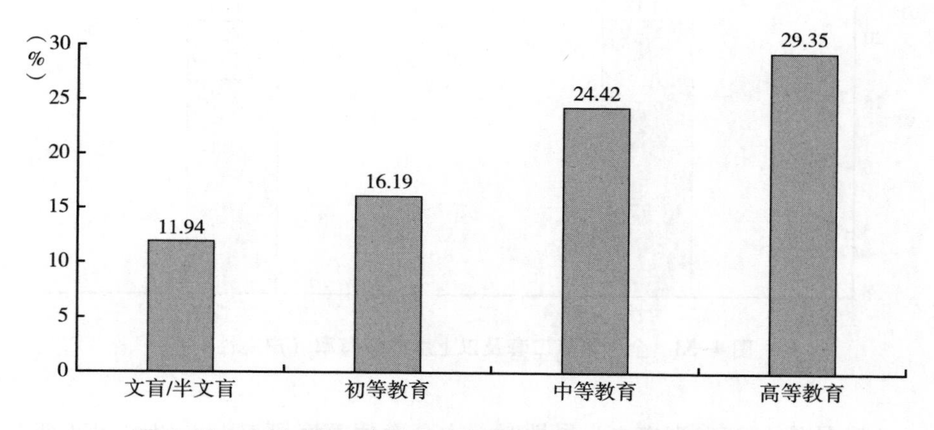

图 4-31　全样本第二套及以上房产拥有率（户主受教育程度）

根据图 4-32，户主受教育程度是文盲/半文盲时，中高净值家庭第二套及以上房产拥有率为 86. 30%；户主受教育程度为初等教育时，为 84. 94%；

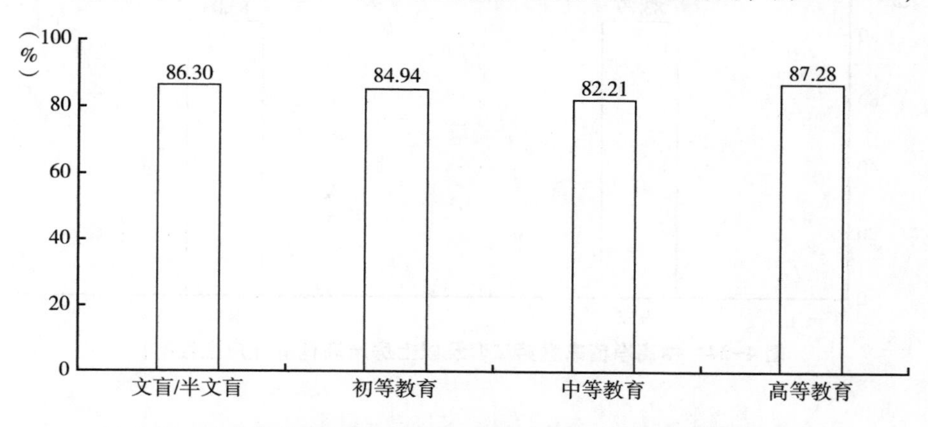

图 4-32　中高净值家庭第二套及以上房产拥有率（户主受教育程度）

户主受教育程度为中等教育时，为 82.21%；户主受教育程度为高等教育时，为 87.28%。

根据图 4-33，户主性别为女性时，家庭第二套及以上房产拥有率低于户主为男性的房产拥有率。

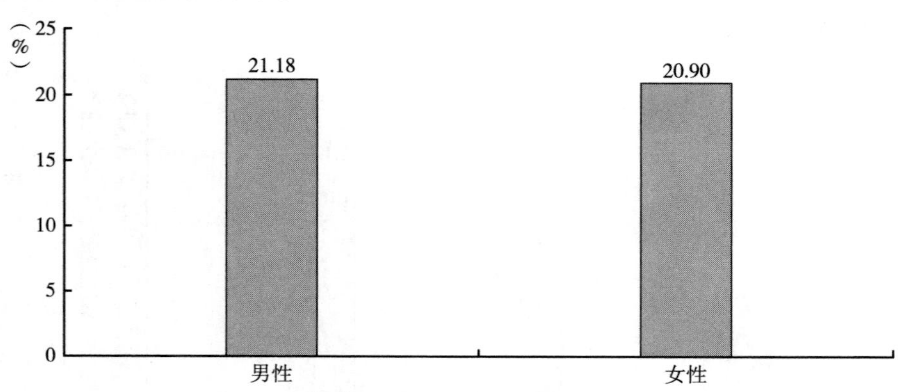

图 4-33　全样本第二套及以上房产拥有率（户主性别）

根据图 4-34，当户主为男性时，中高净值家庭第二套及以上房产拥有率为 83.79%；当户主为女性时，为 83.03%。

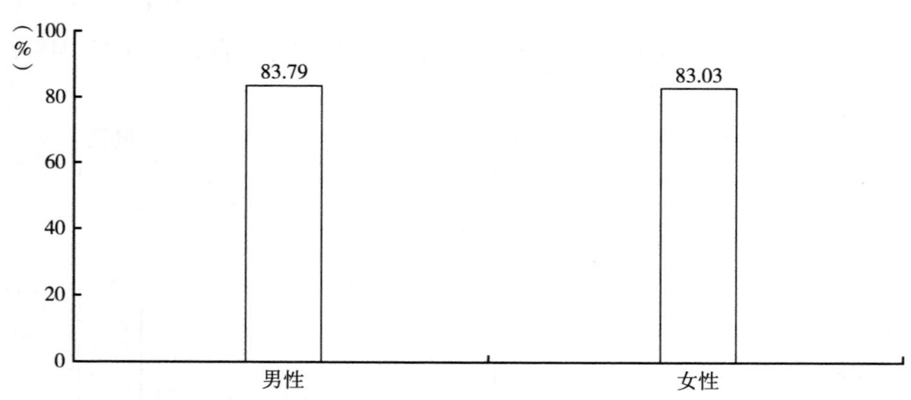

图 4-34　中高净值家庭第二套及以上房产拥有率（户主性别）

根据图 4-35，随着户主健康状况的下降，家庭第二套及以上房产拥有率也呈下降趋势。

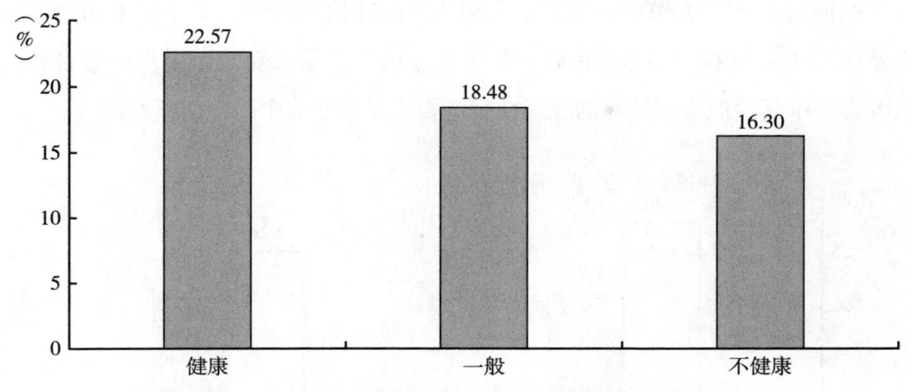

图 4-35　全样本第二套及以上房产拥有率（户主健康状况）

根据图 4-36，户主健康时，中高净值家庭第二套及以上房产拥有率为 84.33%；户主健康状况为一般时，为 79.88%；户主不健康时，为 79.72%。

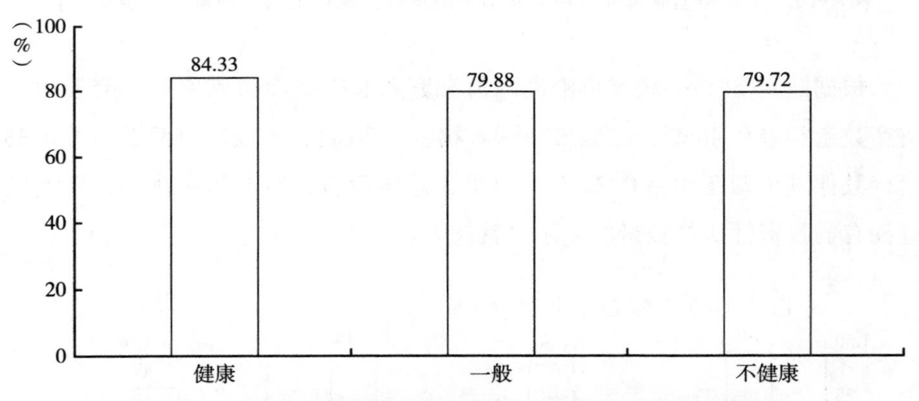

图 4-36　中高净值家庭第二套及以上房产拥有率（户主健康状况）

（二）家庭第二套及以上房产数量

住房投资性需求旺盛是房价持续上涨的重要原因（程正中等，2020）。这主要体现在越来越多家庭所持有的投资性房产的数量呈现增加趋势。这里计算家庭拥有的第二套及以上房产的平均数量，以探究家庭投资性房产的基本特征。

根据图 4-37，城镇中高净值家庭和非中高净值家庭第二套及以上房产数量相差 0.32 套；乡村中高净值家庭和非中高净值家庭第二套及以上房产数量相差 0.18 套。中高净值家庭拥有的投资性房产要明显多于非中高净值家庭。

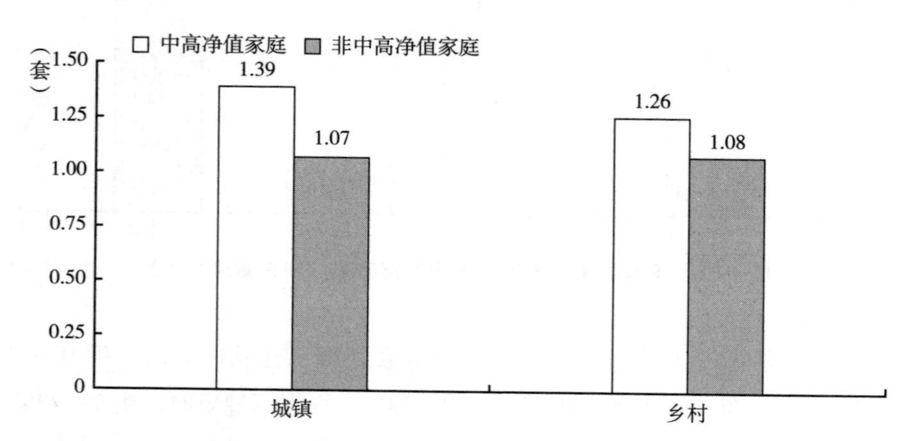

图 4-37　中高净值家庭和非中高净值家庭第二套及以上房产数量（城乡类型）

根据图 4-38，一线城市中高净值家庭和非中高净值家庭第二套及以上房产数量相差 0.46 套；二线城市两者相差 0.36 套；三线城市两者相差 0.38 套；其他城市两者相差 0.22 套。可见，总体而言，城市等级越高，两类家庭拥有的投资性房产数量的差距也就越大。

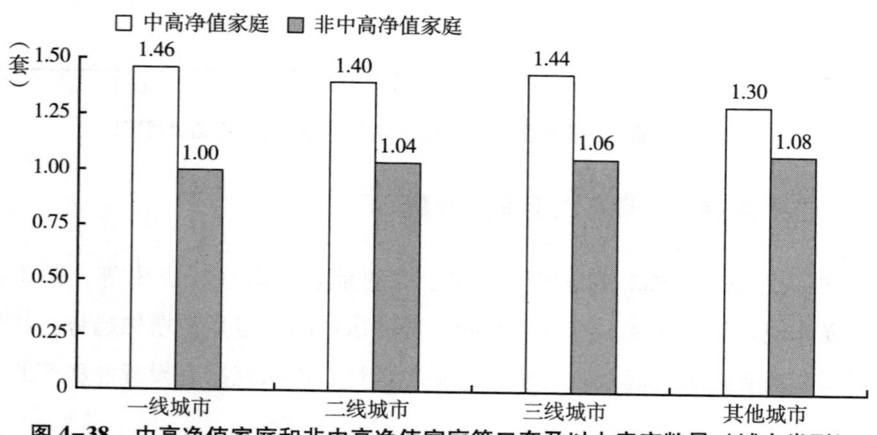

图 4-38　中高净值家庭和非中高净值家庭第二套及以上房产数量（城市类型）

根据图 4-39，从整体来看，随着户主受教育程度的提高，家庭第二套及以上房产数量逐渐增加。可见，户主受教育程度越高的家庭越有可能把家庭资产配置到投资性房产上，通过房价的增值来实现家庭财富的增值。

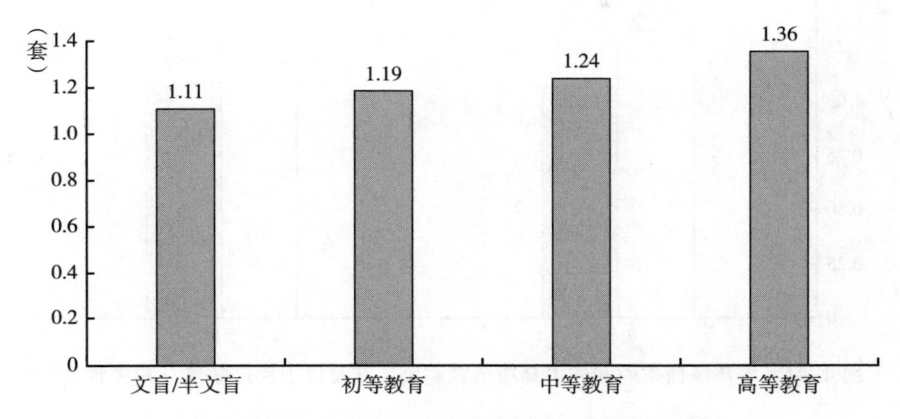

图 4-39　全样本第二套及以上房产数量（户主受教育程度）

根据图 4-40，户主受教育程度是文盲/半文盲时，中高净值家庭和非中高净值家庭第二套及以上房产数量相差 0.15 套；户主受教育程度为初等教育时，两者相差 0.19 套；户主受教育程度为中等教育时，两者相差 0.27 套；户主受教育程度为高等教育时，两者相差 0.31 套。

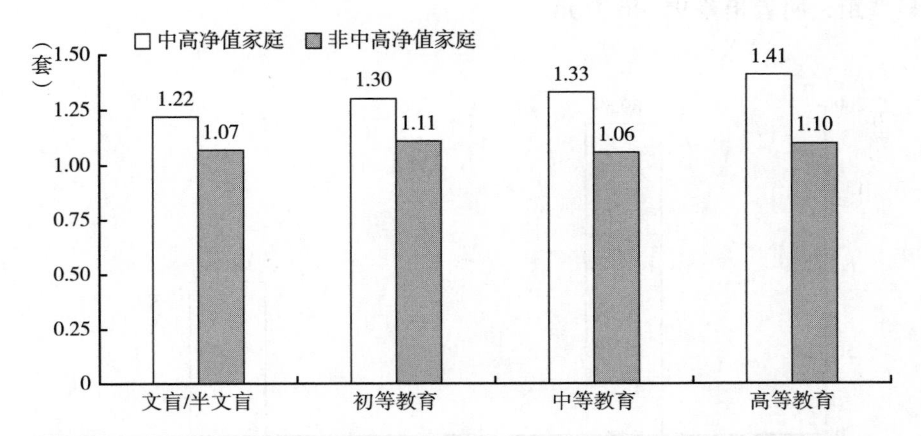

图 4-40　中高净值家庭和非中高净值家庭第二套及以上房产数量（户主受教育程度）

根据图4-41，当户主为男性时，中高净值家庭和非中高净值家庭第二套及以上房产数量相差0.26套；当户主为女性时，两者相差0.25套。

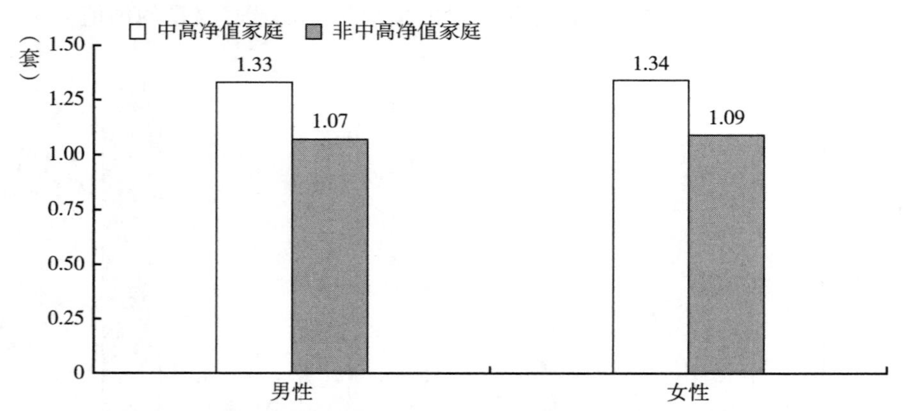

图4-41 中高净值家庭和非中高净值家庭第二套及以上房产数量（户主性别）

（三）家庭第二套及以上房产价值

家庭拥有的投资性房产价值是投资性房产数量与市场价值的乘积的总和。这是反映家庭在房产投资上的重要指标。这里就这个指标展开分析。

根据图4-42，城镇和乡村中高净值家庭第二套及以上房产价值具有明显差距，两者相差95.46万元。

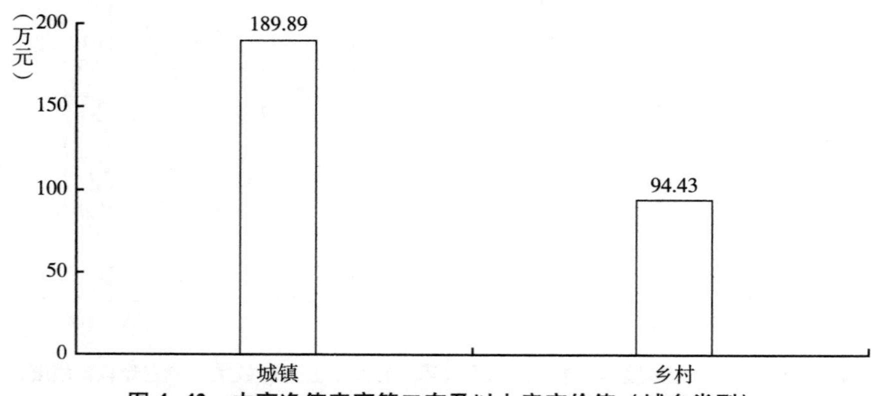

图4-42 中高净值家庭第二套及以上房产价值（城乡类型）

根据图 4-43，一线城市中高净值家庭第二套及以上房产价值为 396. 05 万元，高于其他类型城市；二线城市、三线城市、其他城市分别为 155. 65 万元、124. 02 万元、110. 13 万元。

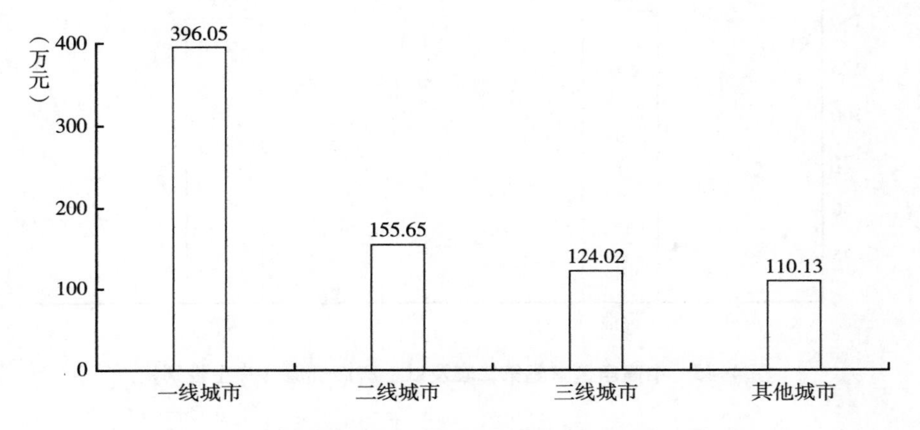

图 4-43　中高净值家庭第二套及以上房产价值（城市类型）

根据图 4-44，户主受教育程度是文盲/半文盲时，中高净值家庭第二套及以上房产价值为 128 万元；户主受教育程度为初等教育时，为 108. 89 万元；户主受教育程度为中等教育时，为 159. 56 万元；户主受教育程度为高等教育时，为 171. 83 万元。

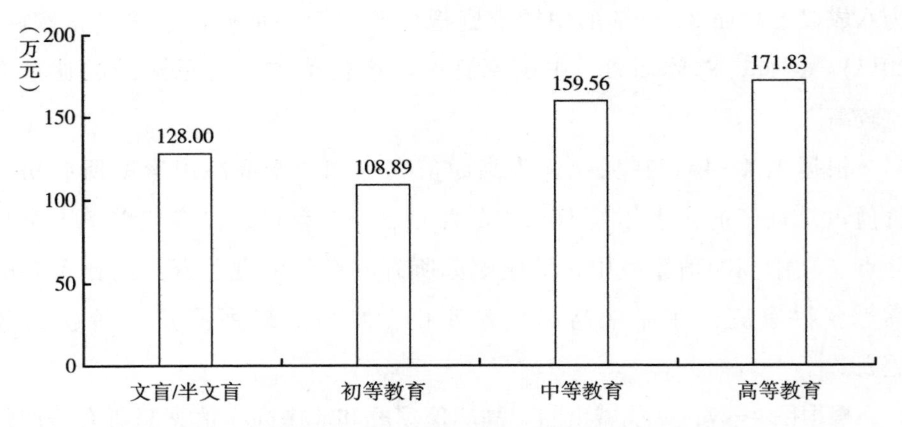

图 4-44　中高净值家庭第二套及以上房产价值（户主受教育程度）

根据图 4-45，当户主为男性时，中高净值家庭第二套及以上房产价值为 156. 42 万元；当户主为女性时，为 152. 64 万元。

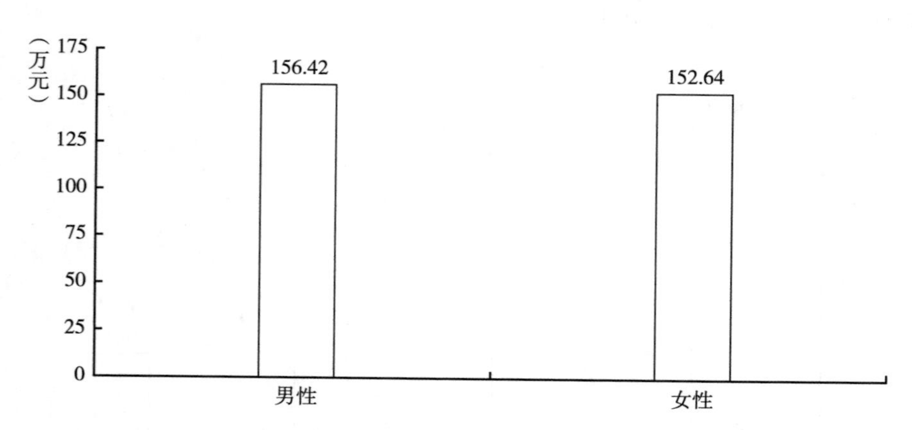

图 4-45　中高净值家庭第二套及以上房产价值（户主性别）

（四）房产价值占家庭总资产的比重

房产价值占家庭总资产的比重，是衡量家庭在房产上的资产配置情况的常用指标。银率网发布的《中国居民金融能力报告》显示，中国有 52. 07%的家庭的房产价值占家庭总资产的一半以上，更有 16. 19%的家庭这一比重为八成以上。而 31. 99%的中国家庭把房产作为一种投资手段（银率网，2015）。因此，总体而言，中国家庭中房产价值占家庭总资产的比重会比较高。

根据图 4-46，在城镇，中高净值家庭和非中高净值家庭所有房产价值占总资产的比重相差 16. 97 个百分点；在乡村，二者相差 7. 1 个百分点。在中高净值家庭中，城镇家庭所有房产价值占总资产的比重要略高于乡村家庭；在非中高净值家庭中，乡村家庭所有房产价值占比更高。

根据图 4-47，一线城市的中高净值家庭和非中高净值家庭所有房产价值占总资产的比重相差 29. 58 个百分点；二线城市中二者相差 21. 31 个百分

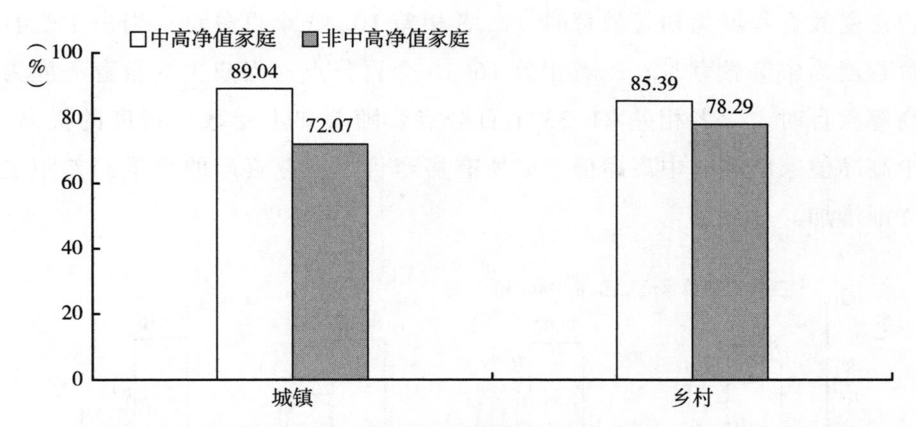

图 4-46　中高净值家庭和非中高净值家庭所有房产价值占总资产的比重（城乡区划）

点；三线城市中二者相差 15.87 个百分点；其他城市中二者相差 12.87 个百分点。随着城市等级的升高，中高净值家庭和非中高净值家庭所有房产价值占总资产的比重的差距也逐渐增加，二者的差距较为明显。

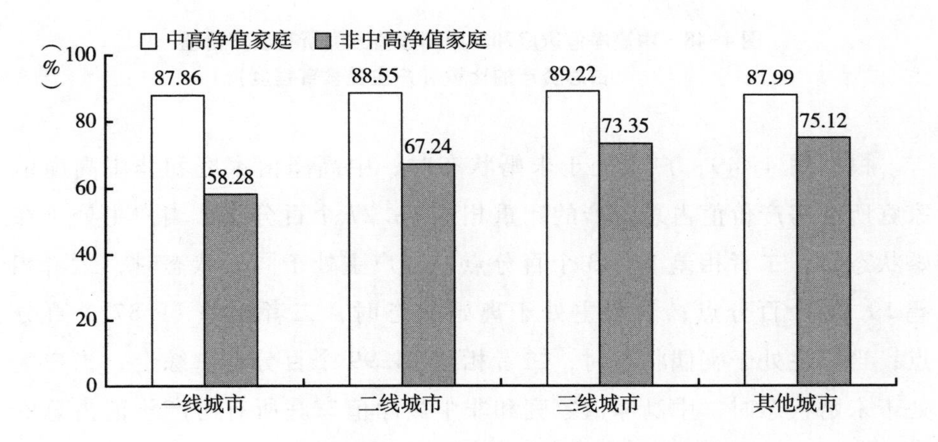

图 4-47　中高净值家庭和非中高净值家庭所有房产价值占总资产的比重（城市类型）

根据图 4-48，户主受教育程度为文盲/半文盲时，中高净值家庭和非中高净值家庭所有房产价值占总资产的比重相差 7.77 个百分点；当户主受教育程度为初等教育时，二者相差 10.83 个百分点；当户主受教育程度为中等教育时，二者相差 16.15 个百分点；当户主受教育程度为高等教育时，二者相差 21.33 个百分点。随着户主受教育程度的提高，中高净值家庭和非中高净值家庭所有房产价值占总资产的比重的差距也逐渐增加。

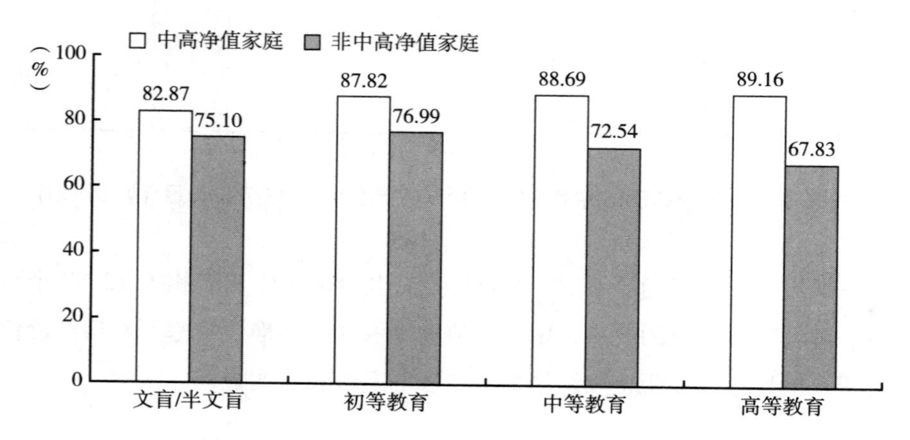

图 4-48　中高净值家庭和非中高净值家庭所有房产价值占总资产的比重（户主受教育程度）

根据图 4-49，户主处于未婚状态时，中高净值家庭和非中高净值家庭所有房产价值占总资产的比重相差 38.27 个百分点；当户主处于在婚状态时，二者相差 11.43 个百分点；当户主处于同居状态时，二者相差 19.06 个百分点；当户主处于离婚状态时，二者相差 11.87 个百分点；当户主处于丧偶状态时，二者相差 14.99 个百分点。综上，当户主处于未婚状态时，中高净值家庭和非中高净值家庭所有房产价值占总资产的比重的差距最大。

如图 4-50 所示，当户主为男性时，中高净值家庭和非中高净值家庭所有房产价值占总资产的比重相差 14.31 个百分点；当户主为女性时，二者相差 15.29 个百分点。

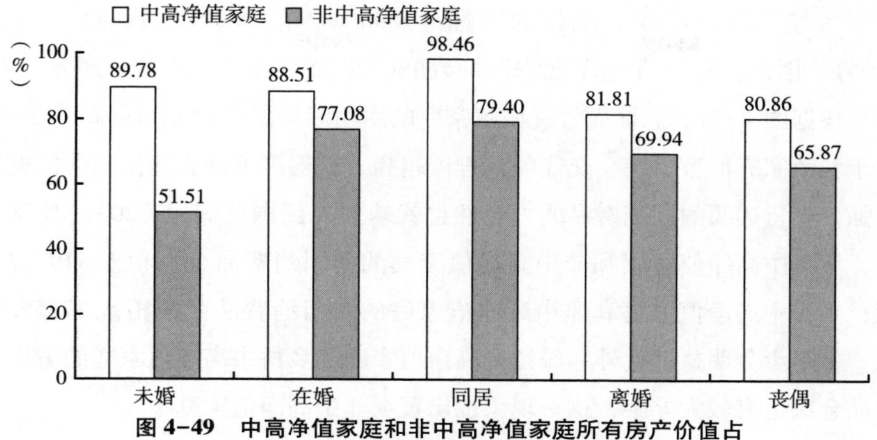

图 4-49　中高净值家庭和非中高净值家庭所有房产价值占总资产的比重（户主婚姻状况）

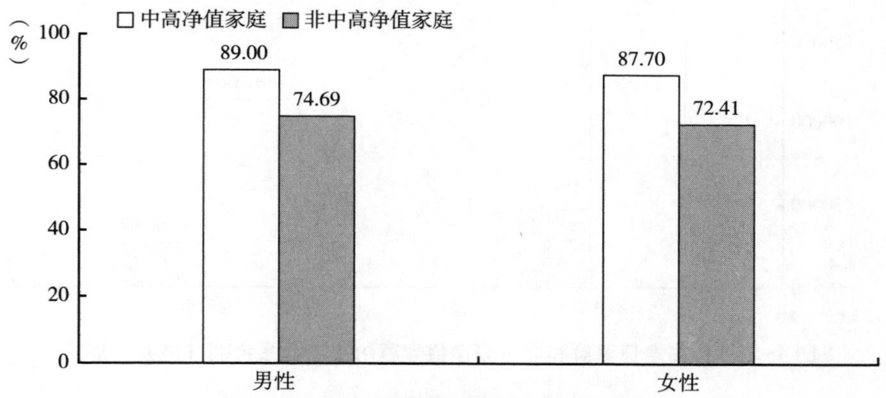

图 4-50　中高净值家庭和非中高净值家庭所有房产价值占总资产的比重（户主性别）

四　耐用消费品

家庭耐用消费品一般是指家庭拥有的那些使用寿命较长、可多次使用的消费品。由于耐用消费品购买次数少，因而消费者的购买行为和决策较慎重，其是家庭资产的重要组成部分。家庭常见的耐用消费品包括家用电器、家具、汽车等。对于家庭而言，耐用消费品比如住房、汽车、珠宝以及其他奢侈品等具有显示社会地位的属性（Kuhn et al.，2011；Solnick et al.，2005）。因此，耐用消费品是家庭非金融资产配置中不可忽视的一部分。

根据图 4-51，总体而言，城镇家庭的耐用消费品金额要明显高于乡村。对于城镇家庭而言，社会交往频繁程度越高，获得寻求社会地位的动机也就越强，借贷购买耐用消费品的可能性也就越大（任国英等，2020）。具体而言，城镇中高净值家庭和非中高净值家庭的耐用消费品金额相差 119712.8 元；乡村中高净值家庭和非中高净值家庭的耐用消费品金额相差 87255.33 元，差距十分明显。此外，城镇中高净值家庭和乡村中高净值家庭的耐用消费品金额也有较大差距，这一现象也出现在非中高净值家庭中。

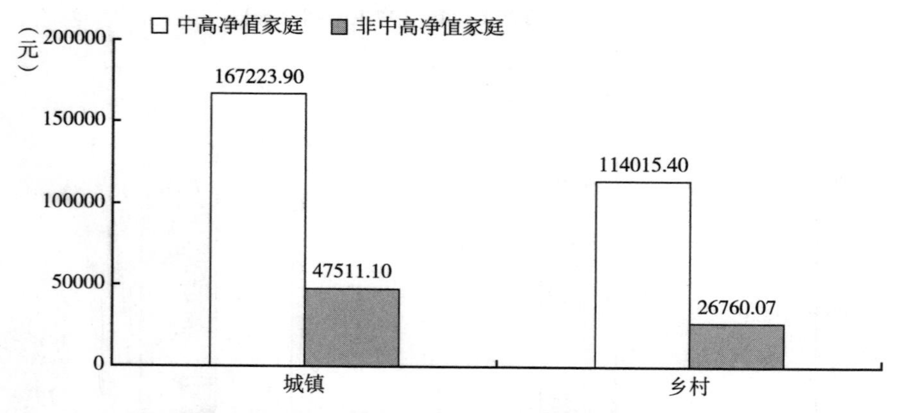

图 4-51　中高净值家庭和非中高净值家庭耐用消费品金额（城乡区划）

根据图 4-52，总体而言，随着城市等级的下降，家庭耐用消费品的金额呈现降低的趋势。具体而言，一线城市中高净值家庭和非中高净值家庭的耐用消费品金额相差 135602.45 元；二线城市中二者相差 117017.93 元；三线城市中二者相差 85541.17 元；其他城市中二者相差 88517.01 元。不同类型居民存在不同的收入心理阈值，这对耐用消费品的需求有较大影响（尹天翔，2018）。

根据图 4-53，总体而言，户主是男性的家庭的耐用消费品的金额要明显高于户主为女性的家庭。在购买耐用消费品上，女性一般会更挑剔和谨

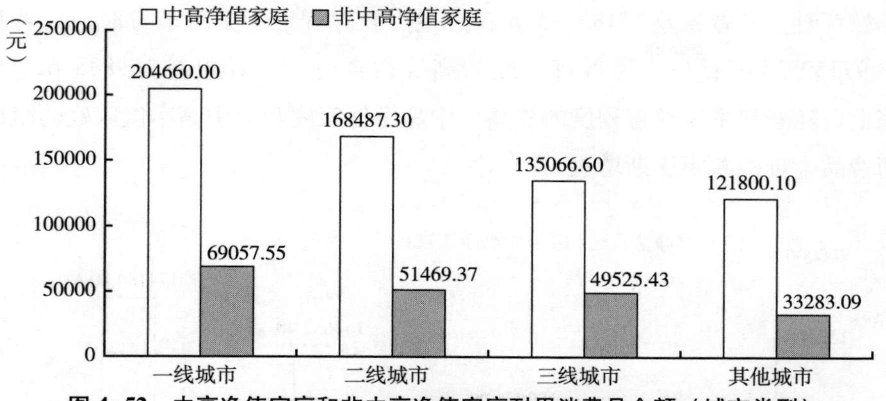

图 4-52 中高净值家庭和非中高净值家庭耐用消费品金额（城市类型）

慎。女性购买行为除受自身购买意愿控制外，在一定程度上与服务保证、耐用消费品品牌形象、营销导向以及购买评价等存在密切关联（张宁容，2017）。具体而言，当户主为男性时，中高净值家庭和非中高净值家庭的耐用消费品金额相差 112554.48 元；当户主为女性时，二者相差 95104.78 元。二者的差距十分显著。

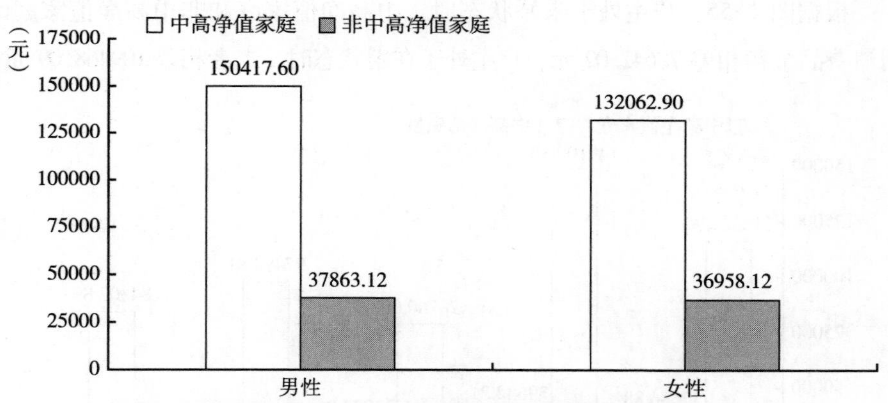

图 4-53 中高净值家庭和非中高净值家庭耐用消费品金额（户主性别）

根据图 4-54，总体而言，户主受教育程度越高，家庭耐用消费品金额也会越高。具体而言，户主受教育程度为文盲/半文盲时，中高净值家庭和非中高净值家庭的耐用消费品金额相差 77176.93 元；户主受教育程度为初等教育时，二者相差 77182. 75 元；户主受教育程度为中等教育时，二者相差 97359. 24 元；户主受教育程度为高等教育时，二者相差 109835. 62 元。综上，随着户主受教育程度的提高，中高净值家庭和非中高净值家庭的耐用消费品金额的差距逐渐增大。

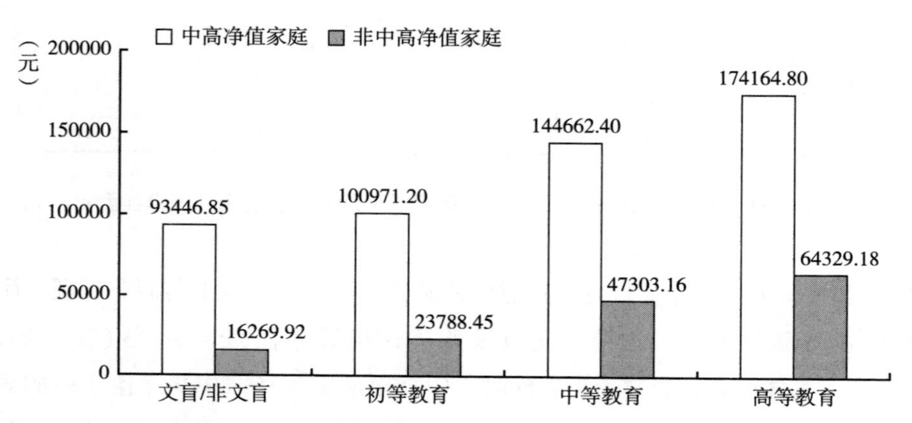

图 4-54 中高净值家庭和非中高净值家庭耐用消费品金额（户主受教育程度）

根据图 4-55，户主处于未婚状态时，中高净值家庭和非中高净值家庭耐用消费品金额相差 78642. 02 元；户主处于在婚状态时，二者相差 109468. 09 元；

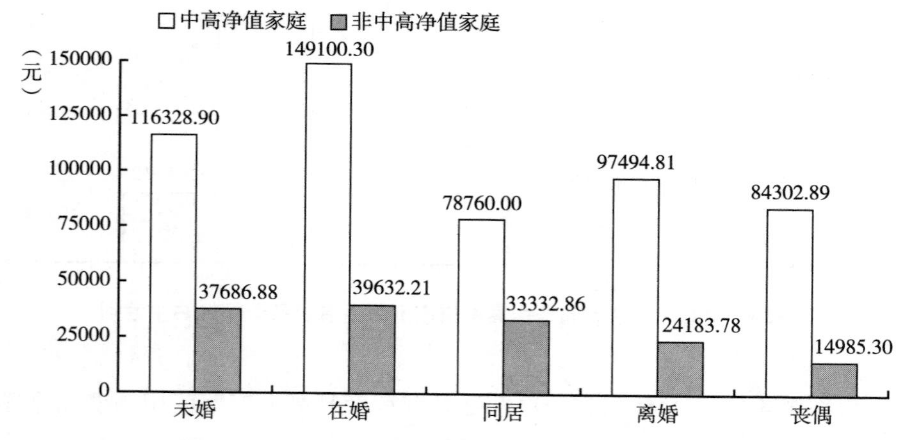

图 4-55 中高净值家庭和非中高净值家庭耐用消费品金额（户主婚姻状况）

户主处于同居状态时，二者相差 45427.14 元；户主处于离婚状态时，二者相差 73311.03 元；户主处于丧偶状态时，二者相差 69317.59 元。综上，当户主处于在婚状态时，中高净值家庭和非中高净值家庭耐用消费品金额的差距最大。

五　影响因素分析

接下来使用的数据主要来源于 2020 年 CFPS 问卷中家庭问卷和个人问卷。研究的重点是经营性资产和投资性房产。经营性资产与家庭创业决策有关，因此，这里把家庭创业决策作为一个主要的研究对象。投资性房产就是第二套及以上房产。考虑到被解释变量家庭创业决策与房产投资决策背后的合作性和风险共担性，属于家庭决策而非个人决策，所以此处在选择因变量时定位在家庭层面，即使用 CFPS 家庭问卷中定义的被解释变量。

（一）数据、变量与模型

1. 关键变量

此处的被解释变量一是家庭创业决策，根据 CFPS 家庭问卷中的问题之一“过去 12 个月，您家是否有家庭成员从事个体经营或开办私营企业?”以及问题之二“过去 12 个月，您家家庭成员从事几项个体经营活动或开办几家私营企业?”对变量进行定义。若对问题之一回答否，则定义家庭创业决策为 0；若对问题之一回答是，则定义家庭创业决策为回答问题之二的个数。

被解释变量二是家庭房产投资决策，根据 CFPS 家庭问卷中的问题 R1“除现住房外，您或您家的其他成员是否拥有其他房产?”以及问题 R101“您或其他家庭成员还有几处其他房产?”对变量进行定义。若对问题 R1 回答否，则定义家庭房产投资决策为 0；若对问题 R1 回答是，则定义家庭房产投资决策为回答问题 R101 的个数。

核心解释变量为中高净值家庭（虚拟变量）和家庭可投资性资产。前者由0和1构成。若家庭可投资性资产大于或等于45万元，则为1；若家庭可投资性资产小于45万元，则为0。

其余控制变量包括家庭层面和户主层面的控制变量，家庭层面的控制变量包括家庭规模、家庭收入、银行贷款、亲友及民间贷款；户主层面的控制变量包括性别、年龄、教育年限、婚姻状况、健康状况以及自信程度。

2. 描述性统计

在数据处理过程中，本章剔除了变量中存在缺失值和错误值的样本，最终得到有效样本9089份。变量的定义与描述性统计见表4-1。

表4-1　变量的定义与描述性统计

变量名称	定义	均值	标准差	最小值	最大值
家庭创业决策	从事个体经营或私营企业的个数	0. 102	0. 347	0	6
家庭房产投资决策	除现住房以外房产的个数	0. 261	0. 567	0	7
中高净值家庭	中高净值家庭为1,其余为0	0. 155	0. 362	0	1
家庭可投资性资产	家庭可投资性资产的对数	8. 671	4. 892	0	17. 371
家庭规模	家庭人口数量	3. 574	1. 901	1	15
家庭收入	家庭收入的对数	10. 705	1. 429	0	14. 286
银行贷款	家庭存在银行贷款时取值为1,否则为0	0. 105	0. 306	0	1
亲友及民间贷款	家庭存在亲友及民间贷款时取值为1,否则为0	0. 113	0. 316	0	1
性别	如果性别为男性,则该变量取值为1,否则为0	0. 562	0. 496	0	1
年龄	个体的年龄	48. 922	14. 626	18	95
教育年限	接受教育的年数	8. 221	5. 084	0	24
婚姻状况	如果婚姻状况为已婚,则该变量取值为1,否则为0	0. 816	0. 388	0	1
健康状况	健康状况评分,最高为5,最低为1	3. 002	1. 176	1	5
自信程度	自信程度评分,最高为5,最低为1	4. 132	0. 936	1	5

3. 模型设定

本章考察中高净值家庭和家庭可投资性资产对家庭创业决策和家庭房产投资决策的影响，具体模型如下：

$$Entrepre = \alpha_0 + \alpha_1 \times MHW + \alpha_2 \times \ln(FIA) + \alpha_3 \times X + u$$
$$House = \beta_0 + \beta_1 \times MHW + \beta_2 \times \ln(FIA) + \beta_3 \times X + u$$

其中，*Entrepre* 表示家庭进行个体经营活动的数量，*House* 表示家庭拥有除现住房以外房产的数量，*MHW* 和 *FIA* 分别表示中高净值家庭（虚拟变量）和家庭可投资性资产，*X* 为一系列控制变量，包含家庭层面和户主层面的控制变量，*u* 为误差项。

（二）实证分析

1. 中高净值家庭对于家庭创业决策的影响

表 4-2 展示了中高净值家庭对家庭创业决策影响的回归结果。第（1）列只考虑中高净值家庭（虚拟变量）这一核心解释变量，第（2）~（4）列加入了家庭层面控制变量，第（5）~（7）列在家庭层面控制变量的基础上加入了户主层面控制变量。结果显示，同时考虑家庭层面控制变量和户主层面控制变量后，中高净值家庭比非中高净值家庭在家庭创业决策方面增加 0.121 个单位，表明中高净值家庭对增加家庭创业数量、改变家庭创业决策具有显著正向作用。

表 4-2 中高净值家庭对家庭创业决策影响的回归结果

变量	(1)	(2)	(3)	(4)	(5)	(6)	(7)
中高净值家庭	0.146***	0.139***	0.120***	0.123***	0.122***	0.121***	0.121***
	(0.015)	(0.015)	(0.016)	(0.016)	(0.016)	(0.017)	(0.017)
家庭规模		0.02***	0.0175***	0.016***	0.016***	0.016***	0.014***
		(0.002)	(0.002)	(0.002)	(0.002)	(0.003)	(0.003)
家庭收入			0.017***	0.016***	0.012***	0.012**	0.012**
			(0.005)	(0.005)	(0.005)	(0.005)	(0.005)
银行贷款				0.089***	0.08***	0.08***	0.08***
				(0.016)	(0.016)	(0.016)	(0.016)
亲友及民间贷款				0.052***	0.048***	0.048***	0.05***
				(0.014)	(0.014)	(0.014)	(0.013)

续表

变量	(1)	(2)	(3)	(4)	(5)	(6)	(7)
性别					0.011 (0.007)	0.011 (0.007)	0.011 (0.007)
年龄					-0.0013*** (0.0002)	-0.001*** (0.0002)	-0.001*** (0.0003)
教育年限						0.0003 (0.001)	0.0004 (0.001)
婚姻状况							0.017* (0.010)
健康状况							-0.003 (0.003)
自信程度							0.005 (0.004)
常量	0.08*** (0.003)	0.011 (0.007)	-0.155*** (0.047)	-0.154*** (0.047)	-0.06 (0.055)	-0.061 (0.053)	-0.074 (0.058)
观测值	9089	9089	9089	9089	9089	9089	9089
R^2	0.023	0.035	0.039	0.048	0.051	0.051	0.052

注：括号内是 t 值，*、**、*** 分别代表在10%、5%和1%的置信水平下显著。

此外，家庭规模、家庭收入、银行贷款和亲友及民间贷款都对家庭创业决策具有显著正向促进作用。年龄会对家庭创业决策产生显著负面影响。婚姻状况对家庭创业决策具有显著正向作用。但是，性别、教育年限、健康状况和自信程度对家庭创业决策的影响不显著。

2. 家庭可投资性资产对于家庭创业决策的影响

表4-3展示了家庭可投资性资产对家庭创业决策影响的回归结果。第（1）列只考虑家庭可投资性资产这一核心解释变量，第（2）~（4）列加入了家庭层面控制变量，第（5）~（7）列在家庭层面控制变量的基础上加入了户主层面控制变量。结果显示，同时考虑家庭层面控制变量和户主层面控制变量后，家庭可投资性资产每增加1%，家庭创业决策方面提高0.007个单位。虽然加入控制变量后解释变量的估计值有所下降，但回归结果体现了家庭可投资性资产对家庭创业决策具有显著正向影响。

表 4-3　家庭可投资性资产对家庭创业决策影响的回归结果

变量	(1)	(2)	(3)	(4)	(5)	(6)	(7)
家庭可投资性资产	0.009***	0.009***	0.007***	0.008***	0.007***	0.007***	0.007***
	(0.001)	(0.001)	(0.001)	(0.001)	(0.001)	(0.001)	(0.001)
家庭规模		0.02***	0.018***	0.016***	0.016***	0.016***	0.015***
		(0.002)	(0.002)	(0.002)	(0.002)	(0.002)	(0.00268)
家庭收入			0.017***	0.015***	0.013***	0.012**	0.012**
			(0.005)	(0.005)	(0.005)	(0.005)	(0.005)
银行贷款				0.095***	0.086***	0.086***	0.086***
				(0.017)	(0.017)	(0.017)	(0.017)
亲友及民间贷款				0.062***	0.057***	0.058***	0.059***
				(0.014)	(0.014)	(0.014)	(0.014)
性别					0.009	0.009	0.009
					(0.007)	(0.007)	(0.007)
年龄					-0.001***	-0.001***	-0.001***
					(0.0002)	(0.0002)	(0.0003)
教育年限						0.001	0.001
						(0.001)	(0.001)
婚姻状况							0.017*
							(0.01)
健康状况							-0.002
							(0.003)
自信程度							0.005
							(0.004)
常量	0.026***	-0.044***	-0.205***	-0.202***	-0.118**	-0.121**	-0.137**
	(0.006)	(0.009)	(0.046)	(0.046)	(0.054)	(0.052)	(0.056)
观测值	9089	9089	9089	9089	9089	9089	9089
R^2	0.016	0.028	0.032	0.043	0.046	0.046	0.046

注：括号内是 t 值，*、**、*** 分别代表在 10%、5%和 1%的置信水平下显著。

相关控制变量的结果表明，家庭层面和户主层面的变量对家庭创业决策也有较显著的影响。从家庭层面控制变量看，家庭规模与家庭创业决策显著正相关，人口越多的家庭进行创业的可能性越高，进行个体经营活动的数量越多；家庭收入也显著促进家庭创业决策，因为高收入能很好地缓解创业过程中的融资问题以及减少募资受到的约束和限制；银行贷款、亲友及民间贷款都促进了家庭创业决策，反映了借贷形成的资金支持同样能放松资金约束。从户主层面控制变量看，性别对家庭创业决策的影响不显著，年龄有十分显著的负向作用，婚姻状况对家庭创业决策存在较为明显的促进作用。另外，教育年限、健康状况和自信程度对家庭创业决策的影响不显著。

3. 中高净值家庭对于家庭房产投资决策的影响

表 4-4 展示了中高净值家庭对家庭房产投资决策影响的回归结果。第（1）列只考虑中高净值家庭（虚拟变量）这一核心解释变量，第（2）~（4）列加入了家庭层面控制变量，第（5）~（7）列在家庭层面控制变量的基础上加入了户主层面控制变量。结果显示，同时考虑家庭层面控制变量和户主层面控制变量后，中高净值家庭比非中高净值家庭的家庭房产投资决策的数量增加 1.007 个单位，显著表现出中高净值家庭对提升家庭第二套房产、增加房产投资决策的正向作用。

表 4-4　中高净值家庭对家庭房产投资决策影响的回归结果

变量	(1)	(2)	(3)	(4)	(5)	(6)	(7)
中高净值家庭	1.026***	1.019***	1.004***	1.007***	1.007***	1.007***	1.007***
	(0.021)	(0.021)	(0.021)	(0.021)	(0.021)	(0.021)	(0.021)
家庭规模		0.02***	0.018***	0.017***	0.017***	0.017***	0.018***
		(0.003)	(0.003)	(0.003)	(0.003)	(0.003)	(0.003)
家庭收入			0.013***	0.012***	0.012***	0.012***	0.012***
			(0.003)	(0.003)	(0.003)	(0.004)	(0.004)
银行贷款				0.025	0.024	0.024	0.024
				(0.016)	(0.016)	(0.016)	(0.016)
亲友及民间贷款				0.044***	0.043***	0.043***	0.044***
				(0.015)	(0.015)	(0.015)	(0.015)

续表

变量	(1)	(2)	(3)	(4)	(5)	(6)	(7)
性别					0.003	0.003	0.003
					(0.009)	(0.009)	(0.009)
年龄					-0.0003	-0.0003	-0.0002
					(0.0003)	(0.0003)	(0.0003)
教育年限						-0.0001	-0.0001
						(0.001)	(0.001)
婚姻状况							-0.012
							(0.013)
健康状况							0.001
							(0.004)
自信程度							0.006
							(0.005)
常量	0.103***	0.034***	-0.092***	-0.096***	-0.077*	-0.077*	-0.104**
	(0.004)	(0.009)	(0.033)	(0.033)	(0.04)	(0.04)	(0.046)
观测值	9089	9089	9089	9089	9089	9089	9089
R^2	0.429	0.433	0.434	0.435	0.435	0.435	0.435

注：括号内是 t 值，*、**、*** 分别代表在10%、5%和1%的置信水平下显著。

值得注意的是，在加入中高净值家庭（虚拟变量）之后，户主层面控制变量对家庭房产投资决策的影响都不显著。此外，银行贷款对家庭房产投资决策的影响也不显著。

4. 家庭可投资性资产对于家庭房产投资决策的影响

表4-5展示了家庭可投资性资产对家庭房产投资决策影响的回归结果。第（1）列只考虑家庭可投资性资产这一解释变量，第（2）~（4）列加入了家庭层面控制变量，第（5）~（7）列在家庭层面控制变量的基础上加入了户主层面控制变量。结果显示，同时考虑家庭层面控制变量和户主层面控制变量后，家庭可投资性资产每增加1%，家庭除现住房以外的房产数量会提高0.049个单位。回归结果体现了家庭可投资性资产对房产投资和第二套房产数量的显著正向影响。

表 4-5　家庭可投资性资产对家庭房产投资决策影响的回归结果

变量	(1)	(2)	(3)	(4)	(5)	(6)	(7)
家庭可投资性资产	0.052***	0.051***	0.048***	0.049***	0.05***	0.049***	0.049***
	(0.001)	(0.001)	(0.001)	(0.001)	(0.001)	(0.001)	(0.001)
家庭规模		0.026***	0.022***	0.02***	0.021***	0.022***	0.023***
		(0.003)	(0.003)	(0.003)	(0.003)	(0.003)	(0.004)
家庭收入			0.029***	0.028***	0.029***	0.025***	0.026***
			(0.005)	(0.005)	(0.005)	(0.005)	(0.005)
银行贷款				0.06***	0.065***	0.064***	0.065***
				(0.019)	(0.019)	(0.019)	(0.019)
亲友及民间贷款				0.09***	0.093***	0.098***	0.097***
				(0.016)	(0.016)	(0.016)	(0.016)
性别					-0.013	-0.015	-0.014
					(0.01)	(0.01)	(0.01)
年龄					0.001	0.001***	0.001**
					(0.0003)	(0.0003)	(0.0004)
教育年限						0.005***	0.005***
						(0.001)	(0.001)
婚姻状况							-0.011
							(0.015)
健康状况							0.008*
							(0.005)
自信程度							0.007
							(0.006)
常量	-0.188***	-0.277***	-0.549***	-0.552***	-0.589***	-0.612***	-0.660***
	(0.006)	(0.013)	(0.049)	(0.048)	(0.057)	(0.055)	(0.062)
观测值	9089	9089	9089	9089	9089	9089	9089
R^2	0.200	0.207	0.212	0.216	0.216	0.217	0.218

注：括号内是 t 值，*、**、*** 分别代表在 10%、5%和 1%的置信水平下显著。

相关控制变量的回归结果表明，家庭层面和户主层面的变量对家庭房产投资决策也有较显著的影响。从家庭层面控制变量看，家庭规模与家庭房产投资决策显著正相关。这是因为，一方面，家庭人口越多对住房数量的硬性需求越大；另一方面，家庭规模越大越有可能利用政策优势购买房产以分散投资。家庭收入也显著促进了家庭房产投资决策，因为高收入人群拥有更多资金支持进行房地产投资这种对本金要求很高的投资项目。银行贷款、亲友及民间贷款对家庭房产投资决策有较为显著的影响。从户主层面控制变量来看，年龄和教育年限具有十分显著的正向作用。健康状况对家庭房产投资决策的影响很微弱。性别、婚姻状况以及自信程度对家庭房产投资决策的影响不显著。

（三）异质性分析

根据户主的家庭收入水平，把样本分为家庭收入水平较高和家庭收入水平较低两组，分组进行回归。表4-6的第（1）~（2）列展示了基于收入异质性的回归结果。结果显示，中高净值家庭（虚拟变量）对收入水平较低的家庭的创业决策有显著的正向作用，而对收入水平较高的家庭的创业决策的影响不显著；家庭可投资性资产对收入水平较高的家庭的创业决策的积极影响比对收入水平较低的家庭更为显著。这说明收入水平较低的户主进行创业决策时受家庭类型以及家庭可投资性资产的积极影响明显。

根据样本的家庭所在地，把样本分为城镇和乡村两组，分组进行回归。表4-6的第（3）~（4）列展示了基于城乡异质性的回归结果。结果显示，中高净值家庭对乡村家庭创业决策有更为显著和积极的正向影响。家庭可投资性资产对城镇家庭创业决策有更为显著和积极的正向影响。

根据户主的家庭收入水平，把样本分为家庭收入水平较高和家庭收入水平较低两组，分组进行回归。表4-7的第（1）~（2）列展示了基于收入异质性的回归结果。结果显示中高净值家庭（虚拟变量）对低收入家庭房产投资决策的积极影响比对高收入家庭要大一些。家庭可投资性资产对高收入家庭房产投资决策的积极影响比低收入家庭要大一些，尽管两者其实很接近。

表 4-6　中高净值家庭及家庭可投资性资产对家庭创业决策影响（收入与城乡异质性）的回归结果

变量	(1)	(2)	(3)	(4)
收入异质性	高收入	低收入	—	—
城乡异质性	—	—	城镇	乡村
中高净值家庭	0.031	0.138***	0.073***	0.147***
	(0.019)	(0.04)	(0.019)	(0.034)
家庭可投资性资产	0.004***	0.003***	0.006***	0.003***
	(0.002)	(0.001)	(0.001)	(0.001)
家庭层面控制变量	是	是	是	是
户主层面控制变量	是	是	是	是
截距项	-1.481***	0.09	0.011	-0.137**
	(0.198)	(0.064)	(0.096)	(0.068)
观测值	4366	4723	4890	4103
R^2	0.072	0.042	0.055	0.062

注：括号内是 t 值，**、*** 分别代表在5%、1%的置信水平下显著。

根据样本的家庭所在地，把样本分为城镇和乡村两组，分组进行回归。表4-7的第（3）~（4）列展示了基于城乡异质性的回归结果。结果显示，中高净值家庭（虚拟变量）对城镇家庭与乡村家庭的积极影响比较接近且都十分显著。相对而言，对城镇家庭的影响要稍微大一些。家庭可投资性资产对城镇家庭与乡村家庭的积极影响非常接近且都十分显著。

表 4-7　中高净值家庭及家庭可投资性资产对家庭房产投资决策影响（收入与城乡异质性）的回归结果

变量	(1)	(2)	(3)	(4)
收入异质性	高收入	低收入	—	—
城乡异质性	—	—	城镇	乡村
中高净值家庭	0.844***	0.960***	0.911***	0.824***
	(0.023)	(0.057)	(0.026)	(0.035)

续表

变量	(1)	(2)	(3)	(4)
家庭可投资性资产	0.028***	0.02***	0.024***	0.022***
	(0.001)	(0.001)	(0.001)	(0.001)
家庭层面控制变量	是	是	是	是
户主层面控制变量	是	是	是	是
截距项	-0.696***	-0.078*	-0.044	-0.218***
	(0.246)	(0.0441)	(0.077)	(0.049)
观测值	4366	4723	4890	4103
R^2	0.455	0.336	0.472	0.402

注：括号内是 t 值，*、*** 分别代表在 10%、1%的置信水平下显著。

本章总结

本章对家庭非金融资产的配置情况进行了研究与分析。研究的内容包括个体经营情况以及经营性资产配置、房产投资情况以及耐用消费品的配置情况。在此基础上，本章探讨了家庭创业决策以及家庭房产投资决策的影响因素。本章得到的主要结论如下。

其一，中高净值家庭进行个体经营的比例在城镇为 18.15%，而在乡村为 21.52%，明显高于非中高净值家庭。从城市来看，三线城市中的中高净值家庭进行个体经营的比例最高，达到了 25%，而一线城市为 11.08%。

其二，在个体经营总资产上，城镇中高净值家庭和非中高净值家庭的个体经营总资产相差 49.13 万元；乡村中高净值家庭和非中高净值家庭的个体经营总资产相差 21.39 万元，差距十分明显。

其三，在第二套及以上房产拥有率上，随着城市等级的降低，家庭第二套及以上房产拥有率也逐渐降低，整体上，随着户主受教育程度的提高，家庭第二套及以上房产拥有率也逐渐提高。

其四，从中高净值家庭拥有第二套及以上房产价值来看，城镇和乡村的第二套及以上房产价值相差 95.46 万元。

其五，从房产价值占家庭总资产的比例来看，城镇中，中高净值家庭和非中高净值家庭所有房产价值占总资产的比例相差 16.97 个百分点；乡村中，二者相差 7.1 个百分点。在中高净值家庭中，城镇家庭所有房产价值占总资产的比例要略高于乡村家庭；在非中高净值家庭中，乡村家庭所有房产价值占比更高。

其六，总体而言，城镇家庭的耐用消费品金额要明显高于乡村。具体而言，城镇中高净值家庭和非中高净值家庭的耐用消费品金额相差 119712.8 元；乡村中高净值家庭和非中高净值家庭的耐用消费品金额相差 87255.33 元，差距十分明显。

其七，中高净值家庭创业决策要比非中高净值家庭多，而且，家庭可投资性资产会促进家庭创业。类似地，中高净值家庭的投资性房产数量要比非中高净值家庭多，而且，家庭可投资性资产会促进家庭在投资性房产方面进行资产配置。

参考文献

陈晓东：《先成家后立业："成家"影响"立业"吗？——婚姻影响我国男性创业行为的经验分析》，《人口与发展》2020 年第 4 期。

程正中、李灿、冷阳阳：《房产税对住房投资性需求的影响》，《现代企业》2020 年第 12 期。

段忠东：《住房拥有对家庭金融资产配置影响研究——基于 Heckman 样本选择模型的实证分析》，《价格理论与实践》2021 年第 3 期。

甘犁、尹志超、谭继军：《中国家庭金融调查报告（2014）》，西南财经大学出版社，2015。

甘犁、尹志超、贾男、徐舒、马双：《中国家庭资产状况及住房需求分析》，《金融研究》2013 年第 4 期。

侯伟凤、田新民：《地方债务支出、投资性房产需求与宏观经济波动》，《统计与决策》2021 年第 1 期。

李仕玉、龙海军：《数字经济对农民创业影响机理研究——基于中国家庭追踪调查（CFPS）的实证分析》，《云南农业大学学报》（社会科学版）2022 年第 4 期。

缪洪涛、钦佩：《做好小微企业和个体经营户跟踪调查工作》，《中国统计》2018 年第 12 期。

曲兆鹏、郭四维：《户籍与创业：城乡居民自我雇佣的差异研究——来自 CGSS2008 的证据》，《中国经济问题》2017 年第 6 期。

任国英、汪津、李锐：《地位寻求与城镇家庭购买耐用消费品借贷行为的研究》，《中央财经大学学报》2020 年第 7 期。

唐爽、王克婴：《网红的主体构成及思想观念完善》，《中国市场》2018 年第 21 期。

韦宏耀、钟涨宝：《中国家庭非金融财产差距研究（1989—2011 年）——基于微观数据的回归分解》，《经济评论》2017 年第 1 期。

吴卫星、沈涛、蒋涛：《房产挤出了家庭配置的风险金融资产吗？——基于微观调查数据的实证分析》，《科学决策》2014 年第 11 期。

徐淑一：《房价预期与中国家庭风险金融资产配置研究》，《中山大学学报》（社会科学版）2021 年第 3 期。

易成栋、樊正德、王优容、李玉瑶：《收入不平等、多套房购买决策与中国城镇家庭杠杆率》，《中央财经大学学报》2022 年第 3 期。

银率网：《中国居民金融能力报告》，2015。

尹天翔：《我国城镇居民耐用消费品消费模型的实证分析》，《消费经济》2018 年第 6 期。

张宁容：《耐用消费品在女性市场上的行为分析》，《商场现代化》2017 年第 23 期。

《中国城镇居民家庭资产负债调查》，《上海商业》2020 年第 6 期。

Balestra, C., Tonkin, R., "Inequalities in Household Wealth across OECD Countries: Evidence from the OECD Wealth Distribution Database," *OECD Statistics Working Papers*, 88, 2018.

Bricker, J., Kennickell, A. B., Moore, K. B., Sabelhaus, J., "Changes in U.S. Family Finances from 2004 to 2007: Evidence from the Survey of Consumer Finances," *Federal Reserve Bulletin*, 100 (1), 2009.

Guiso, L., Sodini, P., "Household Finance: An Emerging Field," in G. M. Constantinides, M. Harris, R. M. Stulz, eds., *Handbook of the Economics of Finance* (Elsevier, 2013).

Jantti, M., Sierminska, E., "Survey Estimates of Wealth Holdings in OECD Countries: Evidence on the Level and Distribution across Selected," *WIDER Working Paper Series*, 2007.

Kuhn, P., Kooreman, P., Soetevent, A., Kapteyn, A., "The Effects of Lottery Prizes on Winners and Their Neighbors: Evidence from the Dutch Postcode Lottery," *American Economic Review*, 101 (5), 2011.

Solnick, S. J., Hemenway, D., Review, A. E., Duflo, E., "Are Positional Concerns Stronger in Some Domains Than in Others?" *The American Economic Review*, 95 (2), 2005.

第五章　中高净值家庭商业保险配置

商业保险（Commercial Insurance）是指通过订立保险合同运营，以营利为目的的保险产品与服务，是由专门的保险公司经营和提供的包括财产保险、人寿保险和健康保险在内的商业性保险。商业保险是对社会保险的重要补充，发展潜力很大。对于家庭而言，商业保险不仅是家庭保障体系的重要组成部分，而且是家庭财富管理和资产配置的重要途径。例如，有研究表明，近年来，商业保险在我国家庭资产配置中所占比重维持在 13%（徐敬惠、李鹏，2020）。也就是说，商业保险占家庭资产配置的比重已经超过一成。商业保险颇受中高净值家庭的欢迎。有数据显示，我国高净值人群中有 95%选择购买商业寿险（夏淑媛，2016）。这个比例非常高，说明没有购买商业寿险的高净值人群仅剩下 5%。这个数据仅仅针对的是高净值人群，如果是中高净值人群，那么，情况可能就不一样了，商业保险的覆盖率应该不会那么高。对于具体情况，需要开展相应的研究。

一　我国商业保险发展情况

改革开放以来，我国积极推动商业保险发展，相继出台了一系列政策和法律法规，为健康发展商业保险提供了制度上的保障。1983 年，国务院发布了《中华人民共和国财产保险合同条例》。1985 年，《保险企业管理暂行条例》发布。1992 年，中国人民银行公布了《中国人民银行保险代理机构管理暂行办法》。1995 年，《中华人民共和国保险法》等一系列法律法规颁布，标志着我国保险业迈进了法制建设的新时期（王绪瑾、王浩帆，2020）。随着各项制度的完善，商业保险业得到迅速发展，其提供的保险产品不断多样化，较好地满足了广大人民群众对保险保障的需求。

加入 WTO 以后，我国不断提升保险业的对外开放程度，一些国际保险公司纷纷进入中国市场，在加剧保险业竞争的同时，也促进了我国保险市场与国际保险市场的全面接轨。外资保险公司的进入，带来了国际上比较先进的保险技术和经营管理理念，对于促进我国商业保险业的结构调整、产业升级以及经营管理能力的提升，具有显著的促进作用（许闲，2021）。在与外资保险公司竞争的过程中，我国保险公司日益壮大，商业保险业呈现蓬勃发展的态势（Sun et al.，2007）。商业保险成为我国社会保险的重要补充。根据银保监会公布的数据，2012~2021 年我国保险业的原保费收入汇总在图 5-1 中。

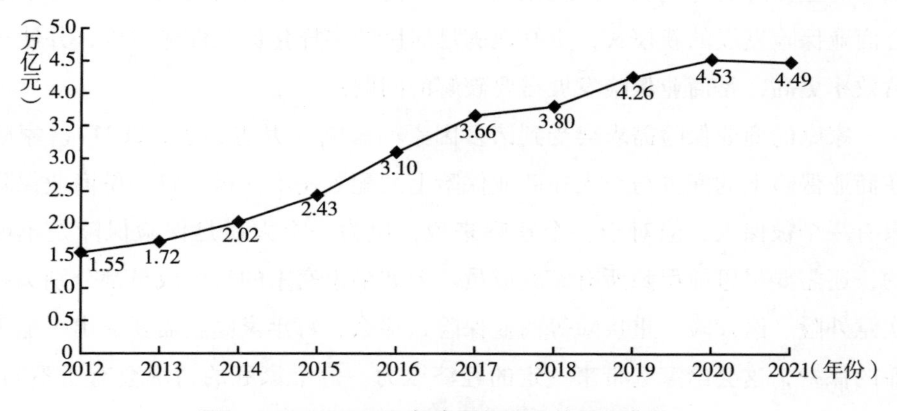

图 5-1　2012~2021 年我国保险业的原保费收入

如图 5-1 所示，从原保费收入来看，总体来说，2012~2021 年，我国保险业呈现稳定发展的趋势。2021 年，我国保险业的原保费收入为 4.49 万亿元，同比略降 0.88%。原保费收入出现这个小幅回落的情形，显然与新冠肺炎疫情的影响密不可分（Wang et al.，2020）。新冠肺炎疫情导致保险公司无法开展线下营销业务，保费收入受到一定影响。但是，与 2012 年保险业原保费收入仅为 1.55 万亿元相比，2021 年保险业的 4.49 万亿元的原保费收入，可谓取得了长足的进步。商业保险业已经成为我国经济社会发展不可或缺的推动器和稳定器，为千家万户提供了个性化、差异化的保障。

我国商业保险实现了长足的发展，其未来的发展潜力依然很大，面临巨大的发展机遇。2021 年，我国保险深度（保费收入/国内生产总值）和保险密度（保费收入/总人口）分别为 3.9%和 3180 元/人（王笑，2022）。2019 年，世界平均保险密度是 818 美元/人，而我国的保险密度是 430 美元/人；世界平均保险深度是 7.23%，而我国的保险深度是 4.3%（Sigma，2020）。两者在保险深度估计上的口径略有不同，但是，总体而言，我国保险业的发展水平与世界整体发展水平还有一定的差距。近年来，我国商业保险虽快速发展，但也有不少制约因素。商业保险在整个居民社会保障中的占比还比较低。商业保险的种类和产品还比较单一，同质化竞争问题比较突出。寻求适合商业保险发展的新模式，更好地满足居民的多样化保险保障需求，并使运营效率更高，是商业保险发展需要破解的问题。

家庭的商业保险需求会受到诸多因素的影响（尹志超等，2021）。家庭在商业保险上的配置与个人在商业保险上的配置还不一样。每一份商业保险只有一个被保人，但对于一个家庭来说，仅为一个人做足保险保障是不够的，还需要尽可能保障所有家庭成员。但如果家庭中的每个成员都分别买一次意外险、医疗险、重疾险等商业保险，那么，每年家庭就需要支出一笔不菲的保费，这会给家庭带来一定的经济压力。每个家庭的情况会有所不同，在进行商业保险配置时需要注意的地方也不同。但总的来说，想更好地为家人配置保险，需要了解家庭的保障需求。应根据家庭的情况和保障需求，合理配置商业保险。

2017 年的一项调查数据显示，尽管约 70%的受访者认为我国的基本医疗保险项目能够满足需求，但是，还是有超过 40%的受访者愿意在次年购买商业健康保险（Yue and Pei，2020）。可见，随着生活水平的提升，人们对于商业保险的需求也会增加。经济条件比较好的中高净值家庭更倾向于购买中高端商业保险。虽然这类商业保险的保费比较多，但是，能够提供更大的保障区域和更好的保障服务。从供给面来看，一些保险公司推出了面向中高净值家庭的中高端保险产品，大人投保可以带两个孩子免费入保，这对中高净值家庭具有比较强的吸引力。从家庭层面来看，由于家庭情况不同，经济条件也有差异，因此，其对于商业保险的需求也会不同。这客观上使家庭在商业保险的选择上存在差异性。对于政府而言，应通过政策引导等途径，鼓励保险公司开发针对低收入家庭的具有普惠性质的商业保险产品，让更多中低收入家庭能够承受得起商业保险，进而在整个社会保障体系中发挥更大的作用。

接下来，本章将根据 2020 年 CFPS 数据，分析家庭商业保险覆盖、家庭商业保险支出、家庭人均商业保险支出等情况，以全景式的方式呈现我国家庭在商业保险上的配置情况。本章可以揭示家庭商业保险的现状、特征以及存在的问题，并提出完善家庭商业保险配置的建议。本章不仅可以帮助保险公司掌握当前我国家庭对商业保险的需求情况及其特征，为其开发相应的保险产品提供依据，而且可以为家庭配置商业保险提供启示，为中高净值家庭的资产安全和增值提供参考。此外，本章还可以为政府制定相关政策提供参考。

二　家庭商业保险覆盖情况

家庭商业保险覆盖率等于商业保险覆盖家庭数除以总家庭数，这是衡量商业保险在家庭中的普及程度和家庭商业保险参与情况的常用指标（曾玲玲、邢思远，2021）。例如，一项基于 2017 年的调查数据的研究显示，当时家庭商业保险覆盖率为 21.6%（Wu and Zheng，2022）。另一项基于 2010 年的调查数据的研究显示，城市和县城的家庭商业保险覆盖率分别为 47.5%与 32.9%（泰康人寿保险股份有限公司、北京大学中国保险和社会保障研究中心，2011）。可见，基于不同的调查数据估算的家庭商业保险覆盖率存在比较大的差异。造成这种差异的原因是多方面的，比如样本的代表性、家庭的界定等。因此，需要具体问题具体分析。

（一）社区与家庭

1. 社区性质

社区是社会的基层组织（顾佳峰，2021）。在农村，主要是村委会。在城市，主要是居委会。因此，社区性质往往被用来区分城市与农村（晋龙涛，2012）。本书根据社区性质分析全样本家庭商业保险覆盖率，结果汇总在图5-2中。

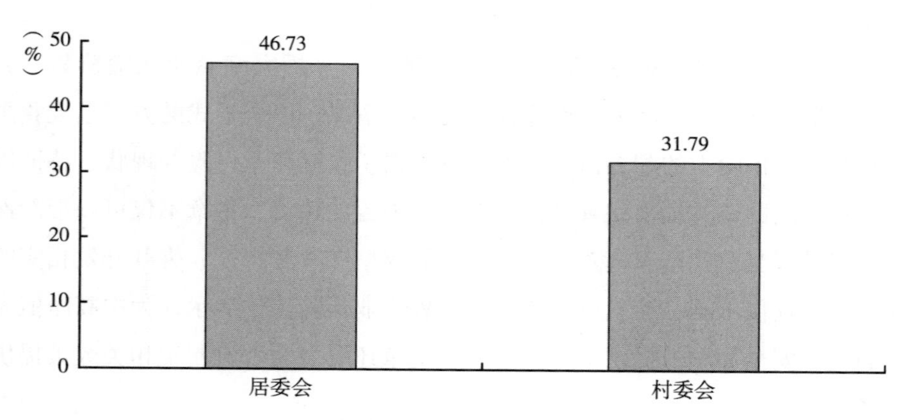

图5-2 全样本家庭商业保险覆盖率（社区性质）

根据图5-2，整体上，对于处于居委会的人群，其家庭商业保险覆盖率要明显高于处于村委会的人群。也就是说，城市地区的家庭比农村地区的家庭的商业保险覆盖率要高。在城市，家庭的商业保险覆盖率接近50%，即差不多有一半的城市家庭已经购买了商业保险。但是，在农村，家庭商业保险覆盖率在三成左右，相对偏低。造成这种差异的原因是多方面的。从需求层面来看，城乡家庭购买商业保险的影响因素不同（傅一铮、苏梽芳，2016）。从供给层面来看，商业保险在定价上往往存在城乡差异（王倩，2010）。中国社会科学院保险与经济发展研究中心发布的《乡村健康保障调查报告》显示，我国乡村居民拥有商业保险的人数的占比不到20%（中国社会科学院保险与经济发展研究中心，2020）。这份报告计算的是个人商业保险覆盖率。几个人可能来自同一个家庭，比如根据第七次全国人口普查数据，2020年我国家庭的平均人口为2.62人。所以，家庭的商业保险覆盖率一般高于个人的商业保险覆盖率。因此，本章计算得到的村委会31.79%的家庭商业保险覆盖率，或者说家庭商业保险参与率，是比较合理的。而且，这个覆盖率与之前的研究得出的结果很接近，该研究中的农村家庭商业保险覆盖率是 32.9%（泰康人寿保险股份有限公司、北京大学中国保险和社会保障研究中心，2011）。城市家庭商业保险覆盖率是 46.73%，这与该研究中的 47.5%的覆盖率也很接近。

根据图 5-3，对于中高净值家庭，居委会和村委会人群的商业保险覆盖率的差距较小，二者仅相差 4.04 个百分点；而在非中高净值家庭中，居委会和村委会人群的家庭商业保险覆盖率有一定差距，二者相差 11.46 个百分点。综上，家庭经济地位对购买商业保险的意愿具有显著影响；中高净值家庭的投保比例没有显著的城乡差距，而非中高净值家庭的投保比例具有一定的城乡差距。不难发现，对于中高净值家庭而言，在购买商业保险上，并不存在所谓的城乡差距。无论在城市还是在农村，中高净值家庭的商业保险覆盖率在 65%左右。也就是说，对于中高净值家庭而言，无论是在城市还是在农村，家庭商业保险参与情况大致相当，差距并不大。

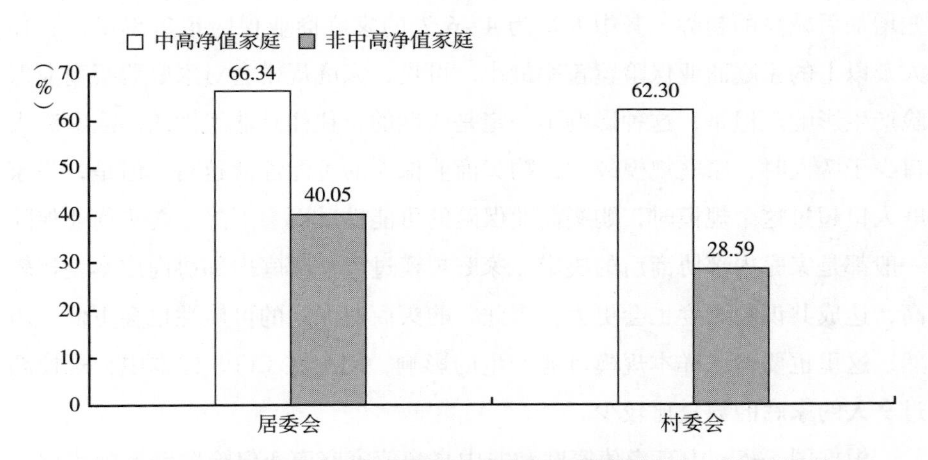

图 5-3　中高净值家庭和非中高净值家庭商业保险覆盖率（社区性质）

2. 家庭规模

家庭规模是影响家庭商业保险参与情况的因素之一。已有研究表明，家庭规模显著正向影响家庭参与商业保险的可能性（邱凤梅，2020）。也就是说，家庭规模越大，购买商业保险的可能性也就越大。这是一种线性假设。

为了验证这种线性关系是否存在，本书根据家庭规模进行分组，计算全样本家庭商业保险覆盖率，结果汇总在图 5-4 中。

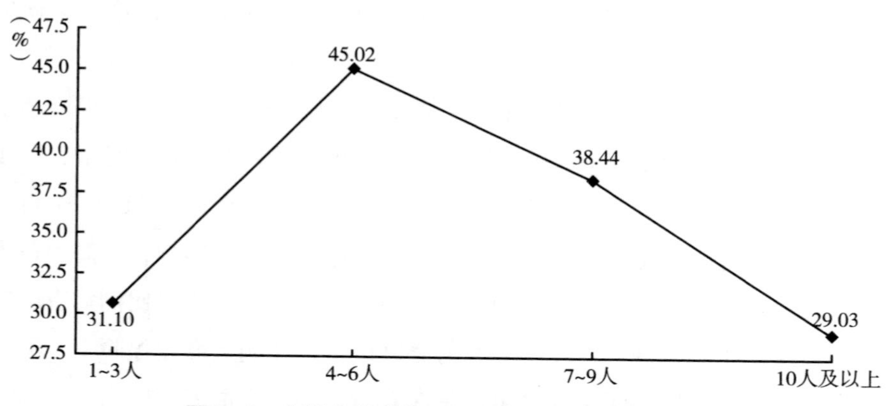

图 5-4　全样本家庭商业保险覆盖率（家庭规模）

根据图 5-4，整体上，随着家庭人口的增加，家庭商业保险覆盖率呈现先增加后减少的趋势。其中人口为 4~6 人的家庭商业保险覆盖率最高，10 人及以上的家庭商业保险覆盖率最小。可见，家庭规模会对家庭购买商业保险产生影响。但是，这种影响不一定是线性的，往往是非线性的。当家庭人口少于 7 人时，家庭规模越大，购买商业保险的可能性就越高。但是，当家庭人口超过这个规模时，购买商业保险的可能性反而会下降。购买商业保险一般都是家庭内部协商后的决定。家庭规模过大，家庭内部协商成本就比较高，达成共识的难度也会更大，因此，购买商业保险的可能性也会更低。当然，这里也要考虑样本规模可能产生的影响，因为在 CFPS 样本中，规模超过 9 人的家庭的数量比较少。

根据图 5-5，中高净值家庭和非中高净值家庭商业保险覆盖率随家庭人口的增加呈现先增加后减少的趋势，和整体趋势相同。此外，中高净值家庭和非中高净值家庭商业保险覆盖率的差距明显较大，但是每个组别中的波动率较小，说明家庭经济地位对商业保险覆盖率的影响更加明显。在同一组别内部，即便家庭规模发生了变化，家庭商业保险覆盖率的变化幅度也比较小。这说明，家庭规模对商业保险购买的影响，会明显受到家庭类型的影响。因此，在分析家庭规模与商业保险覆盖率之间的关系时，要采用综合分析视角，以避免因为简单化的线性思维而出现“只见树木，不见森林”的局面。

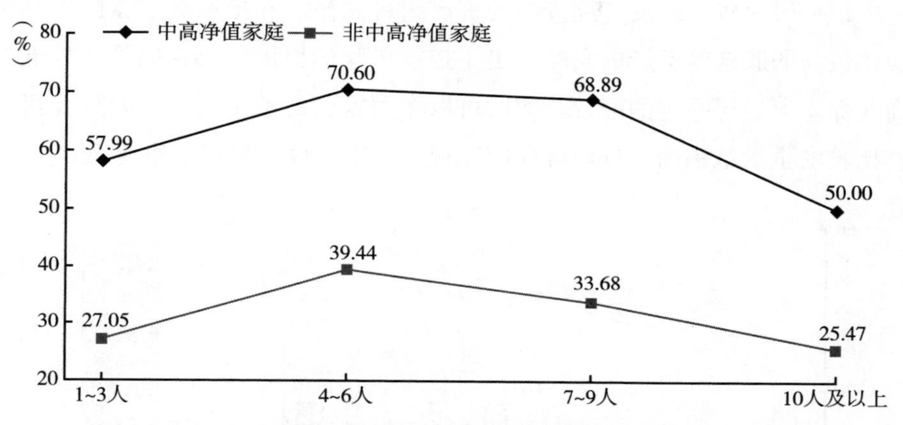

图 5-5　中高净值家庭和非中高净值家庭商业保险覆盖率（家庭规模）

（二）户主特征

1. 户主受教育程度

家庭购买商业保险，虽然一般是全家人的共同决策，但是，户主的作用和影响是不可忽视的（傅一铮、苏梽芳，2016）。传统意义上的户主是指户籍上的一家之主、户籍上一户的负责人，一般为户口簿的第一个户籍人口。但是，随着社会结构的快速变化以及家庭规模的不断缩小，户主的概念也在进行微妙的调整。这里把家庭财务负责人作为户主，因为在家庭购买商业保险的决策中，家庭财务负责人的意见往往发挥重要的作用，甚至是决定性作用。本书根据户主受教育程度进行分组，计算全样本家庭商业保险覆盖率，结果汇总在图 5-6 中。

由图 5-6 可知，整体上，户主受教育程度越高，家庭商业保险覆盖率越高。其中户主受教育程度为高等教育与文盲/半文盲的家庭商业保险覆盖率的差距最大，为 40.04 个百分点。也就是说，户主受教育程度越高，家庭购买商业保险的概率也就越大。这与之前研究得出的结论是一致的（杨凡杰，2021）。户主受教育程度越高，风险防范意识越强，因此，越有可能推动家庭购买商业保险。此外，在家庭资产配置中，受教育程度高的户主，一般比较了解资产配置中的资产组合思想，在把家庭财富配置到风险比较高的股票等资产的同时，出于控制风险的原因，会在风险比较低的商业保险上进行一定的配置。如此可以做到家庭的整个资产风险处在可控和比较安全的范围内，进而确保家庭资产的安全性和财富平稳增长。

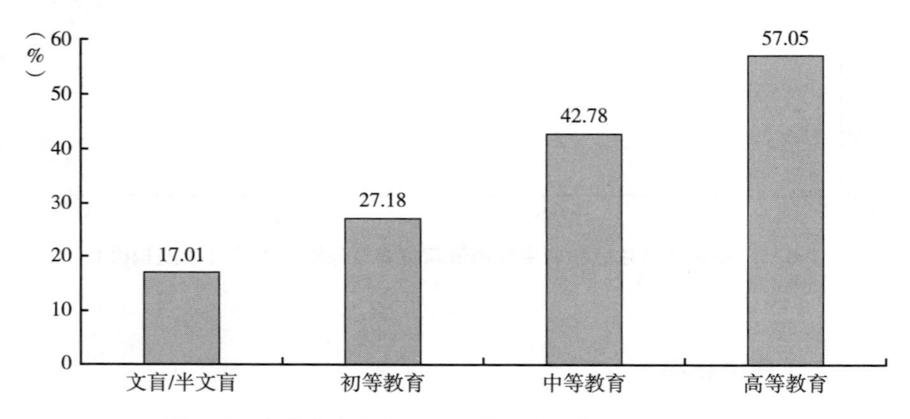

图 5-6　全样本家庭商业保险覆盖率（户主受教育程度）

根据图 5-7，中高净值家庭和非中高净值家庭的户主受教育程度越高，家庭商业保险覆盖率也越高。其中文盲/半文盲组别中两种家庭商业保险覆盖率相差 15.75 个百分点；初等教育组别中二者相差 24.03 个百分点；中等教育组别中二者相差 29.79 个百分点；高等教育组别中二者相差 15.67 个百分点。值得注意的是，对于中高净值家庭而言，中等教育组别和高等教育组别的家庭商业保险覆盖率基本上相当，但是比初等教育组别要明显高出不少。这说明，对于中高净值家庭而言，那些受教育程度在初等教育及以下的户主的家庭在商业保险上还有很大的发展潜力和提升空间，其可以成为未来商业保险市场中的重要增长点，是商业保险公司未来重要的开拓对象和目标客群。

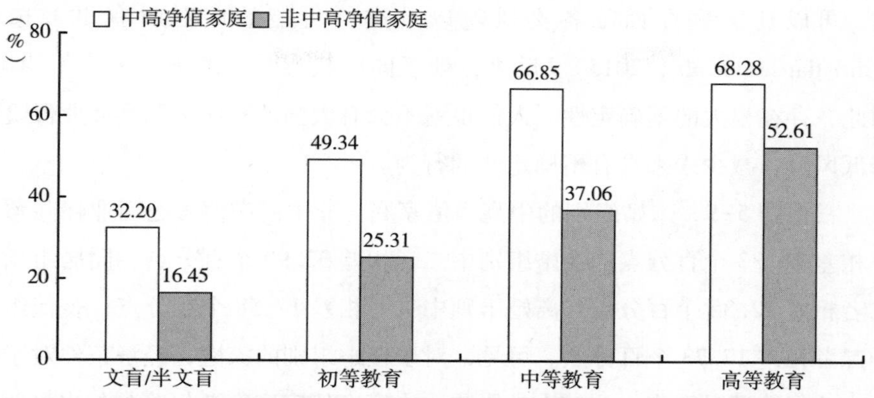

图 5-7　中高净值家庭和非中高净值家庭商业保险覆盖率（户主受教育程度）

2. 户主婚姻状况

户主婚姻状况也是影响家庭购买商业保险的一个重要因素（傅一铮、苏梽芳，2016）。但是，婚姻状况对家庭商业保险参与的影响比较复杂（王晓全等，2020）。这里以户主婚姻状况进行分组计算全样本家庭商业保险覆盖率，结果汇总在图 5-8 中。

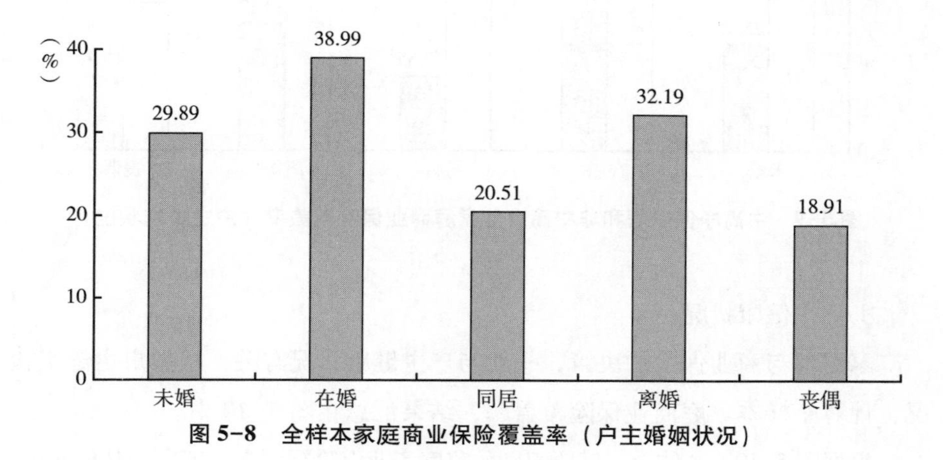

图 5-8　全样本家庭商业保险覆盖率（户主婚姻状况）

如图 5-8 所示，整体上，户主处于在婚状态的家庭商业保险覆盖率最高；而处于同居状态的家庭商业保险覆盖率则比较低。已婚家庭的收入增加和财富水平提升与夫妻共同在家庭财富管理和商业保险配置上决策的有效性，可以让家庭在面临各类风险以及进行可能的应对时有更多选项（Christiansen et al.，2015）。反之，处于同居状态时，由于未来并不明确，因此，存在很大的不确定性，人们也就不会有太强的意愿去购买商业保险以降低风险，减少未来具有不确定性的行为。

根据图 5-9，未婚组别的中高净值家庭与非中高净值家庭商业保险覆盖率相差 28.33 个百分点；在婚组别中二者相差 32.99 个百分点；同居组别中二者相差 22.35 个百分点；离婚组别中二者相差 17.58 个百分点；丧偶组别中二者相差 17.73 个百分点。可见，对于在婚组别的家庭，经济条件对于购买商业保险还是会产生比较大的影响，中高净值家庭商业保险参与水平要明显高于非中高净值家庭。

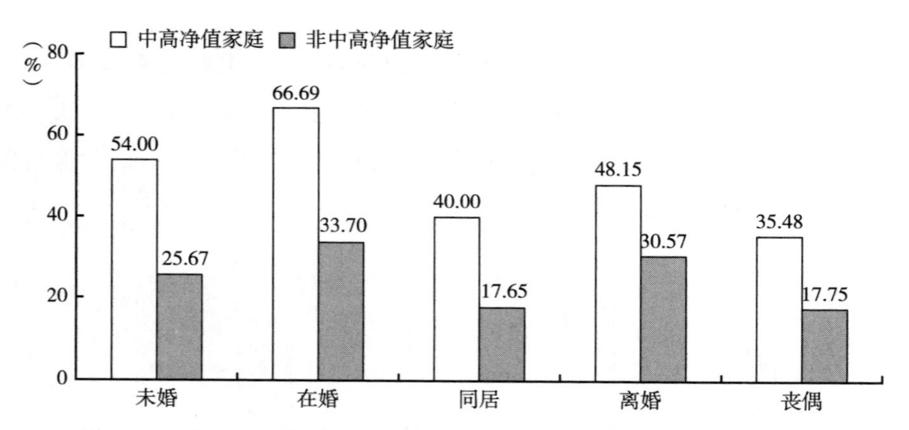

图 5-9　中高净值家庭和非中高净值家庭商业保险覆盖率（户主婚姻状况）

3. 户主健康状况

家庭参与商业保险的决策，一般与户主健康状况有关。根据户主健康状况，计算全样本家庭商业保险覆盖率，结果汇总在图 5-10 中。

根据图 5-10，整体上，健康组别的家庭商业保险覆盖率显著高于其他两组，这说明户主健康状况越好的家庭，商业保险覆盖率越高。已有研究表明，在其他变量不变的情况下，户主的健康状况每恶化 1 个单位，家庭购买商业保险的概率就会减少约 15 个百分点（傅一铮、苏梽芳，2016）。从保险供给面的情况来看，保险公司对健康状况差的人收取的人身保险费用较多或者直接拒绝承保，这也在一定程度上降低了户主健康程度不好的家庭参与商业保险的比例。

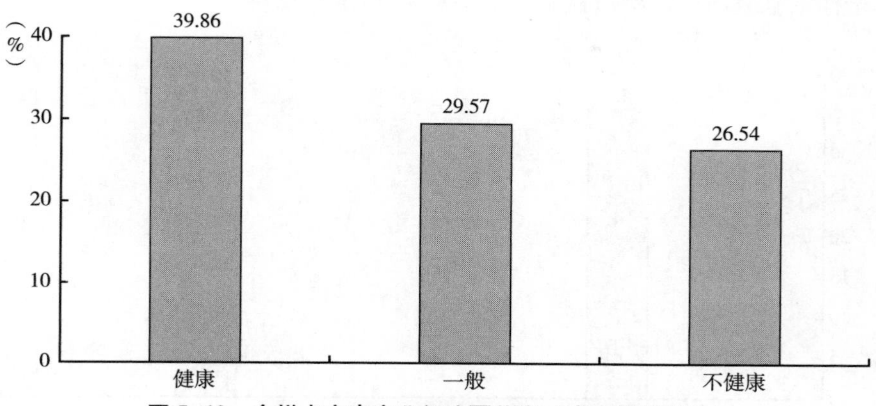

图 5-10　全样本家庭商业保险覆盖率（户主健康状况）

根据图 5-11，在中高净值家庭组别中，户主为健康和一般的家庭商业保险覆盖率相差 8.26 个百分点；户主健康和户主不健康的家庭商业保险覆盖率相差 5.99 个百分点，差距较小。在非中高净值家庭组别中，户主为健康和一般的家庭商业保险覆盖率相差 9.55 个百分点；户主健康和户主不健康的家庭商业保险覆盖率相差 11.85 个百分点，同中高净值家庭相比差距较大。此外，中高净值家庭和非中高净值家庭商业保险覆盖率的差距十分明显。

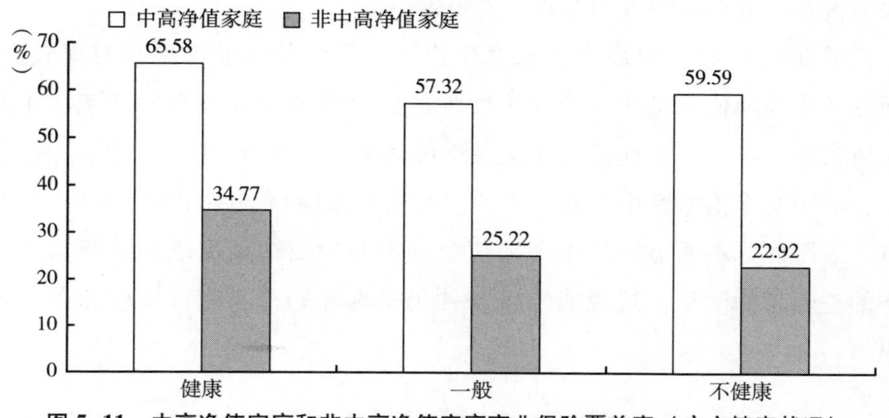

图 5-11　中高净值家庭和非中高净值家庭商业保险覆盖率（户主健康状况）

4. 户主性别

性别也是影响购买商业保险的因素之一。本书对户主性别进行分组，计算全样本家庭商业保险覆盖率，结果汇总在图 5-12 中。

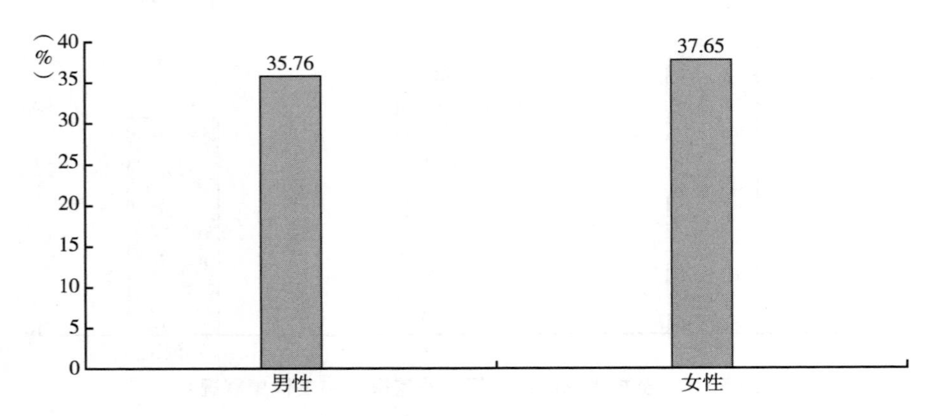

图 5-12　全样本家庭商业保险覆盖率（户主性别）

根据图 5-12，整体上，户主为女性的家庭商业保险覆盖率更高。女性户主更倾向于购买商业保险，其中一个原因是女性本身较男性缺乏安全感，更追求安全稳定，因此，更会购买商业保险；同时，当保险营销人员在进行保险产品营销时，女性较男性更有耐心去倾听，更加容易接受保险产品（傅一铮、苏梽芳，2016）。不过，总体来看，不同性别户主的家庭商业保险覆盖率仅相差 1. 89 个百分点，差距较小。

根据图 5-13，中高净值家庭中户主为男性的商业保险覆盖率较高，而在非中高净值家庭中，户主为女性的家庭商业保险覆盖率较高。中高净值家庭中不同户主性别的商业保险覆盖率相差 0. 64 个百分点，差距较小；非中高净值家庭中不同户主性别的商业保险覆盖率相差 2. 65 个百分点，差距同样不明显。但中高净值家庭和非中高净值家庭商业保险覆盖率的差距较为明显，这说明经济条件仍是选择购买家庭商业保险的重要原因。

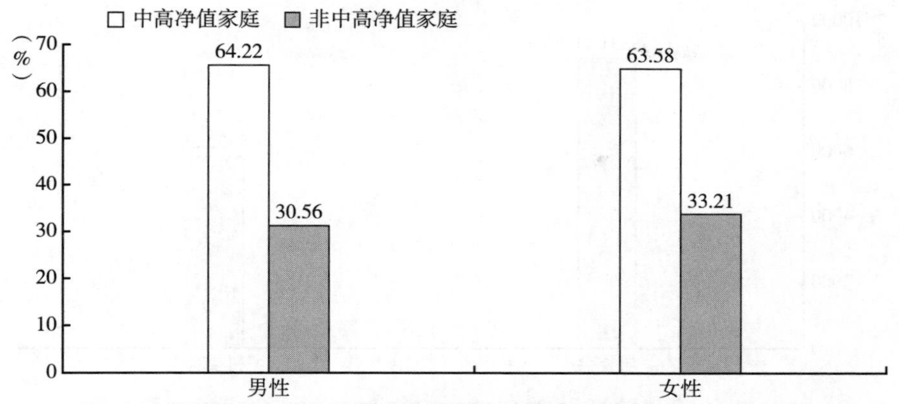

图 5-13　中高净值家庭和非中高净值家庭商业保险覆盖率（户主性别）

三　家庭商业保险支出情况

家庭商业保险支出额是衡量家庭在商业保险上的支出的一个重要指标。这里通过计算 CFPS 数据中的家庭年均保费支出，来分析不同组别的家庭每年在商业保险上的平均费用。

（一）社区与家庭

1. 社区性质

本书根据社区性质分组，计算全样本家庭商业保险支出额平均值，结果汇总在图 5-14 中。

如图 5-14 所示，整体上，居委会家庭样本的商业保险支出额平均值显著多于村委会家庭样本。也就是说，城镇地区的居民家庭在商业保险上的支出要多于农村地区的居民家庭。在保费支出方面，有报告指出家庭用户目前每年的保费支出为 4790 元（水滴保用户研究中心，2021）。显然，本书得到的家庭每年保费支出比这个报告中的数据要高。这主要是因为调查样本存在差异，水滴保用户研究中心这个报告的调查对象是其互联网经纪平台上的家庭用户，而本书采用的 CFPS 的调查对象是全国代表性家庭。

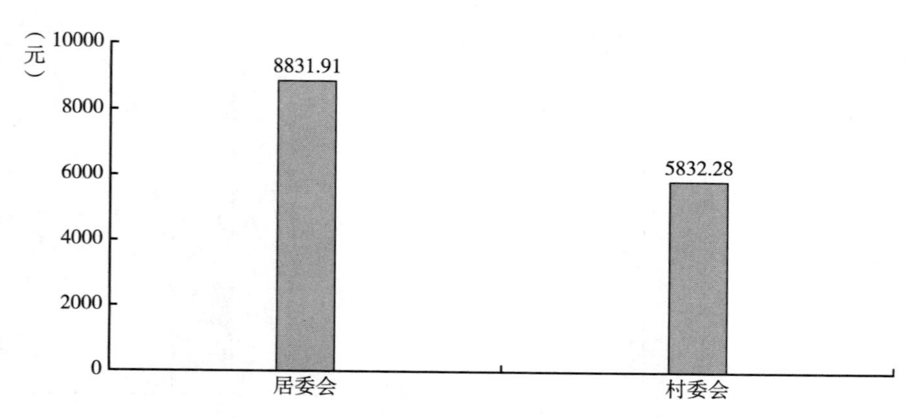

图 5-14　全样本家庭商业保险支出额平均值（社区性质）

根据图 5-15，对于中高净值家庭，居委会家庭样本的家庭商业保险支出额平均值比村委会家庭样本高 2679.74 元；在非中高净值家庭中，居委会样本的家庭商业保险支出额平均值比村委会家庭样本高 2214.18 元。上述结果说明社区性质也是影响家庭商业保险支出额的原因之一，经济地位差距和城乡差距都会使商业保险支出额出现显著差距。

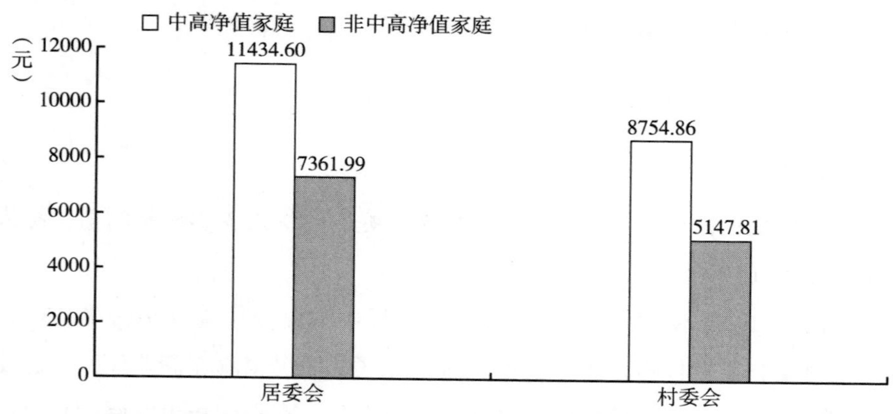

图 5-15　中高净值家庭和非中高净值家庭商业保险支出额平均值（社区性质）

2. 家庭规模

本书根据家庭规模分组，计算全样本家庭商业保险支出额平均值，结果汇总在图 5-16 中。

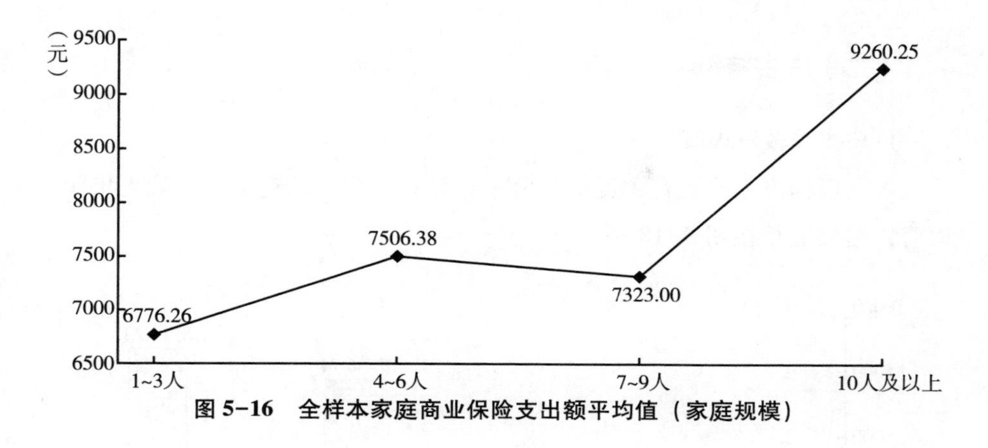

图 5-16　全样本家庭商业保险支出额平均值（家庭规模）

根据图 5-16，整体上，家庭人口数为 1~9 人时家庭商业保险支出额平均值呈现先增加后减少的趋势，而家庭人口数为 10 人及以上时家庭商业保险支出额平均值明显大幅增加。对于规模比较大的家庭而言，因为家中人口众多，需要通过商业保险进行保障的压力越大，家庭在商业保险上的投入就越多。

根据图 5-17，中高净值家庭和非中高净值家庭商业保险支出额平均值的变化趋势不同，中高净值家庭商业保险支出额平均值随人口增加先出现小幅上升趋势后呈下降趋势；非中高净值家庭商业保险支出额平均值呈一直上升的趋势。家庭人口数为 1~9 人的中高净值家庭和非中高净值家庭的商业保险支出额平均值差距较大，在 10 人及以上时差距较小。

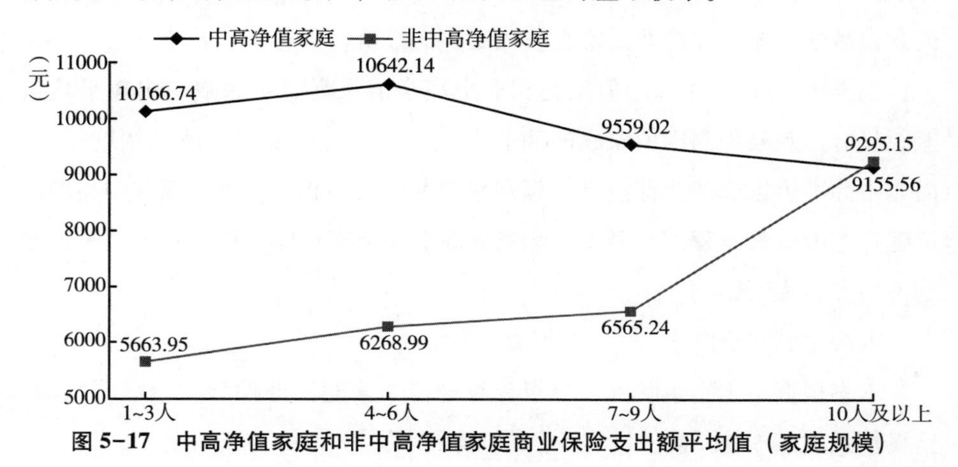

图 5-17　中高净值家庭和非中高净值家庭商业保险支出额平均值（家庭规模）

（二）户主特征

1. 户主受教育程度

本书根据户主受教育程度进行分组，计算全样本家庭商业保险支出额平均值，结果汇总在图 5-18 中。

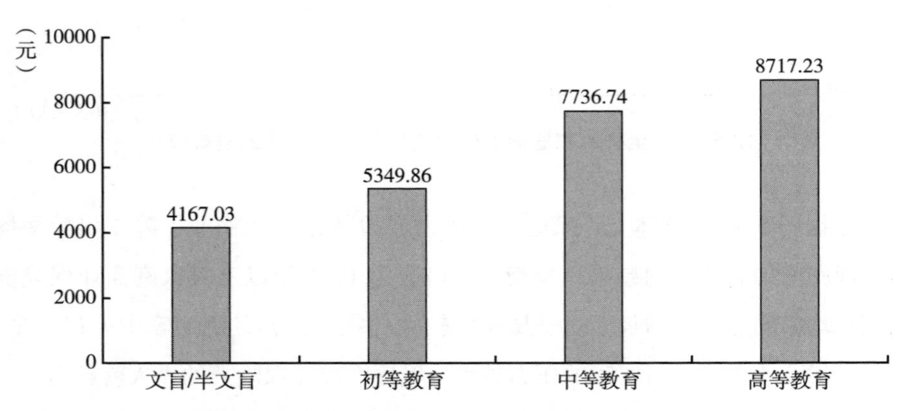

图 5-18 全样本家庭商业保险支出额平均值（户主受教育程度）

根据图 5-18，整体上，家庭商业保险支出额随着户主受教育程度的提升而增加。接受良好教育的人更了解商业保险的优势且经济条件相对较好，能承担商业保险的经济成本。此外，受教育程度越高的户主，对于保险保障的意识越强，愿意在商业保险上投入更多的经费。

根据图 5-19，中高净值家庭和非中高净值家庭商业保险支出额平均值差距显著。观察中高净值家庭的商业保险支出额可以发现，波动幅度较小，而非中高净值家庭商业保险支出额则呈逐渐增长的趋势，这说明非中高净值家庭户主的受教育程度会显著影响家庭商业保险支出额，而其对中高净值家庭不会产生太大影响。

2. 户主婚姻状况

本书根据户主婚姻状况，分组计算全样本家庭商业保险支出额平均值，结果汇总在图 5-20 中。

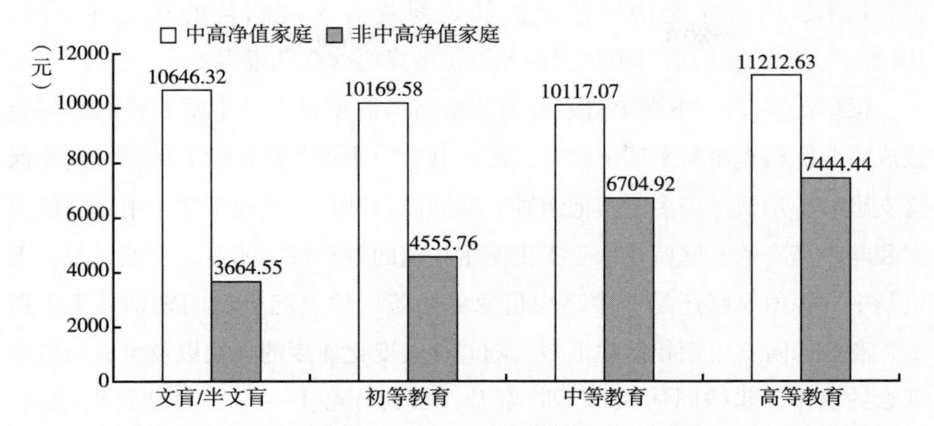

图 5-19 中高净值家庭和非中高净值家庭商业保险支出额平均值（户主受教育程度）

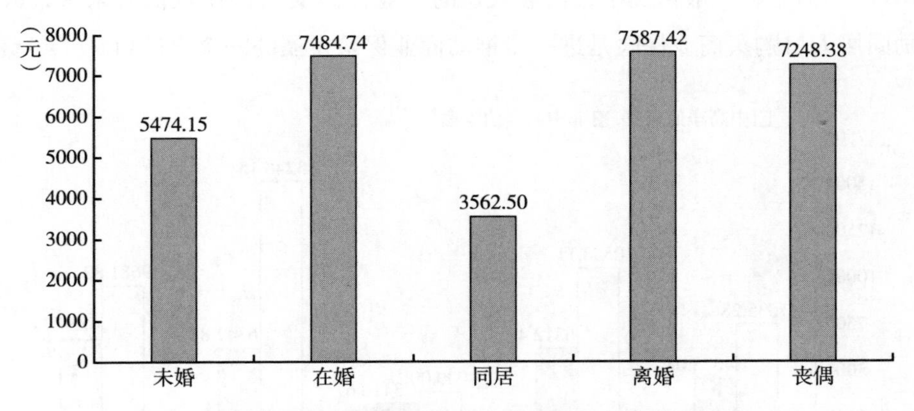

图 5-20 全样本家庭商业保险支出额平均值（户主婚姻状况）

根据图 5-20，户主处于在婚、离婚、丧偶状态时家庭商业保险支出额平均值的差距较小，而处于未婚、同居状态时家庭商业保险支出额平均值与上述三种状态有较明显的差距，比上述三种婚姻状态都要明显少很多。上述结果说明户主在婚时的商业保险支出额相对较高。尤其值得注意的是，户主处于同居状态时，商业保险支出额明显较少。这种情形出现的一个原因是《保险法》中对于配偶的保险利益规定。《婚姻法》规定，没有进行婚姻登记的同居不合法，投保人和被保险人不是法律意义上的配偶，不受法律保护，且不适用《保险法》关于配偶之间具有保险利益的规定（王学，2013）。因此，为同居对象进行商业投保的意愿就会低很多。

根据图 5-21，中高净值家庭和非中高净值家庭中户主婚姻状况不同会造成商业保险支出额平均值存在差距。其中户主处于离婚状态的家庭商业保险支出额平均值显著多于其他组别。除同居组别外，其他组别中中高净值家庭和非中高净值家庭商业保险支出额平均值的差距较为明显。也就是说，无论是中高净值家庭还是非中高净值家庭，若未建立起合法的婚姻关系，那么，商业保险支出额相差都不多。随着社会变化速度的加快以及家庭与婚姻观念的变化，非婚同居人口不断攀升，成为社会上一个不可忽视的现象。2014 年，在即将结婚的人群中，同居的比例在 1/3 以上（於嘉、谢宇，2017）。但是，一般情况下，同居人口的商业保险支出额比较低。未来，鼓励同居人口购买商业保险是进一步推动商业保险发展的一个突破口。

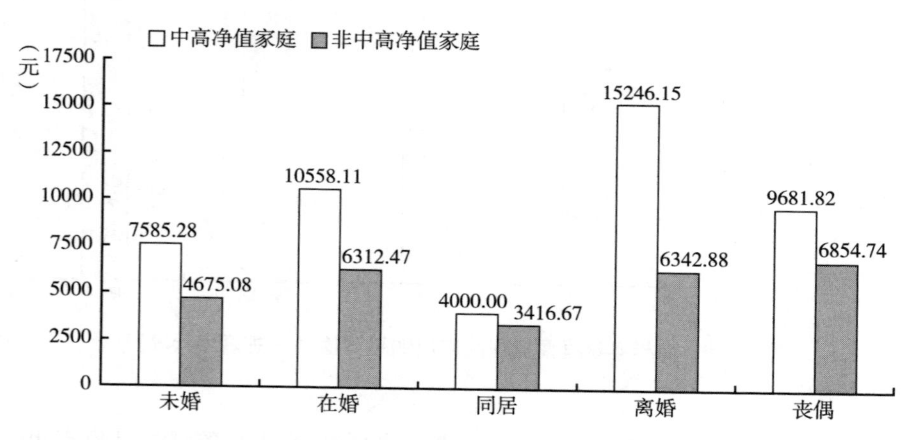

图 5-21 中高净值家庭和非中高净值家庭商业保险支出额平均值（户主婚姻状况）

3. 户主健康状况

本书根据户主健康状况分组计算全样本家庭商业保险支出额平均值，汇总在图 5-22 中。

根据图 5-22，整体上，户主健康状况越好，家庭商业保险支出额平均值越高。其中健康组别的家庭商业保险支出额平均值显著高于其他两组。一方面，健康状况越好的人，越容易购买商业健康保险；另一方面，健康的人对自身健康的保护意识更强烈，对于医治条件的要求越高，越有可能购买比较好的商业健康保险，相对而言，所需支付的保费也会比较高。

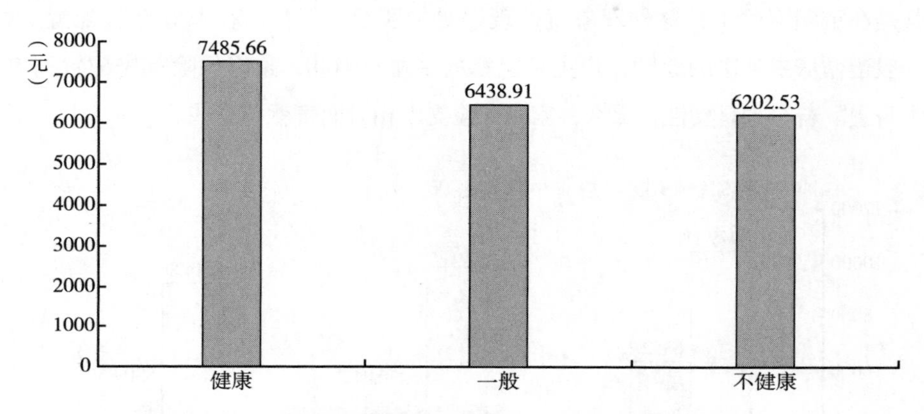

图 5-22　全样本家庭商业保险支出额平均值（户主健康状况）

根据图 5-23，中高净值家庭和非中高净值家庭商业保险支出额平均值均随户主健康状况变化，户主越健康，商业保险支出额平均值越高。这与总体趋势是一致的。在中高净值家庭和非中高净值家庭中，不同健康组别的商业保险支出额平均值的波动幅度较小；但是中高净值家庭和非中高净值家庭的商业保险支出额平均值的差距较大。对于中高净值家庭而言，购买商业保险不仅是为了保障家人，而且是家庭资产配置的一种重要工具和途径（孙安民、祁娜，2017）。也就是说，很多中高净值家庭已经不再单纯为了获得一份保障而购买商业保险，而是把商业保险作为家庭资产配置的一个重要选项，发挥它积累财富或分散投资风险的作用。因此，中高净值家庭在商业保险上的支出更多。

4. 户主性别

本书根据户主性别，分组计算全样本家庭商业保险支出额平均值，汇总在图 5-24 中。

根据图 5-24，整体上，户主为女性的家庭商业保险支出额平均值更高，且和户主为男性的支出额平均值相差 833.02 元，差距并不大。除了女性对安全的要求更高之外，还有一个来自保险供给面的因素。因为同一年龄的女性的死亡率和死亡风险低于男性，所以在商业保险的价格上，女性的要比男性便宜，尤其是在定期寿险上，这种现象就体现得更加明显。但是，在家庭保险配置上，一般遵循从主到次的原则，户主是家庭的主角，因此，家庭保险首先配置到户主身上。若户主是女性，那么，家庭保险支出相对而言就更高些。

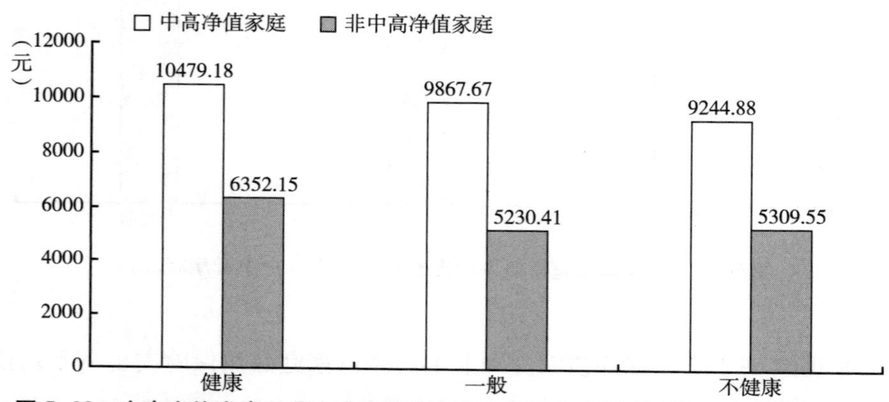

图 5-23　中高净值家庭和非中高净值家庭商业保险支出额平均值（户主健康状况）

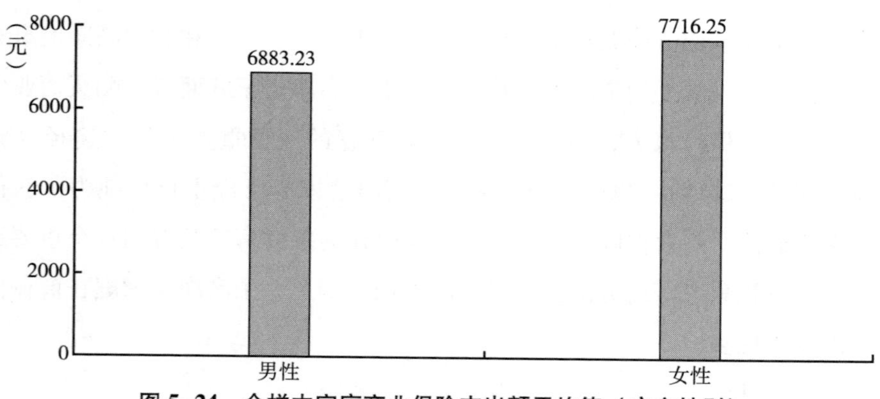

图 5-24　全样本家庭商业保险支出额平均值（户主性别）

根据图 5-25，中高净值家庭中户主为男性的商业保险支出额平均值较高，而在非中高净值家庭中户主为女性的商业保险支出额平均值较高。中高净值家庭中不同户主性别商业保险支出额平均值相差 102.69 元，差距较小；非中高净值家庭中不同户主性别支出额平均值相差 1326.69 元，差距较大。上述结果说明户主性别对非中高净值家庭商业保险支出额平均值有显著影响，但是对中高净值家庭的影响不明显，同时中高净值家庭和非中高净值家庭的支出额平均值的差距显著。也就是说，在中高净值家庭，户主性别对商业保险支出额的影响并不大。在中高净值家庭，商业保险具有家庭资产配置的功能，因此，购买商业保险往往是家中核心成员理性讨论和研究后的结果，所以，家庭商业保险支出额并不会因为户主性别的不同而受到太大影响。

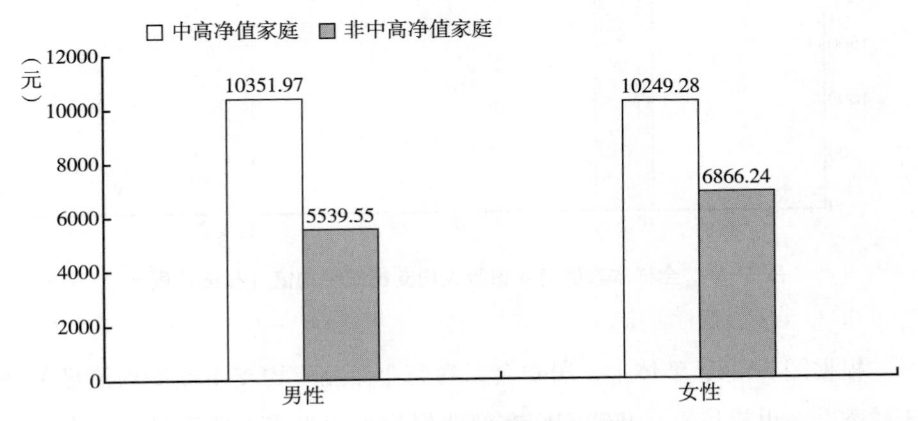

图 5-25　中高净值家庭和非中高净值家庭商业保险支出额平均值（户主性别）

四　家庭人均商业保险支出情况

人均保险支出是衡量保险发展程度的一个重要指标。保险业中的保险密度，就是通过保费收入除以总人口得到的，其实就是人均保费收入。这是从保费收入角度来衡量保险业的发展情况。比如，2020 年，我国的保险密度仅为 430 美元/人（Sigma，2020）。根据当年人民币对美元的平均汇率，差不多为 2900 元/人。本书从家庭人均商业保险支出的角度估算商业保险业的发展情况。家庭人均商业保险支出等于家庭商业保险支出额除以家庭人口数。

（一）社区与家庭

1. 社区性质

本书根据社区性质进行分组，计算全样本家庭商业保险人均支出额平均值，结果汇总在图 5-26 中。

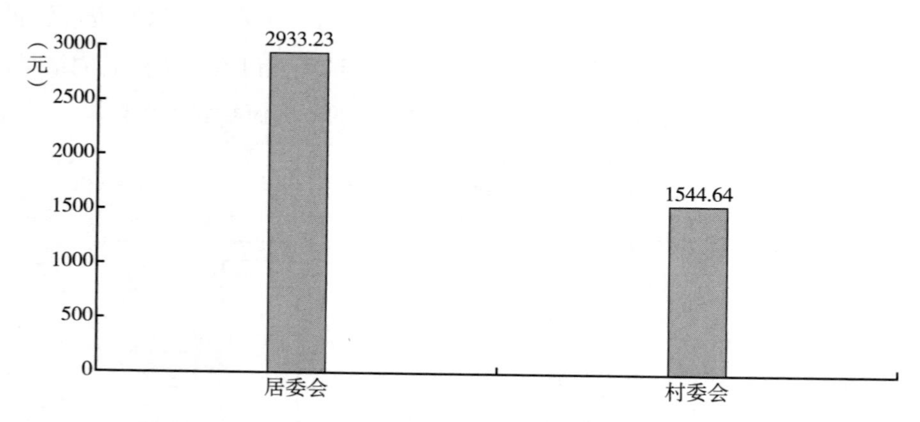

图 5-26 全样本家庭商业保险人均支出额平均值（社区性质）

根据图 5-26，整体上，居委会家庭商业保险人均支出额平均值显著高于村委会。也就是说，城镇家庭在商业保险人均支出上要明显高于农村家庭。这是预期内的事情。

根据图 5-27，对于中高净值家庭，居委会家庭样本的商业保险人均支出额平均值比村委会家庭样本高 1427. 95 元；非中高净值家庭中，居委会样本的家庭商业保险人均支出额平均值比村委会高 1161. 64 元。与非中高净值家庭相比，中高净值家庭的商业保险人均支出额的城乡差距要大一些。

2. 家庭规模

本书根据家庭规模进行分组，计算全样本家庭商业保险人均支出额平均值，结果汇总在图 5-28 中。

根据图 5-28，整体上，家庭商业保险人均支出额平均值随着家庭人数的增加而逐渐减少。而且，人口数在 6 人及以下的家庭与 7 人及以上的家庭，在商业保险人均支出额平均值上具有显著差距。在人口数少于 7 人时，家庭商业保险人均支出额平均值随人口数的增加呈现快速下降的态势。但是，在人口数超过 7 人以后，尽管家庭商业保险人均支出额平均值随着人口数增加也呈现减少的态势，但是，减少幅度比较小，变化很平缓。

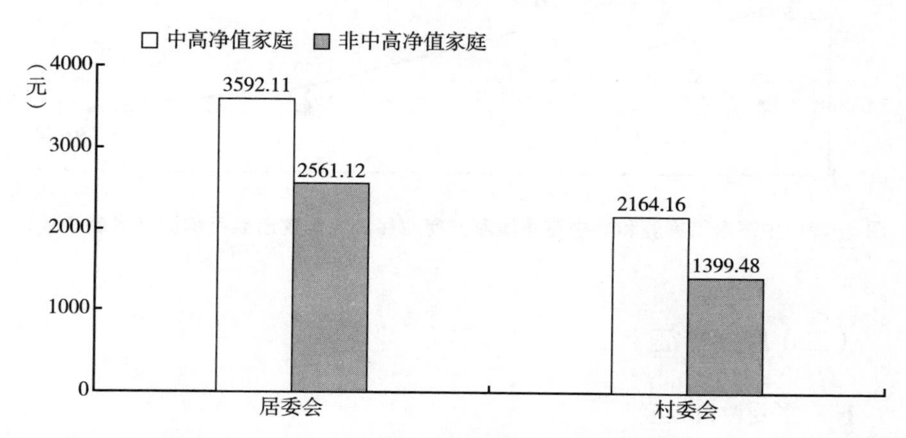

图 5-27　中高净值家庭和非中高净值家庭商业保险人均支出额平均值（社区性质）

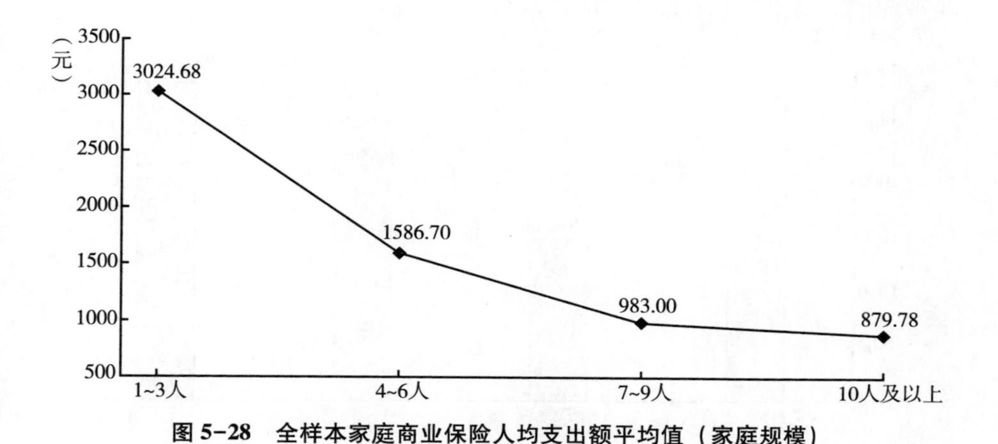

图 5-28　全样本家庭商业保险人均支出额平均值（家庭规模）

根据图 5-29，中高净值家庭和非中高净值家庭商业保险人均支出额平均值均随家庭人口数的增加而减少，且两者的差距越来越小。这可能主要是因为家庭人口的稀释作用。

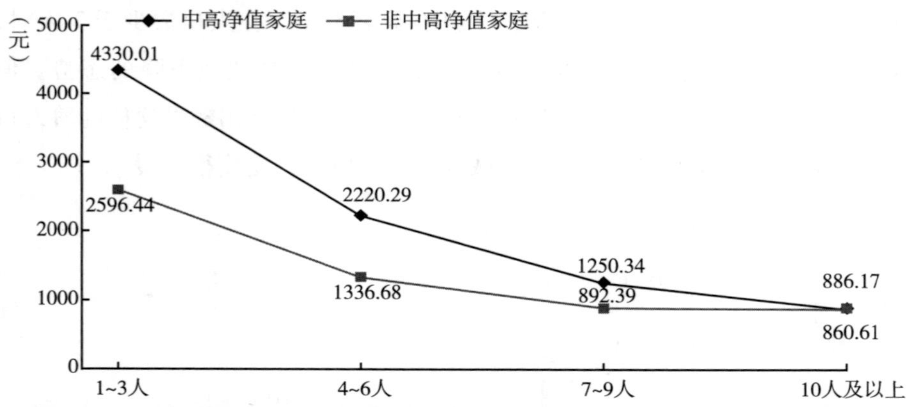

图 5-29　中高净值家庭和非中高净值家庭商业保险人均支出额平均值（家庭规模）

（二）户主特征

1. 户主受教育程度

本书根据户主受教育程度进行分组，计算全样本家庭商业保险人均支出额平均值，结果汇总在图 5-30 中。

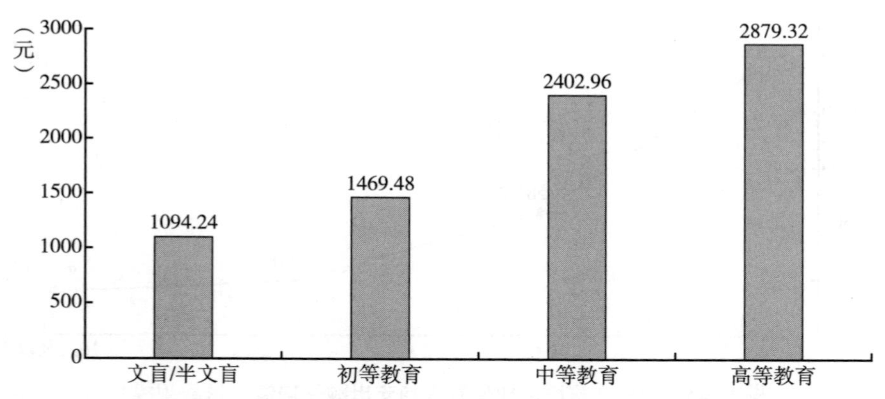

图 5-30　全样本家庭商业保险人均支出额平均值（户主受教育程度）

根据图 5-30，家庭商业保险人均支出额平均值随户主受教育程度的提高而增加。这与之前的分析是一致的。

根据图 5-31，家庭商业保险人均支出额平均值随户主受教育程度的提高而增加。中高净值家庭的人均支出额平均值显著高于非中高净值家庭。对于文盲/半文盲组别，二者相差 1293.7 元；初等教育组别中二者相差 1182.63 元；中等教育组别中二者相差 974.23 元；高等教育组别中二者相差 557.58 元，由此可见，中高净值家庭和非中高净值家庭商业保险人均支出额平均值的差距随着户主受教育程度的增加而逐渐减小。

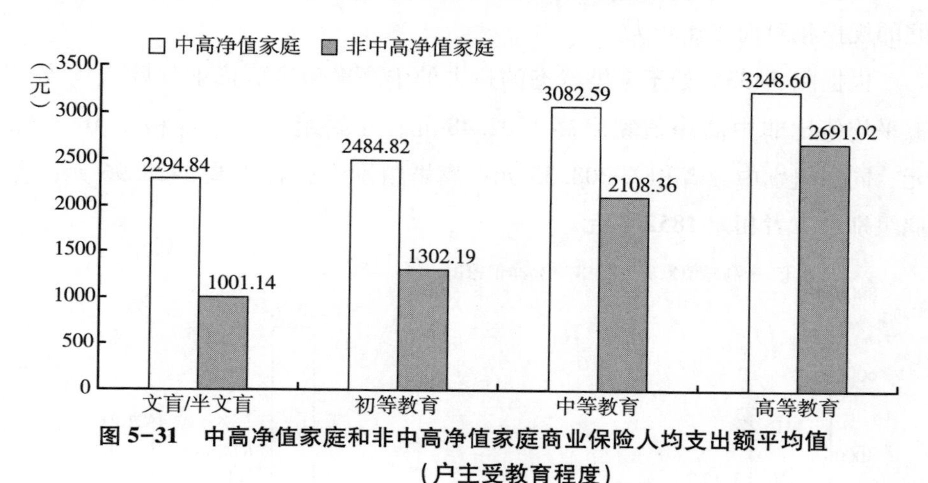

图 5-31　中高净值家庭和非中高净值家庭商业保险人均支出额平均值（户主受教育程度）

2. 户主婚姻状况

本书根据户主婚姻状况进行分组，计算全样本家庭商业保险人均支出额平均值，结果汇总在图 5-32 中。

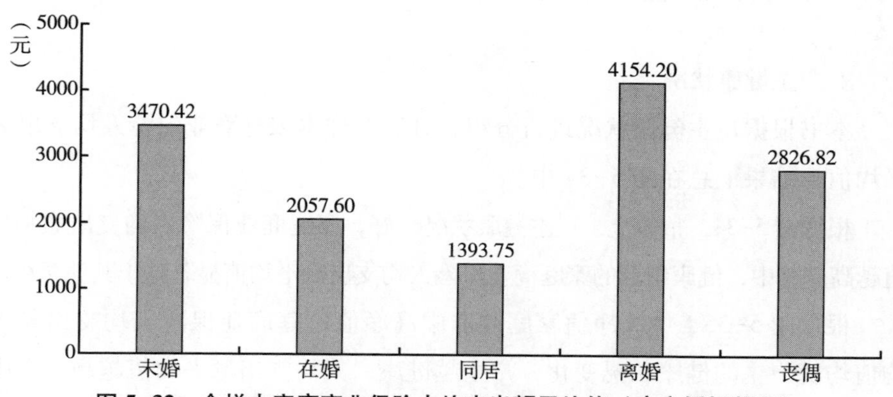

图 5-32　全样本家庭商业保险人均支出额平均值（户主婚姻状况）

根据图 5-32，户主处于离婚状态时家庭商业保险人均支出额平均值显著高于其他婚姻状况组别。这应该与家庭规模有直接的关系。处于离婚状态的户主，一般人单影孤，因此，在计算家庭商业保险人均支出额时，分母比较小，所以，计算得到的值会比较大。同样的道理，在婚和同居组别的家庭商业保险人均支出额平均值比较低，因为与其他类型的家庭相比，这两类家庭的规模相对而言比较大。

根据图 5-33，处于未婚状态的户主的中高净值家庭商业保险人均支出额平均值比非中高净值家庭高 1302.48 元；在婚组别中二者相差 1098.98 元；同居组别中二者相差 308.33 元；离婚组别中二者相差 3428.96 元；丧偶组别中二者相差 1852.3 元。

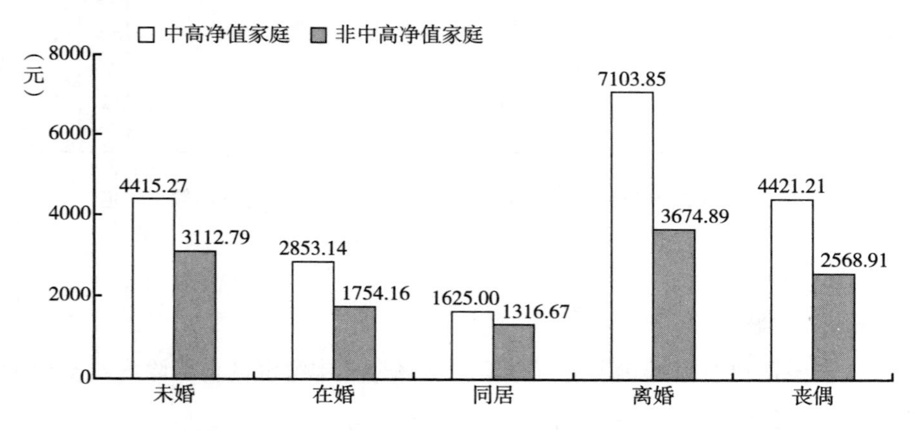

图 5-33　中高净值家庭和非中高净值家庭商业保险人均支出额平均值（户主婚姻状况）

3. 户主健康状况

本书根据户主健康状况进行分组，计算全样本家庭商业保险人均支出额平均值，结果汇总在图 5-34 中。

根据图 5-34，整体上，户主健康状况越好，家庭商业保险人均支出额平均值越高。其中，健康组别的家庭商业保险人均支出额平均值显著高于其他两组。

根据图 5-35，中高净值家庭和非中高净值家庭商业保险人均支出额平均值均随户主的健康状况变化，户主越健康，人均支出额平均值越高。在中高净值家庭和非中高净值家庭中，不同健康组别的商业保险人均支出额平均值的波动幅度较小；但是中高净值家庭和非中高净值家庭商业保险人均支出额平均值差距较大。

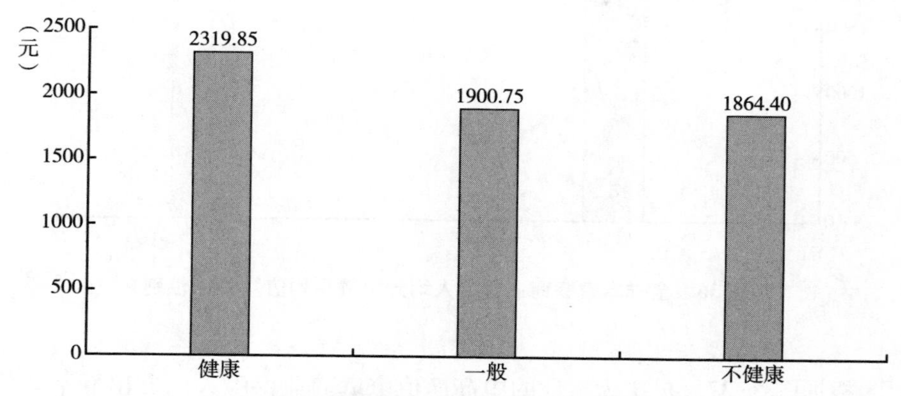

图 5-34　全样本家庭商业保险人均支出额平均值（户主健康状况）

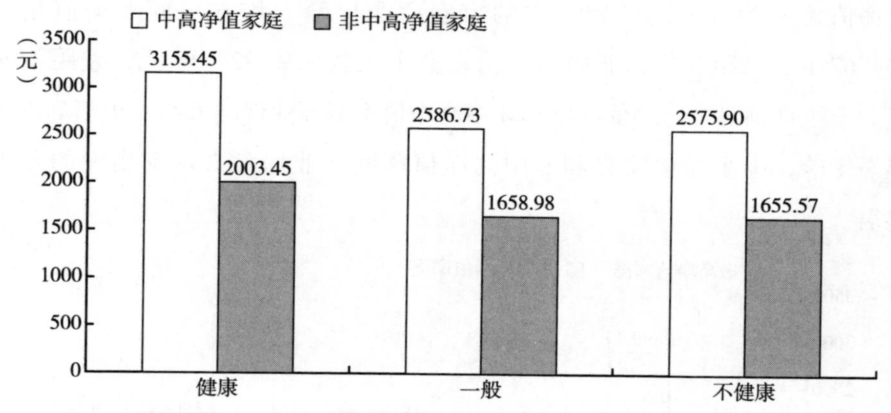

图 5-35　中高净值家庭和非中高净值家庭商业保险人均支出额平均值（户主健康状况）

4. 户主性别

本书根据户主性别进行分组，计算全样本家庭商业保险人均支出额平均值，结果汇总在图 5-36 中。

根据图 5-36，整体上，户主为女性的家庭商业保险人均支出额平均值更高，且和户主为男性的人均支出额平均值相差 300. 93 元，差距较小。

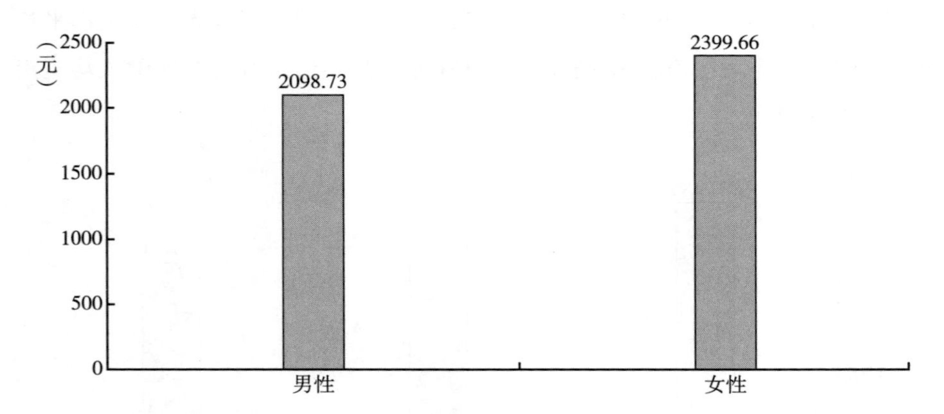

图 5-36　全样本家庭商业保险人均支出额平均值（户主性别）

根据图 5-37，户主为男性的中高净值家庭商业保险人均支出额平均值较低，户主为女性的非中高净值家庭商业保险人均支出额平均值较高。在中高净值家庭中，不同性别户主的家庭商业保险人均支出额平均值相差 354. 67 元，差距较小；非中高净值家庭中二者相差 324. 38 元，差距不明显。户主性别对中高净值家庭和非中高净值家庭商业保险人均支出额都没有显著影响，中高净值家庭和非中高净值家庭商业保险人均支出额的差距显著。

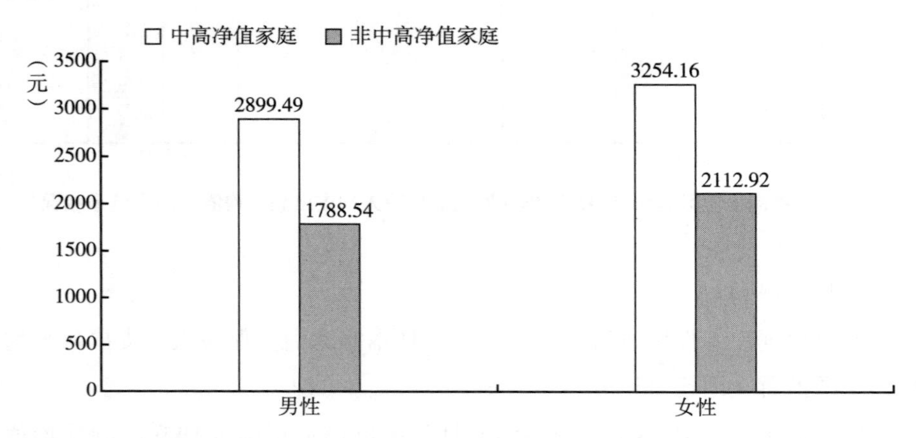

图 5-37　中高净值家庭和非中高净值家庭商业保险人均支出额平均值（户主性别）

五　家庭商业保险影响因素

本章接下来使用的数据主要来源于2020年CFPS问卷中的家庭问卷和个人问卷。研究的重点是家庭的商业保险行为与决策。家庭的商业保险支出以及商业保险参与情况，一直是学界重点关注的领域，也是政府重视的一个重要方面（Webb et al.，1996）。关于保险需求影响因素的研究越来越受到国内外学者的重视，已证实保险需求会受到诸多方面因素的影响（Gao et al.，2022；孙维一、赵明清，2021）。家庭购买商业保险的决策属于家庭金融以及家庭资产配置决策的一个重要组成部分。商业保险作为家庭金融资产配置的重要环节，一般会随着家庭需求、家庭收入和经济能力以及家庭成员的个体特征等的变化而变化，与家庭所处的条件和环境直接相关。家庭在发展的不同阶段会面临不同程度的负担以及产生不同的保险保障需求，对于资产的配置方式也会进行相应的调整和优化。每个家庭都会根据自身的具体情况，利用商业保险等渠道合理配置金融资产，进而在实现家庭财富的保值增值的同时，规避相关风险。因此，这里将基于家庭微观视角，从家庭和户主两个方面进一步探讨和检验家庭商业保险的影响因素。

本部分的实证分析从两个层次展开。第一层次是对家庭商业保险支出和商业保险参与进行回归分析，探讨家庭和户主层面因素对家庭商业保险的影响。第二层次在第一层次的基础上展开，对家庭收入、城乡以及城市等级进行分组回归分析，探究家庭商业保险的影响因素是否存在差异，即所谓的异质性分析。

（一）数据、变量与模型

1. 关键变量

此处的第一个被解释变量是家庭商业保险支出，根据CFPS家庭问卷中的问题“过去12个月，您家用于购买商业性保险（如商业医疗保险、汽车险、房屋财产保险、商业人寿保险等）的支出是多少”对变量进行定义。

第二个被解释变量是商业保险参与。若对上述这个问题的回答是0，则定义商业保险参与为0，即家庭并未参与到商业保险之中；若对上述这个问题的回答是大于0的数额，则定义商业保险参与为1，即家庭参与到了商业保险之中。

核心解释变量为中高净值家庭（虚拟变量）和家庭可投资性资产。前者由0和1构成。若家庭可投资性资产大于或等于45万元，则为1；若家庭可投资性资产小于45万元，则为0。前者就是中高净值家庭，后者是非中高净值家庭。

其余控制变量包括家庭层面和户主层面的控制变量，家庭层面的控制变量包括家庭创业决策、家庭房产投资决策、家庭规模、家庭收入、银行贷款、亲友及民间贷款、人情费、教育培训费；户主层面的控制变量包括性别、年龄、教育年限、婚姻状况、健康状况、自信程度以及是否上网。

2. 描述性统计

在数据处理过程中，本章剔除了变量中存在缺失值和错误值的样本，最终得到有效样本8775份。变量的定义与描述性统计见表5-1。

表5-1　变量的定义与描述性统计

变量名称	定义	均值	标准差	最小值	最大值
家庭商业保险支出	上年商业保险支出额	2669.962	6986.453	0	100000
商业保险参与	参与商业保险为1,否则为0	0.366	0.482	0	1
家庭创业决策	进行个体经营或私营企业的个数	0.104	0.349	0	6
家庭房产投资决策	除现住房以外房产的个数	0.261	0.566	0	7
中高净值家庭	中高净值家庭为1,其余为0	0.155	0.362	0	1
家庭可投资性资产	家庭可投资性资产的对数	8.686	4.879	0	17.371
家庭规模	家庭人口数量	3.566	1.89	1	15
家庭收入	家庭收入的对数	10.705	1.427	0	14.286
银行贷款	家庭存在银行贷款则取值为1,否则为0	0.105	0.306	0	1

续表

变量名称	定义	均值	标准差	最小值	最大值
亲友及民间贷款	家庭存在亲友及民间贷款则取值为1,否则为0	0.112	0.316	0	1
人情费	上一年家庭人情往来支出	3839.593	6008.965	0	120000
教育培训费	上一年家庭教育培训支出	4673.67	10355.027	0	152000
性别	如果性别为男性,该变量取值为1,否则为0	0.562	0.496	0	1
年龄	个体的年龄	48.916	14.592	18	95
教育年限	接受教育的年数	8.255	5.073	0	24
婚姻状况	如果婚姻状况为已婚,则该变量取值为1,否则为0	0.817	0.386	0	1
健康状况	健康状况评分,最高为5,最低为1	3.001	1.174	1	5
自信程度	自信程度评分,最高为5,最低为1	4.134	0.936	1	5
是否上网	上网为1,否则为0	0.65	0.477	0	1

3. 模型设定

本章考察中高净值家庭和家庭可投资性资产对家庭商业保险支出和商业保险参与的影响，具体的设定模型如下：

$$Insurance = \alpha_0 + \alpha_1 \times MHW + \alpha_2 \times \ln(FIA) + \alpha_3 \times X + u \quad (1)$$

$$IP = \beta_0 + \beta_1 \times MHW + \beta_2 \times \ln(FIA) + \beta_3 \times X + u \quad (2)$$

其中, *Insurance* 表示家庭年度商业保险支出的金额，这是一个连续变量; *IP* 表示家庭参与商业保险的情况，这是一个由 0 和 1 组成的变量; *MHW* 和 *FIA* 分别表示中高净值家庭（虚拟变量）和家庭可投资性资产, *X* 为一系列控制变量，包含家庭层面和户主层面的控制变量, *u* 为误差项。

在式（2）的回归中，由于被解释变量是分类变量，因此，采用的是 Logit 回归模型，而不是最小二乘回归（OLS）模型。

（二）实证分析

1. 中高净值家庭对于家庭商业保险支出的影响

表 5-2 展示了中高净值家庭对家庭商业保险支出的影响的回归结果。

第（1）列只考虑中高净值家庭这一解释变量，第（2）列加入了家庭层面控制变量，第（3）列在家庭层面控制变量的基础上加入了户主层面控制变量。在此基础上，对应第（1）~（3）列，在第（4）~（6）列中加入了省份固定效应。结果显示，在所有模型中，中高净值家庭的回归系数都显著为正。如第（6）列所示，同时考虑家庭层面控制变量和户主层面控制变量以及省份固定效应后，中高净值家庭比非中高净值家庭在商业保险年支出上增加了约 1744 元。这说明中高净值家庭在商业保险上配置和投入更多资金，对于商业保险保障的需求也更大。

2. 家庭可投资性资产对家庭商业保险支出的影响

表 5-3 展示了家庭可投资性资产对家庭商业保险支出的影响的回归结果。在所有模型中，家庭可投资性资产的回归系数都显著为正。这说明，家庭可投资性资产增加，会促进家庭商业保险支出增加。第（6）列结果显示，同时考虑家庭层面控制变量和户主层面控制变量以及省份固定效应后，家庭可投资性资产每增加 1%，家庭商业保险支出会提高约 48 元。

表 5-2　中高净值家庭对家庭商业保险支出的影响的回归结果

变量	(1)	(2)	(3)	(4)	(5)	(6)
中高净值家庭	4668.608***	1933.265***	1723.786***	4472.890***	1981.049***	1743.772***
	(14.98)	(5.48)	(4.94)	(14.20)	(5.42)	(4.85)
家庭房产投资决策		734.383**	735.628**		674.396**	681.318**
		(2.56)	(2.56)		(2.32)	(2.34)
家庭创业决策		2266.414***	2181.051***		2219.505***	2133.867***
		(5.87)	(5.71)		(5.78)	(5.63)
家庭规模		19.412	19.117		39.878	32.413
		(0.52)	(0.45)		(0.99)	(0.73)
家庭收入		679.936***	518.741***		669.776***	502.228***
		(10.83)	(8.48)		(10.55)	(8.17)
银行贷款		1232.929***	1025.692***		1335.937***	1108.844***
		(4.22)	(3.52)		(4.51)	(3.77)
亲友及民间贷款		-483.840**	-492.166**		-447.822**	-469.276**
		(-2.45)	(-2.47)		(-2.26)	(-2.35)

续表

变量	(1)	(2)	(3)	(4)	(5)	(6)
人情费		0.080*** (4.35)	0.078*** (4.29)		0.078*** (4.21)	0.075*** (4.10)
教育培训费		0.110*** (5.94)	0.101*** (5.38)		0.108*** (5.85)	0.100*** (5.29)
性别			-480.417*** (-3.31)			-430.762*** (-2.95)
年龄			-21.688*** (-3.52)			-24.570*** (-3.88)
教育年限			68.573*** (3.73)			65.185*** (3.53)
婚姻状况			633.088*** (3.36)			620.132*** (3.26)
健康状况			61.979 (1.24)			67.881 (1.35)
自信程度			74.761 (1.15)			69.272 (1.06)
是否上网			573.842*** (3.88)			601.625*** (4.01)
省份固定效应	否	否	否	是	是	是
常量	1946.926*** (29.99)	-6300.896*** (-10.23)	-5084.994*** (-6.89)	1007.681** (1.99)	-7440.968*** (-8.46)	-6403.620*** (-6.63)
观测值	8775	8775	8775	8775	8775	8775
R^2	0.058	0.150	0.160	0.069	0.157	0.167

注：括号内是 t 值，**、***分别代表在5%、1%的置信水平下显著。

表5-3 家庭可投资性资产对家庭商业保险支出的影响的回归结果

变量	(1)	(2)	(3)	(4)	(5)	(6)
家庭可投资性资产	276.727*** (17.99)	71.779*** (4.80)	49.992*** (3.37)	259.873*** (16.79)	71.526*** (4.67)	47.536*** (3.11)
家庭房产投资决策		1251.678*** (4.85)	1236.519*** (4.76)		1203.045*** (4.68)	1189.537*** (4.59)

续表

变量	(1)	(2)	(3)	(4)	(5)	(6)
家庭创业决策		2308.011 *** (6.02)	2229.923 *** (5.87)		2271.596 *** (5.96)	2190.545 *** (5.81)
家庭规模		13.270 (0.35)	15.639 (0.37)		35.930 (0.89)	29.901 (0.67)
家庭收入		684.013 *** (10.65)	532.481 *** (8.62)		669.076 *** (10.33)	511.407 *** (8.25)
银行贷款		1270.539 *** (4.31)	1051.572 *** (3.56)		1372.278 *** (4.60)	1129.041 *** (3.80)
亲友及民间贷款		-444.201 ** (-2.23)	-477.562 ** (-2.37)		-408.761 ** (-2.04)	-457.812 ** (-2.27)
人情费		0.086 *** (4.62)	0.083 *** (4.53)		0.083 *** (4.42)	0.079 *** (4.28)
教育培训费		0.112 *** (6.02)	0.103 *** (5.44)		0.110 *** (5.92)	0.101 *** (5.35)
性别			-497.820 *** (-3.41)			-453.242 *** (-3.08)
年龄			-19.703 *** (-3.19)			-22.895 *** (-3.59)
教育年限			74.108 *** (4.01)			71.056 *** (3.81)
婚姻状况			632.637 *** (3.35)			626.760 *** (3.28)
健康状况			68.299 (1.37)			73.356 (1.45)
自信程度			70.893 (1.09)			69.130 (1.05)
是否上网			603.288 *** (4.06)			630.311 *** (4.19)
省份固定效应	否	否	否	是	是	是
常量	266.271 ** (2.51)	-6823.618 *** (-11.15)	-5707.185 *** (-7.74)	-300.698 (-0.55)	-7783.834 *** (-8.86)	-6842.223 *** (-7.05)
观测值	8775	8775	8775	8775	8775	8775
R^2	0.037	0.147	0.157	0.050	0.153	0.164

注：括号内是 t 值，** 、*** 分别代表在5%、1%的置信水平下显著。

相关控制变量的结果表明，家庭层面和户主层面的变量对家庭创业决策也有较显著的影响。家庭投资性房产越多，越有可能在商业保险上增加投入和进行配置，因为房屋保险属于家庭财产保险范畴。家庭拥有的投资性房产越多，越需要通过家庭财产保险的方式对房产进行保护。家庭创业决策是家庭的重要决策，会对家庭其他决策产生深远的影响（Aldrich and Cliff, 2003）。家庭创业数量越多，在商业保险上的配置也越多。家庭规模对家庭商业保险支出没有显著影响，但是，家庭收入与家庭商业保险支出呈显著正向关系。银行贷款与家庭商业保险支出呈显著正向关系，而亲友及民间贷款的影响则显著为负。此外，人情费以及教育培训费都与家庭商业保险支出呈显著正相关关系。

从户主层面控制变量来看，性别会显著影响家庭商业保险支出。女性户主比男性户主会在商业保险上投入更多，对于商业保险的需求更大。年龄也会影响对家庭商业保险的需求。户主年龄越大，对于商业保险的需求就越少。户主教育年限越多，对家庭商业保险的需求越多，家庭商业保险支出也就越多。户主婚姻状况也是影响家庭商业保险支出的重要因素。在婚状况与其他婚姻状况相比，对于家庭商业保险支出的影响更大。健康状况和自信程度对家庭商业保险支出的影响不显著。是否上网与家庭商业保险支出呈显著正相关关系。

3. 中高净值家庭对于商业保险参与的影响

表 5-4 展示了中高净值家庭对于商业保险参与的影响的回归结果。在所有 6 个模型中，中高净值家庭的回归系数都显著为正。这说明，中高净值家庭比非中高净值家庭更有可能参与商业保险。第（6）列结果显示，同时考虑家庭层面控制变量和户主层面控制变量以及省份固定效应之后，中高净值家庭比非中高净值家庭的商业保险参与增加 0.409 个单位，表现出中高净值家庭对提升商业保险参与水平的显著正向作用。

4. 家庭可投资性资产对于商业保险参与的影响

表 5-5 展示了家庭可投资性资产对于商业保险参与的影响的回归结果。在所有 6 个模型中，家庭可投资性资产的回归系数都显著为正。这说明，

表 5-4　中高净值家庭对商业保险参与的影响的回归结果

变量	(1)	(2)	(3)	(4)	(5)	(6)
中高净值家庭	1. 365*** (22. 06)	0. 389*** (4. 19)	0. 377*** (4. 02)	1. 327*** (20. 61)	0. 449*** (4. 81)	0. 409*** (4. 32)
家庭房产投资决策		0. 183*** (3. 22)	0. 195*** (3. 37)		0. 156*** (2. 73)	0. 177*** (3. 02)
家庭创业决策		0. 529*** (5. 77)	0. 459*** (5. 00)		0. 534*** (5. 75)	0. 474*** (5. 11)
家庭规模		0. 043*** (3. 19)	0. 037** (2. 45)		0. 049*** (3. 43)	0. 050*** (3. 09)
家庭收入		0. 635*** (12. 30)	0. 425*** (7. 66)		0. 655*** (11. 56)	0. 416*** (7. 06)
银行贷款		0. 445*** (5. 69)	0. 278*** (3. 47)		0. 474*** (5. 90)	0. 317*** (3. 86)
亲友及民间贷款		0. 082 (1. 04)	0. 027 (0. 34)		0. 105 (1. 32)	0. 050 (0. 61)
人情费		0. 001*** (4. 52)	0. 001*** (5. 15)		0. 001*** (4. 20)	0. 001*** (4. 61)
教育培训费		0. 001*** (5. 65)	0. 001*** (3. 97)		0. 001*** (5. 46)	0. 001*** (3. 67)
性别			−0. 043 (−0. 84)			−0. 013 (−0. 25)
年龄			−0. 027*** (−11. 58)			−0. 029*** (−12. 00)
教育年限			0. 028*** (4. 50)			0. 026*** (4. 19)
婚姻状况			0. 743*** (8. 79)			0. 728*** (8. 53)
健康状况			0. 034 (1. 47)			0. 035 (1. 52)
自信程度			0. 067** (2. 36)			0. 061** (2. 11)
是否上网			0. 560*** (8. 11)			0. 578*** (8. 21)
省份固定效应	否	否	否	是	是	是
常量	−0. 776*** (−31. 05)	−8. 032*** (−14. 65)	−6. 023*** (−10. 00)	−1. 010*** (−4. 18)	−8. 718*** (−12. 82)	−6. 467*** (−9. 23)
观测值	8775	8775	8775	8774	8774	8774
Pseudo R^2	0. 0445	0. 140	0. 181	0. 0524	0. 146	0. 189

注：括号内是 t 值，**、*** 分别代表在 5%、1%的置信水平下显著。

家庭可投资性资产越多，购买商业保险的可能性也就越大。第（6）列的结果显示，同时考虑家庭层面控制变量和户主层面控制变量以及省份固定效应之后，家庭可投资性资产每增加1%，家庭购买商业保险的概率会提高0.043个百分点。回归结果体现了家庭可投资性资产对商业保险参与的显著正向影响。

从控制变量情况来看，进行创业的、拥有投资性房产的、家庭规模比较大的、持有银行贷款的家庭的商业保险的支出都比较多，这些家庭层面的因素都与商业保险支出呈显著正向关系。但是，亲友及民间贷款对家庭商业保险支出的影响并不显著。此外，人情费和教育培训费都与家庭商业保险支出呈显著正向关系。从户主层面来看，年龄与家庭商业保险支出呈显著负向关系，教育年限与商业保险支出呈显著正向关系。此外，在婚状况的户主家庭比其他婚姻状况的家庭要有更多的商业保险支出。自信的户主以及上网的户主的家庭商业保险支出也都比较多。但是，户主的健康状况和性别对家庭商业保险支出的影响并不显著。

（三）异质性分析

1. 中高净值家庭对家庭商业保险支出的异质性

根据户主的家庭收入水平，把样本分为家庭收入水平较高和家庭收入水平较低两组，分组进行回归。表5-6的第（1）~（2）列展示了基于收入异质性的回归结果。结果显示，中高净值家庭（虚拟变量）对收入水平较高的家庭的商业保险支出并没有显著的正向作用，而对收入水平较低的家庭的商业保险支出的影响显著。这说明对于收入水平比较高的家庭而言，中高净值家庭和非中高净值家庭在商业保险支出上的差距不显著。但是，对于收入水平比较低的家庭而言，中高净值家庭在商业保险上的支出要明显多于非中高净值家庭。

根据样本的家庭所在地，把样本分为城镇和乡村两组，分组进行回归。表5-6的第（3）~（4）列展示了基于城乡异质性的回归结果。结果显示，中高净值家庭（虚拟变量）对城镇和乡村地区的家庭商业保险支出都有显著的正向影响，但是，对乡村家庭的影响要明显大于城镇家庭。

表 5-5　家庭可投资性资产对商业保险参与的影响的回归结果

变量	(1)	(2)	(3)	(4)	(5)	(6)
家庭可投资性资产	0.120*** (20.17)	0.049*** (7.07)	0.042*** (6.01)	0.117*** (19.23)	0.052*** (7.44)	0.043*** (6.14)
家庭房产投资决策		0.185*** (3.76)	0.215*** (4.24)		0.173*** (3.50)	0.206*** (4.02)
家庭创业决策		0.515*** (5.67)	0.448*** (4.93)		0.521*** (5.68)	0.464*** (5.07)
家庭规模		0.047*** (3.52)	0.039*** (2.59)		0.053*** (3.71)	0.051*** (3.18)
家庭收入		0.596*** (11.36)	0.403*** (7.32)		0.618*** (10.74)	0.398*** (6.79)
银行贷款		0.499*** (6.29)	0.327*** (4.02)		0.526*** (6.47)	0.363*** (4.36)
亲友及民间贷款		0.166** (2.05)	0.097 (1.16)		0.190** (2.33)	0.119 (1.42)
人情费		0.001*** (4.70)	0.001*** (5.30)		0.001*** (4.34)	0.001*** (4.71)
教育培训费		0.001*** (5.65)	0.001*** (3.94)		0.001*** (5.48)	0.001*** (3.66)
性别			-0.054 (-1.05)			-0.026 (-0.49)
年龄			-0.026*** (-11.40)			-0.028*** (-11.83)
教育年限			0.027*** (4.36)			0.026*** (4.09)
婚姻状况			0.742*** (8.78)			0.728*** (8.53)
健康状况			0.036 (1.56)			0.038 (1.63)
自信程度			0.068** (2.35)			0.061** (2.10)
是否上网			0.554*** (7.99)			0.568*** (8.04)
省份固定效应	否	否	否	是	是	是
常量	-1.642*** (-25.99)	-8.024*** (-14.99)	-6.148*** (-10.60)	-1.822*** (-7.51)	-8.728*** (-13.04)	-6.601*** (-9.69)
观测值	8775	8775	8775	8774	8774	8774
R^2	0.0496	0.143	0.183	0.0576	0.150	0.191

注：括号内是 *t* 值，** 、 *** 分别代表在 5%、1%的置信水平下显著。

表 5-6　中高净值家庭对家庭商业保险支出影响（收入与城乡异质性）的回归结果

变量	(1)	(2)	(3)	(4)
收入异质性	高收入	低收入	—	—
城乡异质性	—	—	城镇	乡村
中高净值家庭	-30.44 (487.3)	23.49*** (613.2)	12.86*** (458.4)	22.01*** (592.2)
家庭层面控制变量	是	是	是	是
户主层面控制变量	是	是	是	是
省份固定效应	是	是	是	是
截距项	-49003*** (5053)	-1070** (536.0)	-9934*** (1611)	-2558** (1181)
观测值	4219	4556	4772	4003
R^2	0.161	0.095	0.169	0.143

注：括号内是 t 值，**、*** 分别代表在 5%、1%的置信水平下显著。

根据样本的家庭所在地，把城市样本进一步分为一线城市、二线城市、三线城市和四线及以下城市四组，分组进行回归，结果汇总在表 5-7 中。结果显示中高净值家庭（虚拟变量）对三线及以上城市的家庭商业保险支出的影响都不显著，而对四线及以下城市的家庭商业保险支出的影响显著为正。这说明，在三线及以上城市的家庭商业保险支出方面，中高净值家庭与非中高净值家庭相比，并无明显差距。但是，这种情况在四线及以下城市则不同了，中高净值家庭的商业保险支出要明显多于非中高净值家庭。

表 5-7　中高净值家庭对家庭商业保险支出影响（城市异质性）的回归结果

变量	(1)	(2)	(3)	(4)
城市异质性	一线城市	二线城市	三线城市	四线及以下城市
中高净值家庭	-1346.355 (-1.07)	549.686 (0.56)	1727.555 (1.48)	2226.462*** (3.85)
家庭层面控制变量	是	是	是	是
户主层面控制变量	是	是	是	是
省份固定效应	是	是	是	是
截距项	-14856.087** (-2.25)	-9199.454** (-2.50)	-1431.064 (-0.41)	-7912.981*** (-4.08)
观测值	584	906	391	2891
R^2	0.253	0.173	0.222	0.179

注：括号内是 t 值，**、*** 分别代表在 5%、1%的置信水平下显著。

2. 家庭可投资性资产对于家庭商业保险支出的异质性

根据户主的家庭收入水平，把样本分为家庭收入水平较高和家庭收入水平较低两组，分组进行回归。表 5-8 的第（1）~（2）列展示了基于收入异质性的回归结果。结果显示，家庭可投资性资产对收入水平较高家庭的商业保险支出的影响不显著，但是，对收入水平较低家庭的商业保险支出具有显著的正向影响。

根据样本的家庭所在地，把样本分为城镇和乡村两组，分组进行回归。表 5-8 的第（3）~（4）列展示了基于城乡异质性的回归结果。结果显示，家庭可投资性资产对城镇和乡村家庭的商业保险支出的影响都显著为正，但是，对城镇家庭的影响更大。

表 5-8 家庭可投资性资产对家庭商业保险支出影响（收入与城乡异质性）的回归结果

变量	（1）	（2）	（3）	（4）
收入异质性	高收入	低收入	—	—
城乡异质性	—	—	城镇	乡村
家庭可投资性资产	25.89 （32.58）	18.55* （10.96）	57.50** （24.92）	38.72** （16.19）
家庭层面控制变量	是	是	是	是
户主层面控制变量	是	是	是	是
省份固定效应	是	是	是	是
截距项	-48766*** （4750）	-1158** （536.3）	-10456*** （1607）	-2889** （1167）
观测值	4219	4556	4772	4003
R^2	0.161	0.084	0.168	0.136

注：括号内是 t 值，*、**、*** 分别代表在 10%、5%和 1%的置信水平下显著。

根据样本的家庭所在地，把城市样本进一步分为一线城市、二线城市、三线城市和四线及以下城市四组，分组进行回归，结果汇总在表 5-9 中。结果显示，家庭可投资性资产对二线城市的家庭商业保险支出的影响显著为正，而对其余等级的城市的家庭商业保险支出的影响都不显著。这说明，对于不同等级城市的家庭而言，家庭可投资性资产对家庭商业保险支出的影响是不同的。因此，对于具体问题，要根据家庭所处的不同城市进行具体分析。

表 5-9 家庭可投资性资产对家庭商业保险支出影响（城市异质性）的回归结果

变量	(1)	(2)	(3)	(4)
城市异质性	一线城市	二线城市	三线城市	四线及以下城市
中高净值家庭	-33.871 (-0.36)	111.107* (1.87)	34.657 (0.46)	46.962 (1.64)
家庭层面控制变量	是	是	是	是
户主层面控制变量	是	是	是	是
省份固定效应	是	是	是	是
截距项	-13845.723** (-2.19)	-9353.343*** (-2.58)	-1912.185 (-0.53)	-8734.254*** (-4.45)
观测值	584	906	391	2891
R^2	0.251	0.175	0.219	0.173

注：括号内是 t 值，*、**、*** 分别代表在 10%、5%和 1%的置信水平下显著。

本章总结

本章集中分析了中高净值家庭商业保险的配置情况，主要结论如下。

其一，城市地区的家庭比农村地区的家庭的商业保险覆盖率要高。在城市，家庭的商业保险覆盖率接近 50%，即差不多有一半的城市家庭已经购买了商业保险。但是，在农村，家庭商业保险覆盖率在三成左右，相对偏低。中高净值家庭的商业保险覆盖率没有显著的城乡差异，而非中高净值家庭的商业保险覆盖率具有一定的城乡差距。中高净值家庭和非中高净值家庭的商业保险覆盖率随人口数的增加呈现先增加后减少的趋势，和整体趋势相同。

其二，中高净值家庭和非中高净值家庭户主受教育程度越高，家庭商业保险覆盖率越高。户主健康状况越好的家庭，商业保险覆盖率越高。对于户主婚姻状况，未婚组别的中高净值家庭与非中高净值家庭的商业保险覆盖率相差 28.33 个百分点；在婚组别中二者相差 32.99 个百分点；同居组别中二者相差 22.35 个百分点；离婚组别中二者相差 17.58 个百分点；丧偶组别中二者相差 17.73 个百分点。

其三，对于中高净值家庭，居委会家庭样本的家庭商业保险支出额平均值比村委会家庭样本高 2679.74 元。中高净值家庭的商业保险支出额平均值随人口增加先出现小幅上升后呈下降趋势。对于户主受教育程度，中高净值家庭和非中高净值家庭商业保险支出额平均值的差距显著。中高净值家庭和非中高净值家庭户主婚姻状况不同会造成家庭商业保险支出额平均值的差距。其中户主处于离婚状态的家庭商业保险支出额平均值显著高于其他组别。除同居组别外，其他组别中中高净值家庭和非高净值家庭商业保险支出额平均值差距较为明显。中高净值家庭中户主为男性的商业保险支出额平均值较高，而在非中高净值家庭中户主为女性的商业保险支出额平均值较高。

其四，对于中高净值家庭，居委会家庭样本的商业保险人均支出额平均值比村委会家庭样本高 1427.95 元。中高净值家庭和非中高净值家庭商业保险人均支出额平均值均随家庭人口数的增加而减少，且两者的差距越来越小。对于户主受教育程度，中高净值家庭的商业保险人均支出额平均值显著高于非中高净值家庭的商业保险人均支出额平均值。处于未婚状态的户主的中高净值家庭商业保险人均支出额平均值比非中高净值家庭高 1302.48 元；在婚组别中二者相差 1098.98 元；同居组别中二者相差 308.33 元；离婚组别中二者相差 3428.96 元；丧偶组别中二者相差 1852.3 元。在中高净值家庭中，不同性别户主的家庭商业保险人均支出额平均值相差 354.67 元，差距较小；非中高净值家庭中二者相差 324.38 元，差距不明显。

其五，中高净值家庭比非中高净值家庭在商业保险年支出上增加了约 1744 元。这说明中高净值家庭在商业保险配置方面投入了更多资金，对于商业保险保障的需求更多。家庭可投资性资产每增加 1%，家庭商业保险支出会提高约 48 元。中高净值家庭比非中高净值家庭的商业保险参与增加 0.409 个单位，表现出中高净值家庭对提升商业保险参与水平的显著正向作用。家庭可投资性资产每增加 1%，家庭购买商业保险的概率会提高 0.043 个百分点。

参考文献

董媛媛、张琳、杨颖蕾、董伟、莫丹丹、方越、钱琨、罗梦云、李娜、张智若：《中国4个直辖市儿童基本医疗保险制度与政策对比研究》，《上海交通大学学报》（医学版）2018年第6期。

方力、景珮：《中美两国商业健康险比较分析与我国健康险发展方向》，《保险理论与实践》2020年第11期。

傅一铮、苏梽芳：《中国城乡家庭购买商业保险的影响因素分析》，《哈尔滨商业大学学报》（社会科学版）2016年第5期。

顾佳峰：《社区民生监测与治理研究："五大发展理念"与社区民生发展指数》，经济日报出版社，2021。

郭煦：《商业健康险如何"叫好又叫座"》，《小康》2018年第27期。

国家卫生健康委员会编《中国卫生健康统计年鉴（2020）》，中国协和医科大学出版社，2020。

金梦媛：《母婴保险：准妈妈的保护伞》，《大众理财顾问》2015年第6期。

晋龙涛：《试论村委会与居委会的差异》，《农业考古》2012年第3期。

刘萌：《商业医疗费用保险市场及其区域化发展分析》，《保险理论与实践》2019年第6期。

邱凤梅：《试析老龄化对家庭购买商业保险的影响——基于CHFS2017的实证分析》，《西部财会》2020年第9期。

邱凤梅：《我国商业健康保险需求影响因素实证探究》，《保险职业学院学报》2021年第3期。

水滴保用户研究中心：《保险市场细分人群洞察报告》，2021。

孙安民、祁娜：《高净值人士如何以保险优化资产配置》，《金融经济》（市场版）2017年第4期。

孙维一、赵明清：《基于Lasso的商业保险影响因素分析》，《应用数学进展》2021年第12期。

泰康人寿保险股份有限公司、北京大学中国保险和社会保障研究中心：《2011中国家庭寿险需求研究报告》，2011。

王倩：《城乡商业保险差别定价策略分析》，《海南金融》2010年第4期。

王晓全、阎建军、贾昊文、李莹琪：《婚姻对家庭人身保险需求的影响——基于中国家庭金融调查（CHFS）的实证研究》，《金融评论》2020年第6期。

王笑：《2021年保险深度3.9%　我国保险保障水平仍待提升》，《金融时报》2022

年2月23日第011版。

王绪瑾、王浩帆：《改革开放以来中国保险业发展的回顾与展望》，《北京工商大学学报》（社会科学版）2020年第2期。

王学：《未婚同居者之间的保险利益关系解析——以一则人身险保险案例为分析视角》，《保险职业学院学报》2013年第6期。

吴辉：《商业医疗险如何选择?》，《现代商业银行》2019年第18期。

吴佳：《怎么买少儿“保险”最保险?》，《商周刊》2015年第11期。

夏淑媛：《我国高净值人群逾百万95%选择购买商业寿险》，《大众理财顾问》2016年第9期。

夏苏建：《医保住院病人自付比例分析》，《中国医院管理》2005年第1期。

徐敬惠、李鹏：《商业保险在中国家庭资产配置中的结构特征及驱动因素研究》，《保险研究》2020年第8期。

徐楠、顾雪非、向国春：《中国儿童医疗保障政策述评》，《卫生经济研究》2020年第3期。

徐文：《对影响我国居民人均就医次数的因素的实证研究——基于一组面板数据的分析》，《消费导刊》2009年第15期。

许闲：《中国保险业发展与进一步金融开放——新开放格局下中国“入世”20周年检视与展望》，《保险理论与实践》2021年第11期。

闫春晓、湛欢、杜颖、黄超、吴琼、李玲、董昱希、周良荣：《湖南省儿童医疗费用测算及结果分析》，《商业观察》2021年第6期。

杨凡杰：《创业影响家庭商业保险购买决策吗？——基于CFPS（2018）数据》，《商业经济》2021年第10期。

杨翔云：《我国儿童商业医疗保险影响因素的实证研究》，《现代商业》2016年第36期。

叶少蓉、郭丹丹、魏威、苏宇、熊巨洋：《武汉市学龄前儿童医疗保险覆盖及其影响因素分析》，《中国社会医学杂志》2016年第1期。

尹志超、严雨、蒋佳伶：《收入波动、社会网络与家庭商业保险需求》，《财经问题研究》2021年第8期。

於嘉、谢宇：《我国居民初婚前同居状况及影响因素分析》，《人口研究》2017年第2期。

岳明：《高端人群的财富传承与子女教育》，《大众理财顾问》2011年第12期。

曾玲玲、邢思远：《互联网金融对家庭商业保险参保的影响研究——基于CHFS的实证分析》，《武汉理工大学学报》（社会科学版）2021年第6期。

翟文博：《大通全球：只有高净值人群才需要做财富传承吗?》，《经济》2019年第8期。

赵心怡：《健康因素对商业医疗保险需求的影响》，《时代金融》2020年第20期。

中国社会科学院保险与经济发展研究中心：《乡村健康保障调查报告》，2020。

Aldrich, H. E., Cliff, J. E., "The Pervasive Effects of Family on Entrepreneurship: Toward a Family Embeddedness Perspective," *Journal of Business Venturing*, 18 (5), 2003.

Bork, K. A., Diallo, A., " Boys Are More Stunted Than Girls from Early Infancy to 3 Years of Age in Rural Senegal," *Journal of Nutrition*, 147 (5), 2017.

Christiansen, C., Joensen, J. S. T., Rangvid, J., " Understanding the Effects of Marriage and Divorce on Financial Investments: The Role of Background Risk Sharing," *Economic Inquiry*, 53 (1), 2015.

Edwards, L. N., Grossman, M., " Children's Health and the Family," *Adv. Health Econ. Health Serv. Res.*, 2 (2), 1978.

Gao, L., Guan, J., Wang, G., "Does Media-based Health Risk Communication Affect Commercial Health Insurance Demand? Evidence from China," *Applied Economics*, 54 (18), 2022.

Hatch, B., Angier, H., Marino, M., Heintzman, J., Nelson, C., Gold, R., Vakarcs, T., DeVoe, J., " Using Electronic Health Records to Conduct Children's Health Insurance Surveillance," *Pediatrics*, 132 (6), 2013.

Humensky, J., Ireys, H. T., Wickstrom, S., Rheault, P., Mental Health Services for Children with Special Health Care Needs in Commercial Managed Care, 1999 - 2001, Mathematica Policy Research Reports, 2004.

Kurtz, M. P., Eswara, J. R., Vetter, J. M., Nelson, C. P., Brandes, S. B., "Blunt Abdominal Trauma from Motor Vehicle Collisions from 2007 to 2011: Renal Injury Probability and Severity in Children versus Adults," *Journal of Urology*, 197 (3), 2017.

Mckenzie, H., " Children's Health Insurance Programs: Do They Provide the Coverage That Is Needed?" *Home Healthcare Nurse*, 29 (2), 2011.

Osamura, T., Kiyosawa, N., Tei, J., Kinugasa, T., Mori, K., Ito, H., Sawada, T., "An Effective System of Activities in Local Communities to Prevent Injuries in Children: An Opinion Survey of Public Health Nurses Concerning Injury Preventing Activities," *Jounral of Child Health*, 63 (6), 2004.

Pitcairn, T. K., Edlmann, T., "Individual Differences in Road Crossing Ability in Young Children and Adults," *British Journal of Psychology*, 91 (3), 2000.

Sigma, *World Insurance: Riding out the 2020 Pandemic Storm*, 4, 2020.

Stacey, K., Burns, T. J., Anthony, S., Michael, D. J., " Health Insurance, Neighborhood Income, and Emergency Department Usage by Utah Children 1996-1998," *BMC Health Services Research*, 5 (1), 2005.

Sun, Q., Suo, L., Zheng, W., " China's Insurance Industry: Developments and Prospects," in J. D. Cummins, B. Venard, eds., *Handbook of International Insurance*:

Between Global Dynamics and Local Contingencies (Springer, 2007).

Thurstans, S., Opondo, C., Seal, A., Wells, J., Kerac, M., "Boys Are More Likely to Be Undernourished Than Girls: A Systematic Review and Meta-analysis of Sex Differences in Undernutrition," *BMJ: British Medical Journal*, 5 (12), 2020.

Wang, Y., Zhang, D., Wang, X., Fu, Q., "How Does COVID-19 Affect China's Insurance Market?" *Emerging Markets Finance & Trade*, 56 (10), 2020.

Webb, B. L., Flitner, A. L., Trupin, J., *Commercial Insurance*, 1996.

Wu, A., Zheng, X., "Assortative Matching and Commercial Insurance Participation: Evidence from the China Household Finance Survey," *Journal of Asian Economics*, 80, 2022.

Yue, Q., Pei, G., "Survey Report on Demand for Commercial Health Insurance in China," in C. h. D. R. Foundation, ed., *China's Commercial Health Insurance* (Routledge: 2020).

Zarrabi, M., Kumar, S., Macary, S., Honigfeld, L., "The Relationship between Body Mass Index in Children and Insurance Type, Parental Eating Concern, Asthma, and Allergies," *Journal of Pediatric Health Care*, 33 (5), 2019.

Zhu, J. M., Zhu, Y., Liu, R., "Health Insurance of Rural/Township Schoolchildren in Pinggu, Beijing: Coverage Rate, Determinants, Disparities, and Sustainability," *International Journal for Equity in Health*, 7 (1), 2008.

第六章
中高净值家庭儿童商业健康险配置

商业健康险，是商业性健康保险的简称，具体是指保险公司通过疾病保险、医疗保险、失能收入损失保险和护理保险等方式对由健康原因导致的损失给付保险金的保险。随着人民群众对健康的重视程度不断提升，近些年来，商业健康险发展很快，领跑整个保险行业。2007~2017 年，其年均复合增长率为 27.6%（吴辉，2019）。商业健康险已成为我国医改的重要生力军，在多层次医疗保障体系中发挥的作用越来越突出。2020 年，商业健康险保费收入已经超过 8000 亿元，占基本医保基金收入的三成，商业健康险赔付占基本医保基金支出的比重已超过一成。2020 年，银保监会等 13 个部门联合发布了《关于促进社会服务领域商业保险发展的意见》，明确提出，力争到 2025 年，商业健康险市场规模超过 2 万亿元。商业健康险面临巨大的发展空间。美国商业健康险覆盖率约为 70%（方力、景珮，2020），而我国的覆盖率才到 10%（郭煦，2018）。可见，我国商业健康险市场与西方发达国家的市场相比仍存在较大差距。这也说明我国商业健康险市场的发展潜力很大。

随着我国经济快速发展，国内逐渐涌现出大量中高净值人群。总体来看，该人群一般追求较为优质的生活，关注和重视个人和家人的身心健康，并且对于就医条件和服务的要求相对比较高，比较难以忍受看病难、限制多、就医体验差等问题。针对这个人群的需要，商业健康险市场陆续出现了中高端商业医疗险产品。中高端商业医疗险产品因具有“保额高、限制少、服务佳”的特点，吸引了越来越多中高净值人群的关注，成为中高净值家庭在保险配置中的重要组成部分。中高净值家庭普遍面临家庭财富传承的问题（翟文博，2019），因此，尤其重视对子女的教育与健康。本章聚焦中高净值家庭儿童商业医疗险的配置情况，即 16 岁及以下儿童商业医疗险的配置情况。对这部分商业医疗险的配置，过去被普遍忽视了，但是，其潜力巨大。尤其是对于中高净值家庭而言，从小为子女健康提供保障是商业保险配置的核心内容。

一　儿童商业医疗险基本情况

儿童商业医疗险，也就是儿童商业健康保险，是由保险公司针对未成年儿童因患疾病而产生的治疗、住院和手术等费用提供一定保障的保险。儿童是国家的未来，是民族的希望。儿童的健康茁壮成长，是世界各国共同的愿望。世界各国普遍重视儿童健康，纷纷为儿童设计和提供了可承受、多层次、较全面的较高水平的医疗保障。在儿童医疗保障体系中，商业保险公司发挥的作用越来越大。例如，在日本，不仅商业保险市场面向儿童推出的与健康与医疗相关的险种不断增加，而且出现了一些将医疗、育儿和教育投资等融合在一起的综合性险种，这相当于一种家庭保险套餐，颇受日本家庭追捧（徐楠等，2020）。在美国，拥有商业医疗险的孩子与没有商业医疗险以及拥有贫困者医疗补助保险（Medicaid）的孩子在就医方面存在明显的不同（Stacey et al.，2005）。参与商业医疗险对于孩子的健康成长会产生影响。例如，与参与商业医疗险的孩子相比，参与Medicaid 的孩子更有可能成为超胖或肥胖儿童（Zarrabi et al.，2019）。在信息化时代，电子健康记录（Electronic Health Record，EHR）数据库往往被用来对儿童商业医疗险情况进行监督，这成为相关机构制定机制以帮助患病儿童获得和保持保险范围的干预措施的一个重要渠道（Hatch et al.，2013）。

儿童商业医疗险的出现，对于保障儿童健康、减轻家庭医疗负担具有重要作用。例如，在美国，在参加商业医疗险计划的所有儿童中，有 12%有特殊的医疗保健需求，其中近 40%的儿童患有情绪或行为障碍。这些疾病在许多方面比慢性身体疾病更具限制性，更难以诊断和治疗，并且可能更严重地损害儿童的生活质量和身心健康（Humensky et al.，2004）。儿童商业医疗险的出现和发展，对于儿童基本医疗保险是一个重要的补充。在我国，儿童基本医疗保险属于城乡居民基本医疗保险、城镇居民基本医疗保险、新型农村合作医疗保险的范畴。但是，现有儿童基础医疗保险存在明显的地区差异，存在重复参保和漏保等问题。有的地区，在儿童基础医疗保险上，还可能有“双保险”。比如，上海通过设立中小学生、婴幼儿住院医疗互助基金来进一步提高对本市儿童的医疗保障水平（董媛媛等，2018）。儿童商业医疗险的出现，可以有效补充现有儿童基础医疗保险的不足，给予不同家庭更多的选择，使儿童医疗保险体系更加多元化。

从家庭角度来看，由于现在的孩子的身体适应能力相对较差，抵御疾病的能力比较薄弱，天生活泼好动，对于潜在危险的识别能力比较弱，发生意外时自救能力差，这些都导致孩子的身体健康容易受到威胁。大量研究表明，儿童比成人更容易发生意外人身伤害（Kurtz et al.，2017；Pitcairn and Edlmann，2000）。因此，家庭对于儿童商业医疗险的需求不断增加（吴佳，2015）。儿童商业医疗险的一个鲜明特点就是投保人和被保险人是分离的，一般不是同一个人。在家庭中，儿童商业医疗险的购买决策，一般是由家长做的，保费都是由家长出的（Humensky et al.，2004）。所以，家长是影响儿童商业医疗险的关键因素。中高净值家庭的家长一般具有未雨绸缪的意识，不仅会提前考虑消除威胁孩子健康的因素，而且会尽可能地为孩子在生病时的医治提供好的条件。因此，其愿意为孩子买中高端的儿童商业医疗险。

但是，当前对于我国儿童商业医疗险的研究还比较缺乏（杨翔云，2016）。对于儿童商业医疗险的全景式、系统的研究与刻画尤其不足。因此，急需在这个领域进行突破。对于家庭而言，孩子是家庭的延续和家庭财产的继承人。如果孩子身心健康能够得到有效保障，那么，不仅可以减轻家庭的负担，而且可以让家长心无旁骛地投入生产和建设中去。对于保险业而言，当前面向儿童的商业医疗险产品相对比较少，市场潜力还没有得到有效挖掘。因此，有必要加强对这部分人群和市场的精细研究，为设计和推出具有吸引力的保险产品提供依据。对于国家而言，儿童是国家的未来和希望，是未来劳动力的储备。因此，确保儿童健康成长，是发展国家经济、保障社会稳定的重要基础。开展这方面的研究的意义重大。

二　儿童商业医疗险覆盖情况

儿童商业医疗险覆盖率等于样本中的商业医疗险覆盖的儿童人数除以样本中的儿童总人数。这是衡量儿童商业医疗险普及程度的重要指标，体现了该保险在儿童中的覆盖程度。

（一）年龄分组

根据 2020 年的 CFPS 调查数据，计算全样本儿童商业医疗险覆盖率，结果汇总在图 6-1 中。如图 6-1 所示，0~7 岁幼儿的覆盖率高于 8~16 岁的儿童样本。其中 4~7 岁的覆盖率最高，为 23.61%；12~16 岁的覆盖率最低，为 21.05%。这可能说明在最近几年内出生的儿童的父母更愿意为其购买商业医疗险。近些年，家长对于为子女尽早投保商业医疗险、从小就进行保障的意识在增强。总体来看，为儿童购买商业医疗险的家庭已经占到两成。这与之前的一项调查数据基本一致。一项基于武汉市硚口区 6 个社区卫生服务中心的 814 名学龄前儿童的调查显示，参加商业医疗险的儿童占了 24.63%（叶少蓉等，2016）。这个比例与我国全人口商业医疗险 10%的覆盖率相比，已经高出不少了。这说明，家长还是更愿意给子女买商业医疗险。

本书分别计算了中高净值家庭和非中高净值家庭不同年龄段的儿童商业医疗险覆盖率，结果汇总在图 6-2 中。

由图 6-2 可知，中高净值家庭儿童商业医疗险覆盖率显著高于非中高净值家庭，前者的覆盖率超过三成，而后者的覆盖率约为两成。这说明家庭经济条件可能是家长决定是否为其子女购买商业医疗险的关键性因素。中高净值家庭的家长对于子女的健康保障意识更强烈，因此，更有可能从小就给孩子买商业医疗险。此外，由图 6-2 的数据可知，0~3 岁组中高净值家庭儿童商业医疗险覆盖率高出非中高净值家庭 12.54 个百分点；4~7 岁组高出

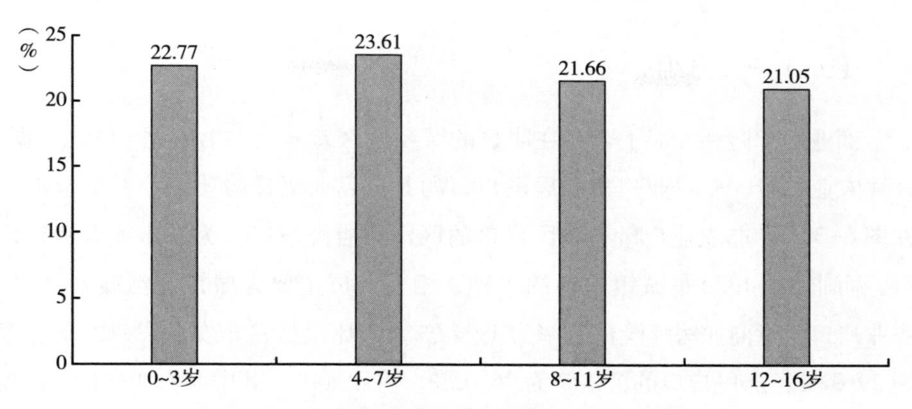

图 6-1　全样本儿童商业医疗险覆盖率（年龄组）

13.27 个百分点；8～11 岁组高出 14.77 个百分点；12～16 岁组高出 15.26 个百分点。上述结果表明，随着年龄的增加，中高净值家庭和非中高净值家庭的儿童商业医疗险覆盖率的差距也逐渐增加。总体而言，最近几年出生的儿童所在家庭的投保意愿强，且中高净值家庭和非中高净值家庭的投保覆盖率的差距呈减小趋势。这说明，近些年来，除了中高净值家庭外，其他类型家庭的家长也逐渐意识到为子女购买商业医疗险的重要性。这从一个方面说明了家庭经济情况对于子女健康的影响（Edwards and Grossman，1978）。

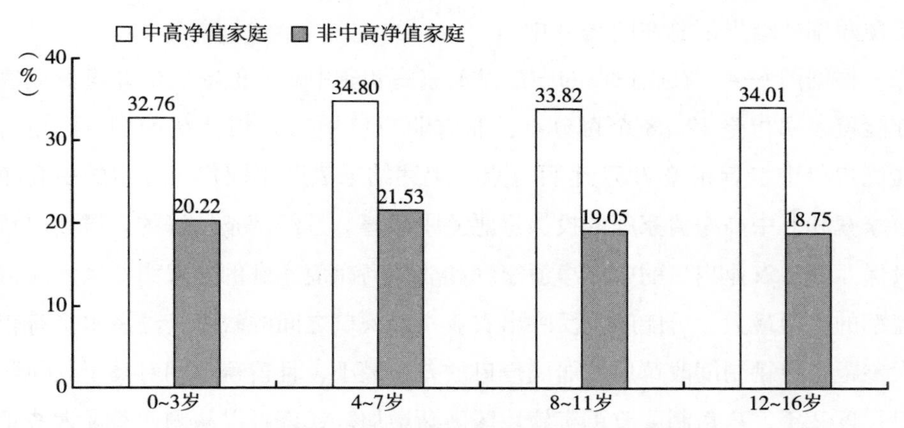

图 6-2　中高净值家庭和非中高净值家庭儿童商业医疗险覆盖率（年龄组）

（二）户口分组

商业医疗险在发展上会存在明显的城乡地区差异。本书根据 CFPS 数据，计算农业户口、非农业户口和居民户口的儿童商业医疗险覆盖率，结果汇总在图 6-3 中。非农业户口与居民户口的区别为居民户口分为城市或者乡镇户口，而非农业户口是城镇户口的一种，相关人员主要为城镇灵活就业人员。农业户口儿童商业医疗险覆盖率为 19.17%，占比最低；非农业户口的覆盖率为 29.02%；居民户口的覆盖率为 36.03%，占比最高。其中非农业户口的覆盖率高出农业户口 9.85 个百分点，这说明家庭在购买儿童商业医疗险的意愿上，存在明显的城乡差异。这与之前的研究结论是一致的（杨翔云，2016）。一项基于北京平谷地区的调查研究显示，到 2005 年，当地儿童健康保险覆盖率上升到 54%，农民子女和非农民子女的覆盖率相当。然而，有 76%的投保农民子女参加了仅保护重大医疗事件的低保费计划，而投保的非农民子女的这一比例为 42%（Zhu et al.，2008）。也就是说，在基础医疗保险覆盖率上，城乡孩子的差别不大。但是，在商业医疗险覆盖率上，农村孩子要明显低于城市孩子，即城乡差距还是很明显的。这种城乡差距不仅出现在北京，其实在全国各地也都类似。

本书分别计算中高净值家庭和非中高净值家庭不同户口的儿童商业医疗险覆盖率，结果汇总在图 6-4 中。

根据图 6-4，农业户口的中高净值家庭和非中高净值家庭的儿童商业医疗险覆盖率相差 12.88 个百分点；非农业户口中二者相差 9.51 个百分点；居民户口中二者相差 7.57 个百分点。上述结果表明不同户口分组的中高净值家庭和非中高净值家庭的投保意愿差距显著，且经济条件好的人群更愿意投保。其中农业户口的中高净值家庭和非中高净值家庭的儿童商业医疗险覆盖率的差距最大，可能间接反映出农业户口人口之间的教育、经济水平有较大差距；户籍制度改革后的居民户口的差距最小，且覆盖率相对高于其他两组，近几年，户籍制度改革实施地区逐渐增加，或许可以从侧面验证近些年选择购买商业医疗险的家庭越来越多的结论。过去也有调查研究显示，家庭规模较小、收入水平较高、至少有一种住院治疗方式以及生活在农村地区与较低的儿童商业医疗险覆盖率显著相关（Osamura et al.，2004）。也就是说，农村非中高净值家庭的儿童商业医疗险覆盖率偏低，因此，需要给予其更多的重视和医疗保障。

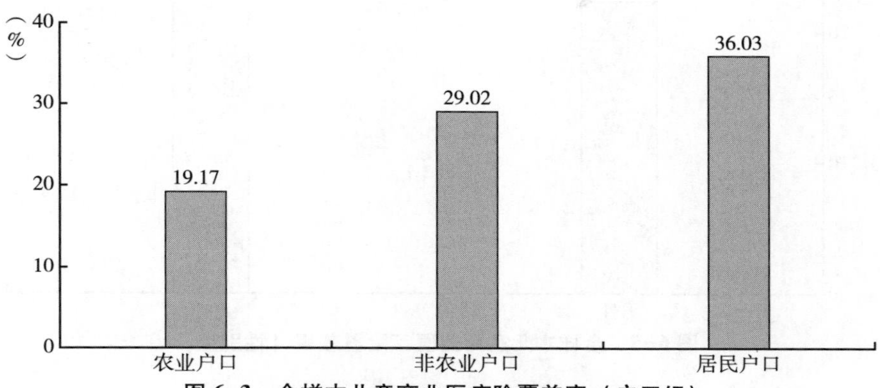

图 6-3　全样本儿童商业医疗险覆盖率（户口组）

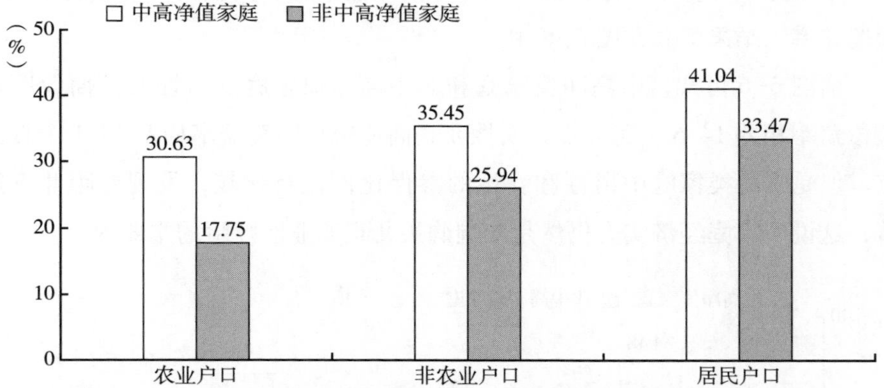

图 6-4　中高净值家庭和非中高净值家庭儿童商业医疗险覆盖率（户口组）

（三）性别分组

如图 6-5 所示，在全样本中观察不同性别儿童商业医疗险覆盖率，男性为 22.42%，女性为 21.96%。男性的略高于女性，但是二者并无显著性差距。这一结果可能说明，父母对儿子和女儿的重视情况趋于平等，打破传统“重男轻女”的思想观念。总体而言，儿童商业医疗险覆盖率还有待进一步提高

（Mckenzie，2011）。由于女孩的儿童商业医疗险覆盖率长期偏低，因此，需要加强对女孩的医疗保险与保障，确保她们具有同等的儿童商业医疗险覆盖率。

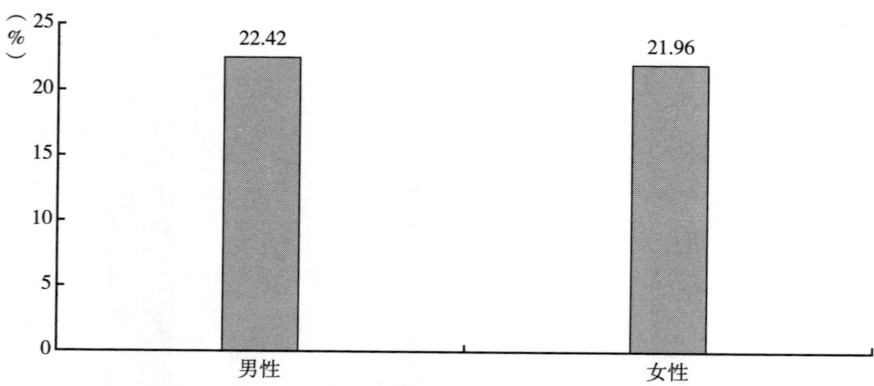

图 6-5　全样本儿童商业医疗险覆盖率（性别组）

本书分别计算中高净值家庭和非中高净值家庭不同性别的儿童商业医疗险覆盖率，结果汇总在图 6-6 中。

由图 6-6 可知，中高净值家庭和非中高净值家庭的男性儿童商业医疗险覆盖率相差 14.6 个百分点；女性儿童商业医疗险覆盖率相差 13.1 个百分点。但是将每类家庭中男性和女性的参保比例进行比较，发现差距并不显著，这说明家庭经济实力仍然是影响购买儿童商业医疗险的主要因素。

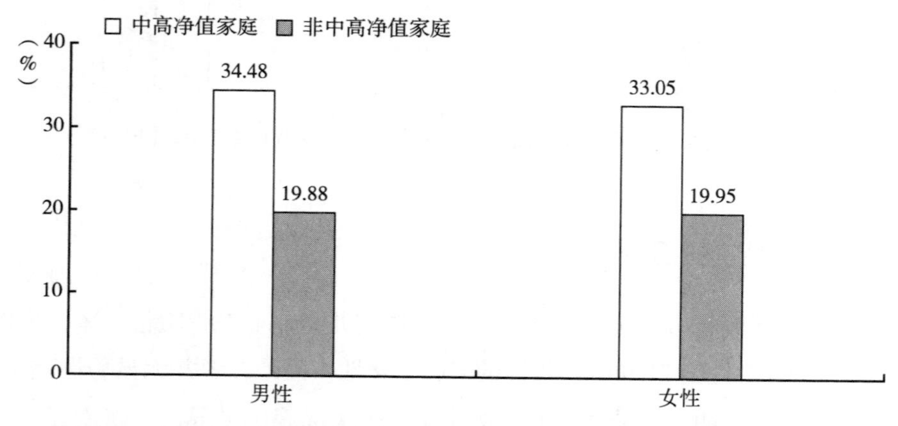

图 6-6　中高净值家庭和非中高净值家庭儿童商业医疗险覆盖率（性别组）

三　儿童商业医疗险费用情况

儿童医疗费用是影响儿童商业医疗险支出的重要因素。对其进行准确测算，是儿童医疗费用优化管理和确定儿童商业医疗险支出的前提和基础（闫春晓等，2021）。从家庭保险决策的角度来看，一个重要的指标就是家庭为儿童每年购买商业医疗险的支出，这是家庭支出的组成部分。从目前儿童商业医疗险产品定价来看，低的保费是每年几十元，高的保费是每年上万元。可见，保费差距比较大。不同的家庭会根据自身经济条件以及儿童情况，选择购买不同价位的儿童商业医疗险。当然，不同的保险公司所提供的儿童商业医疗险的范围有所不同。比如，儿童就医时的门诊费用，有的商业保险就不承担，但是，也有儿童商业保险覆盖门诊费用。对于家长而言，在选择去门诊时，应选择理赔金额较高且对特殊疾病有理赔的商业保险。此外，中高净值家庭经济条件比较好，因此也会选择母婴商业保险（金梦媛，2015）。这类商业保险一般覆盖即将出生的婴儿。婴儿即便出生后有先天性疾病，也能得到有效的保障。

（一）年龄分组

家庭每年的儿童商业医疗险支出一般与儿童的年龄相关。根据 2020 年 CFPS 数据计算全样本儿童商业医疗险费用平均值，汇总在图 6-7 中。0~3 岁和 4~7 岁的差距不大，两个年龄组的费用相差 229.99 元；8~11 岁和 12~16 岁的差距较大，两个年龄组的费用相差 374.04 元。0~7 岁的儿童商业医疗险费用平均值要显著高于 8~16 岁，产生这一结果的原因可能是孩子的年龄小，免疫力相对较弱，再加上自我保护意识不强等使医疗风险较高，因此儿童商业医疗险费用也相对较高。这里需要区分儿童重疾险和儿童健康医疗险，对于前者，一般情况下，儿童年龄越小，费用越少。但是，对于儿童健康医疗险而言，情况则相反，费用通常随年龄增长而下降。也就是说，儿童年龄越小，费用越多。7 岁以下的儿童，由于免疫系统尚未完全建立起来，因此，容易得病。这个人群对于保险公司而言，是高风险人群，因此，儿童商业医疗险费用会比较多。当儿童成长到 7 岁以后，免疫系统基本上已经建立起来了，得病的风险就会大大降低，商业医疗险费用就比较少。这与图 6-7 是吻合的。

儿童商业医疗险费用，会由于所处家庭的经济情况的不同而存在差异。本书分别计算中高净值家庭和非中高净值家庭儿童商业医疗险费用平均值，结果汇总在图 6-8 中。

由图 6-8 可知，在 0~7 岁年龄组下中高净值家庭和非中高净值家庭儿童商业医疗险费用平均值的变化趋势有一些差异。首先，中高净值家庭的 0~7 岁儿童商业医疗险费用平均值呈显著增长的趋势，而非中高净值家庭却呈下降趋势。其次，中高净值家庭和非中高净值家庭在 0~3 岁年龄组的差距最小，相差 733.45 元。在孩子 3 岁以后，中高净值家庭和非中高净值家庭的儿童商业医疗险费用平均值的差距变大，4~7 岁时相差 3154.21 元；8~11 岁时相差 2663.13 元；12~16 岁时相差 2511.51 元。总体来看，在儿童 4 岁以后，中高净值家庭比非中高净值家庭的儿童商业医疗险费用明显高一些。这一结果可能说明在非中高净值家庭孩子长大后，由于经济条件原因，其可能会选择保险担保项目较少的商业医疗险品类，费用相对较少；但是中高净值家庭还是会为孩子选择较多的项目。也就是说，中高净值家庭具有一定的经济实力，希望自己的孩子在生病接受治疗时不必去挤环境较差的普通病房，而是能够进入公立医院特需部、国际部、VIP 部或高端私立医院等条件好的病房接受医治，因此，其会选择保费相对比较多的中高端儿童商业医疗险。

（二）户口分组

本书分别计算不同户口类型全样本儿童商业医疗险费用平均值，将其汇总在图 6-9 中。

图 6-9 报告了不同户口类型的儿童商业医疗险费用平均值。值得注意的是，在农村土地征用过程中，农业户口家庭得到土地赔偿金，其在失去土地

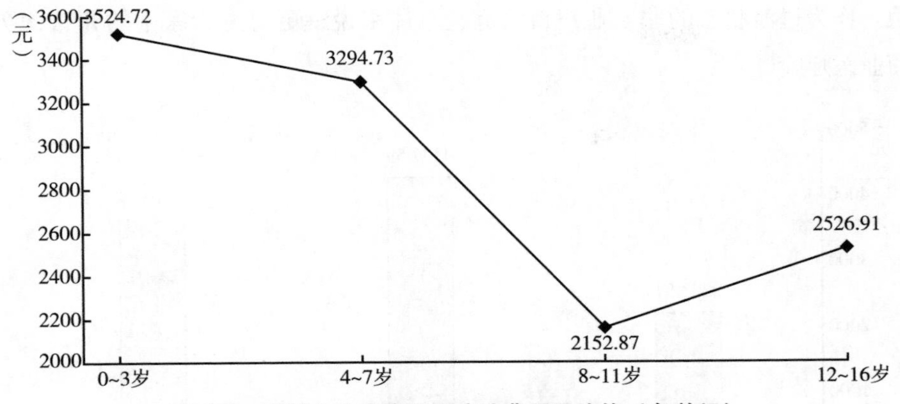

图 6-7　全样本儿童商业医疗险费用平均值（年龄组）

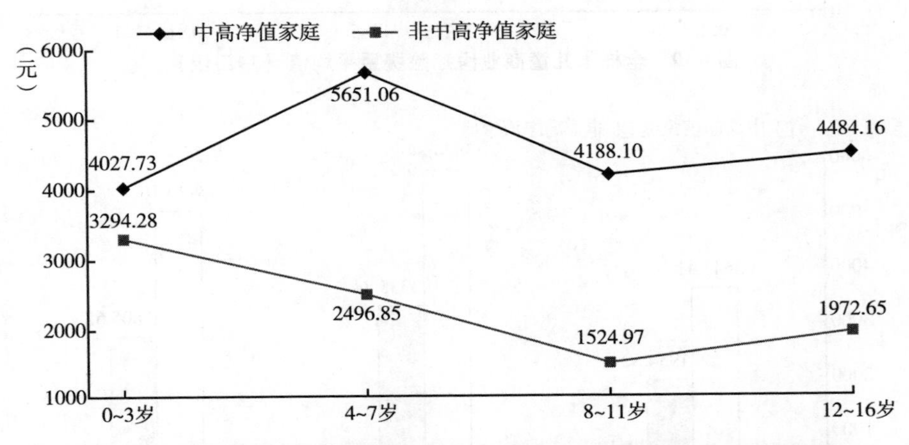

图 6-8　中高净值家庭和非中高净值家庭儿童商业医疗险费用平均值（年龄组）

保障之后往往会购买商业保险，其中包括儿童商业医疗险。非农业户口同居民户口的儿童商业医疗险费用平均值相差 621. 45 元，差距较小；但同农业户口的差距较大，为 2084. 08 元。上述结果表明了我国城乡儿童商业医疗险费用的差距较大。

图 6-10 报告了中高净值家庭与非中高净值家庭儿童商业医疗险费用平均值。其中农业户口组别相差 1689. 09 元，差距最小；非农业户口组别相差 2499 元，差距最大；居民户口组别相差 2308. 48 元。上述结果表明按照户籍类型分析，中高净值家庭和非中高净值家庭儿童商业医疗险费用平均值仍有较大差

距。作为过渡状态的非农业户口家庭，总体来说，更愿意为家中的儿童购买商业医疗险。

（元）
5000
4000
3000
2000
1000
0
4337.59
3716.14
2253.51
农业户口
非农业户口
居民户口

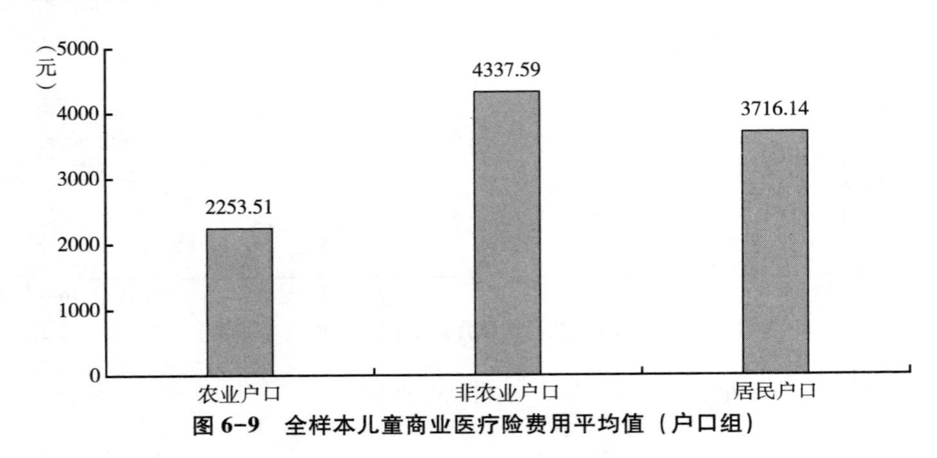

图 6-9　全样本儿童商业医疗险费用平均值（户口组）

□ 中高净值家庭 ■ 非中高净值家庭
（元）
6000
5000
4000
3000
2000
1000
0
5834.84
5114.10
3643.41
3335.84
2805.62
1954.32
农业户口
非农业户口
居民户口

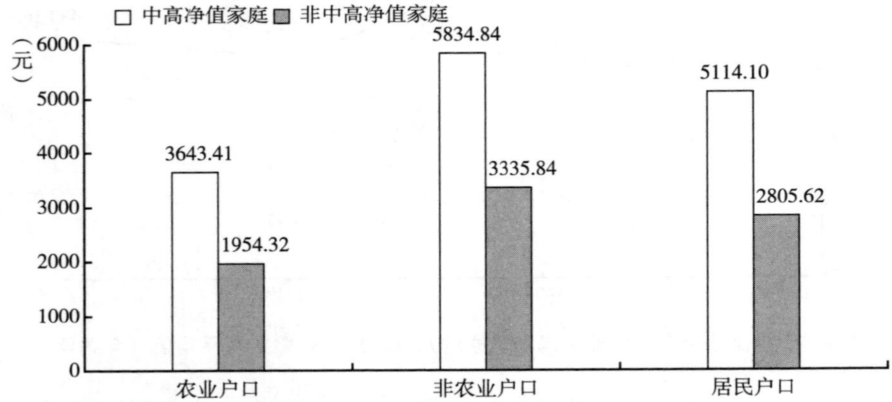

图 6-10　中高净值家庭和非中高净值家庭儿童商业医疗险费用平均值（户口组）

（三）性别分组

本书根据性别进行分组，分别计算全样本儿童商业医疗险费用平均值，汇总在图 6-11 中。

根据图 6-11 的数据分析结果，男性的儿童商业医疗险费用平均值和女性的差距较小，仅相差 268. 6 元。这个情况与包括成年人在内的全人口样本的商业健康险的需求情况有所不同。例如，有研究表明，男性相比女性更少购买商业健康险，这可能是因为女性的风险意识更强，更厌恶风险，更有可能通过投保健康险转移健康风险问题（邱凤梅，2021）。由于家庭中儿童商业医疗险的购买决策是家长做的，因此，性别不会影响家长的购买选择。

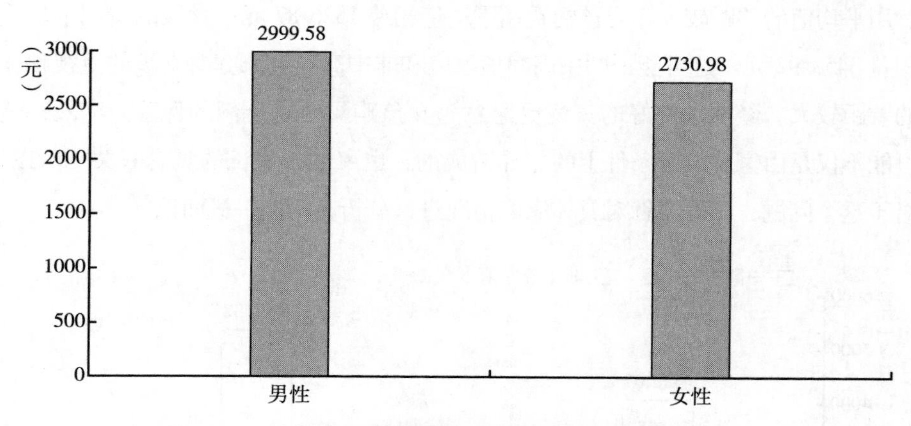

图 6-11　全样本儿童商业医疗险费用平均值（性别组）

总体来看，男性儿童商业医疗险费用平均值高于女性。一个重要的原因是男孩比女孩更容易生病。例如，有研究表明，从婴儿早期到 3 岁，男孩比女孩更有可能出现发育不良的情况（Bork and Diallo，2017）。与女孩相比，男孩更有可能出现营养不良的情形（Thurstans et al.，2020）。男孩性激素对免疫功能的影响也可能造成他们比女孩更容易发生感染性疾病。此外，男孩生性好动，喜欢探险，活动范围比较大，所以，出现外伤、骨折、感染等损伤的概率比女孩高。因此，在儿童商业医疗险费用上，家庭为男孩所支付的费用要多于女孩。

根据图 6-12，中高净值家庭女孩的儿童商业医疗险费用平均值显著高于男孩，而非中高净值家庭男孩的费用平均值高于女孩。这是一个很有意义的社会现象。对于中高净值家庭而言，总体上，子女的商业健康险的保障程度都比较高。在子女得到比较有效的健康和医疗保障的情况下，中高净值家庭往往在女孩的重疾险上进行更多的投入。一般情况下，女孩的商业重疾险的费用会比男孩的多。中高净值家庭有足够的财力为家中的女孩购买比较好的商业重疾险。此外，根据女孩的身体状况以及特定疾病，中高净值家庭还会增加一些涉及女孩的专项保障，购买相应的专项商业医疗险。所以，中高净值家庭购买的女孩的商业医疗险的费用会比男孩的要多一些。

此外，图 6-12 还显示，中高净值家庭和非中高净值家庭的儿童商业医疗险费用平均值的差距较大，男孩的费用平均值相差 1526. 87 元；女孩的费用平均值相差 3458. 92 元。这可能说明中高净值家庭和非中高净值家庭对女孩的重视程度的差距较大，经济条件好的家庭更愿意为女孩购买更高金额的保险。当然，这可能不仅是由家庭经济条件上的差异造成的，也可能与家长的观念有关。所以，对于这个问题，还需要针对具体家庭情况进行分析，不能一概而论。

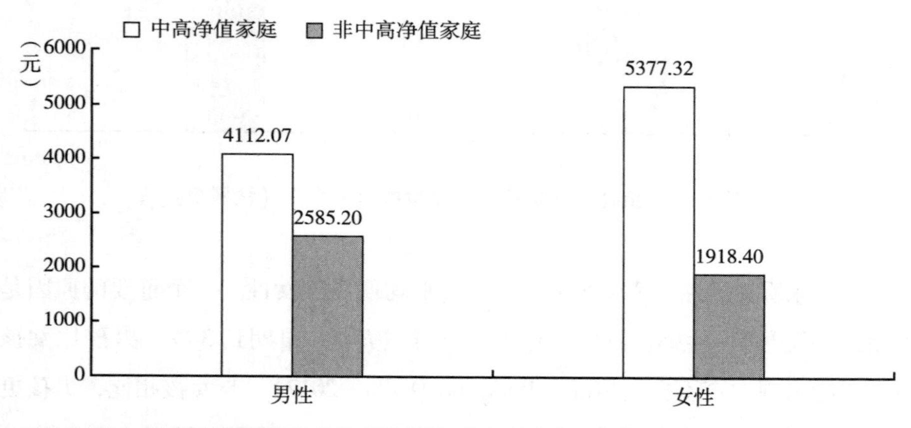

图 6-12　中高净值家庭和非中高净值家庭儿童商业医疗险费用平均值（性别组）

四　儿童健康与商业医疗险

个体健康与商业医疗险的需求之间的关系，是学界和业界普遍关心的问题（赵心怡，2020）。给孩子买商业医疗险的一个重要目的是当孩子生病需要医治时，让孩子可以获得比较好的治疗以最终康复，而且可以有效减轻家庭在医疗方面的负担。对于家中的儿童而言，其健康状况与家长为其买商业医疗险之间一般存在关联性。

（一）生病情况

本书从过去一个月是否生病角度计算全样本购买儿童商业医疗险的比例，结果汇总在图 6-13 中。

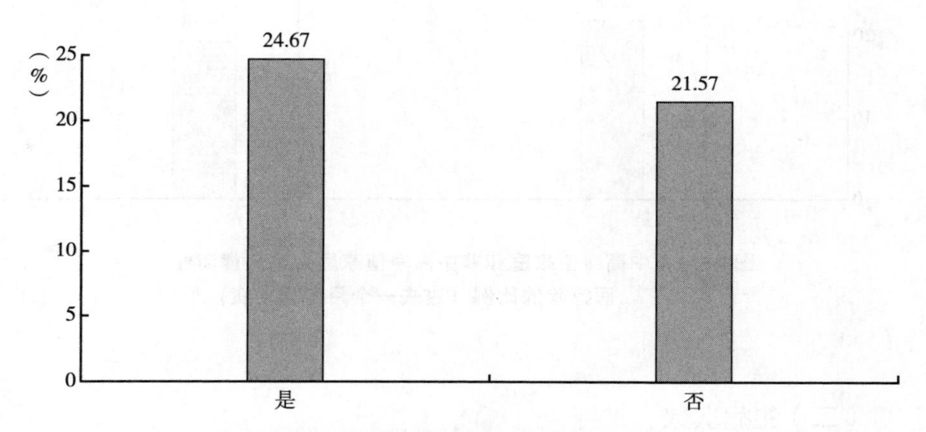

图 6-13　全样本购买儿童商业医疗险的比例（过去一个月是否生病）

由图 6-13 可知，儿童在过去一个月生病的情况并不会对家长购买商业医疗险产生显著影响。在过去一个月出现生病情况的儿童购买商业医疗险的比例与未生病的儿童的比例仅相差 3.1 个百分点，差距很小。这可能与儿童生病的短期冲击和长期冲击有关。对商业医疗险的影响因素主要是慢性病或者恶性疾病。儿童过去一个月生的病一般更多的是急性轻症疾病，因此，其对于儿童商业医疗险的短期需求的影响不是很显著。不过，其可能会对儿童商业医疗险的长期需求产生影响。

图 6-14 报告了针对过去一个月是否生病，中高净值家庭和非中高净值家庭购买儿童商业医疗险的比例。在生病的组别中，中高净值家庭购买儿童商业医疗险的比例高于非中高净值家庭 12.45 个百分点；在没有生病的组别中，二者相差 12.42 个百分点。由上述结果可知，与过去一个月是否生病相比，经济条件是影响家庭购买儿童商业医疗险的比例的显著因素。

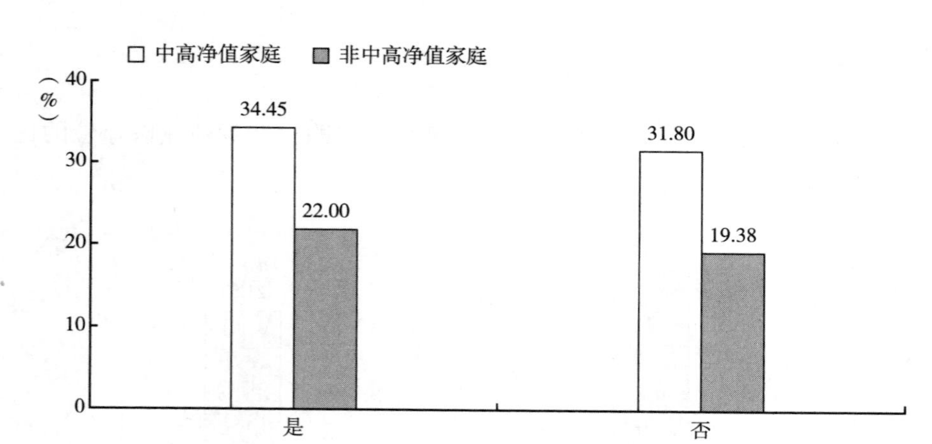

图 6-14　中高净值家庭和非中高净值家庭购买儿童商业医疗险的比例（过去一个月是否生病）

（二）生病次数

对于儿童健康与商业医疗险的关系的探讨，需要进一步区分生病的频率。儿童频繁生病，说明儿童的体质比较差，或者免疫能力较弱。根据直观推测，儿童生病频率越高，那么对于儿童商业医疗险的需求就会越大，该保险的覆盖率也会越高。但是，实际的情况往往与猜想的有所不同。本书针对过去一个月生病次数计算全样本购买儿童商业医疗险的比例，结果汇总在图 6-15 中。

根据图 6-15，在过去一个月生病次数为 1～2 次的样本购买儿童商业医疗险的比例最高，生病 7 次及以上的比例最低。也就是说，儿童过去一个月生病次数与购买儿童商业医疗险的比例之间并不是线性关系，而是非线性关系。产生上述结果的原因可能是，购买商业医疗险时相关负责人会对被保险人的健康状况进行评估。一般情况下，投保之前身体健康状况不符合保险公司的标准是无法购买保险的，因此身体状况越差，顺利购买商业医疗险的可能性越低。当然，对于这个现象的解释要慎重，因为这种结果的出现也可能与样本数有关。比如，过去一个月生病次数在 7 次及以上的儿童样本数比较少。所以，在进行推断时，要考虑样本数较少这一情况产生的影响。

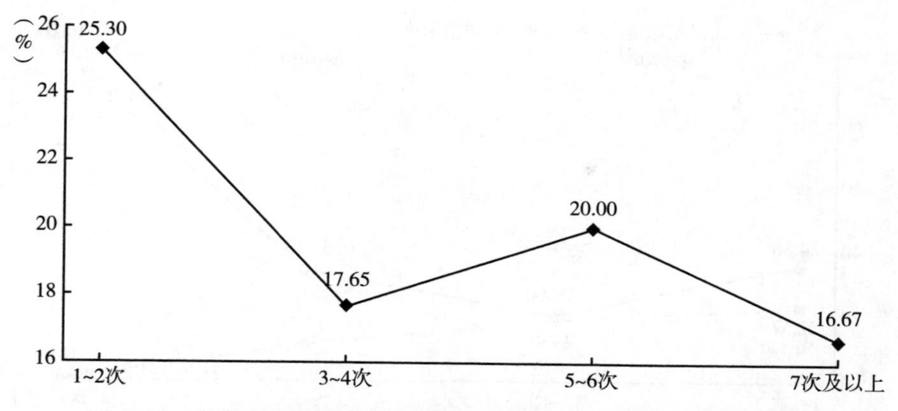

图 6-15　全样本购买儿童商业医疗险的比例（过去一个月生病次数）

由图 6-16 可知，在过去一个月生病次数为 1~4 次时，中高净值家庭和非中高净值家庭购买儿童商业医疗险的比例的差距并不显著；但是生病次数多于 4 次时，二者出现显著性差距。其中生病次数在 7 次及以上时，中高净值家庭购买儿童商业医疗险的比例为 100%，而非中高净值家庭购买儿童商业医疗险的比例却为 0。产生上述结果的原因可能是，经济条件好的家庭可以承担医保费用相对较高的项目。保险公司也会针对高风险（即身体健康状况相对较差）的人群设计高费用项目，因此生病次数的增加并没有使中高净值家庭购买儿童商业医疗险的比例下降；但是对于经济条件一般的家庭，高额商业医保费用会造成一定的家庭负担，因此，随着孩子生病次数的增加，其购买儿童商业医疗险的比例在逐渐降低。

当然，这里面其实还有一个原因，就是对于经济条件比较差的家庭，儿童主要依靠的是社会基础医疗保障，而不是儿童商业医疗险，因为选择儿童商业医疗险需要支付比较多的保费。这从一个侧面体现了社会基础医疗保障体制的重要性，对经济条件比较差的家庭而言，其对社会基础医疗保障的依赖性是非常高的。

（三）因病就医次数

因病就医次数是影响医疗支出的重要因素。目前，中国人均看病次数在

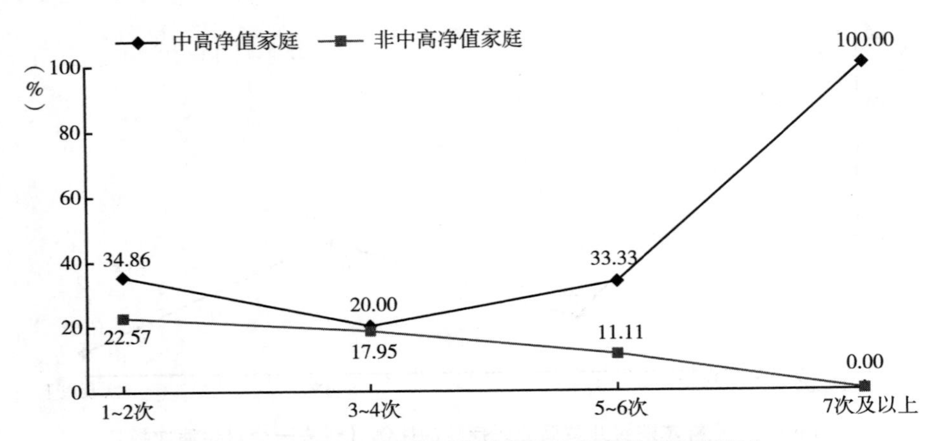

图 6-16　中高净值家庭和非中高净值家庭购买儿童商业医疗险的比例（过去一个月生病次数）

快速上升，人均医疗支出也呈现持续上升的态势。《中国卫生健康统计年鉴(2020)》中的数据显示，居民就诊次数在2019年已经达到6.2次（国家卫生健康委员会，2020)。2010年，这一数据为4.4次。这里，根据儿童过去一个月因病就医次数计算全样本购买儿童商业医疗险的比例，结果汇总在图6-17中。

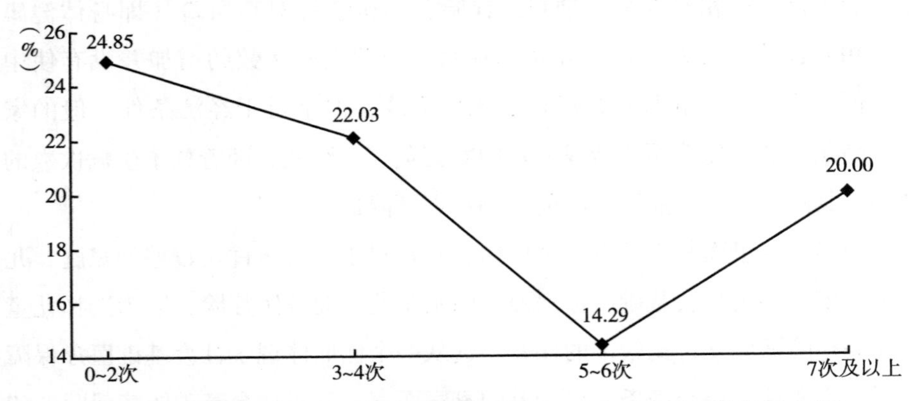

图 6-17　全样本购买儿童商业医疗险的比例（过去一个月因病就医次数）

根据图6-17，在过去一个月因病就医次数中，就医5~6次的样本购买儿童商业医疗险的比例与其他组别的差距显著，为14.29%。这可能是因为存在所谓的医疗外部性问题。也就是说，随着就医次数的增加，人们掌握的医疗基本知识会逐渐增加，从而减少自己和家人的平均就医次数（徐文，2009）。这种医疗外部性的存在，导致那些就医次数比较少的儿童的健康程度可能并不理想，因此，相关家庭需要购买儿童商业医疗险。

根据图 6-18，在过去一个月因病就医次数超过 4 次时，中高净值家庭购买儿童商业医疗险的比例与非中高净值家庭出现显著差距。过去一个月因病就医次数在 5 次及以上的非中高净值家庭购买儿童商业医疗险的比例为 0，说明经济条件一般、儿童身体不太健康的家庭一般不会购买儿童商业医疗险。在这种情况下，经济条件比较差的家庭主要依靠的是社会基础医疗保障，而非商业医疗险。

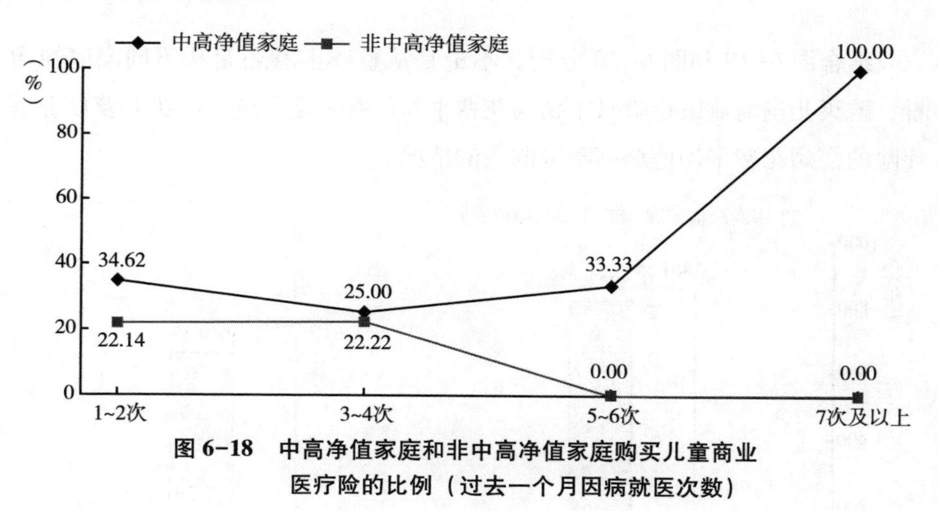

图 6-18　中高净值家庭和非中高净值家庭购买儿童商业医疗险的比例（过去一个月因病就医次数）

（四）儿童伤病花费情况

儿童就医次数越多，一般家庭的花费也就越多。本书通过对购买儿童商业医疗险的家庭和没有购买儿童商业医疗险的家庭进行比较，分析儿童平均伤病医疗支出是否存在差异，全样本伤病花费平均值见图 6-19。

如图 6-19 所示，购买儿童商业医疗险的家庭为儿童伤病所花的费用更多。换言之，总体来看，儿童伤病花费多的家庭，更有可能购买儿童商业医疗险，因为这可以减轻家庭在这方面的支出压力。

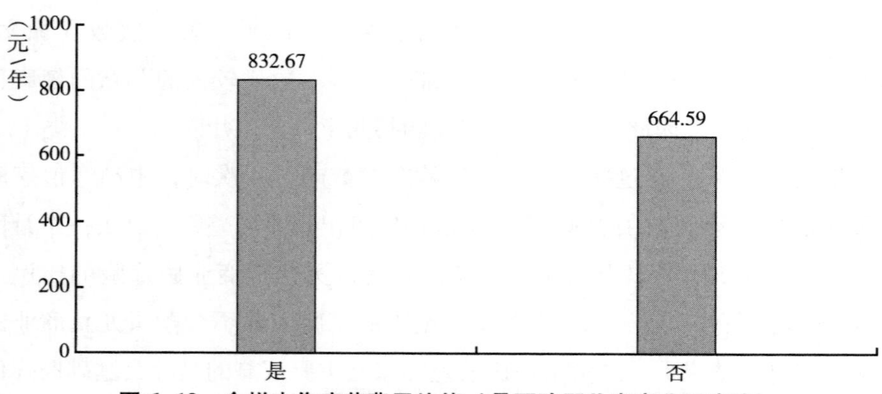

图 6-19　全样本伤病花费平均值（是否购买儿童商业医疗险）

结合图 6-19 和图 6-20 分析，不论是从整体上看还是从不同家庭视角看，购买儿童商业医疗险对于伤病花费平均值有一定影响。购买儿童商业医疗险的伤病花费平均值略高于未购买的情况。

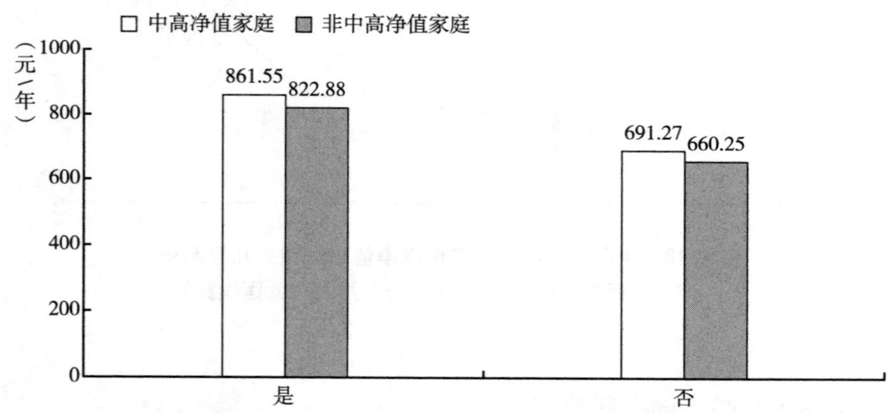

图 6-20　中高净值家庭和非中高净值家庭伤病花费平均值（是否购买儿童商业医疗险）

（五）医疗费用自付情况

由于医疗费用支出会受到很多因素的影响，因此，有必要从医疗费用自付比例的角度探讨家庭儿童医疗支出与儿童商业医疗险之间的关系，全样本医疗自付费用占医疗支出的比例汇总在图 6-21 中。

根据图 6-21，总体来看，医疗自付费用占医疗支出的比例偏高。之前有研究表明，在职职工住院费用中的自付比例平均为 50.99%（夏苏建，2005）。未购买儿童商业医疗险的医疗自付费用占医疗支出的比例要高出购买儿童商业医疗险的比例 9.74 个百分点。这说明儿童商业医疗险还是可以在一定程度上减轻家庭医疗支出负担的。

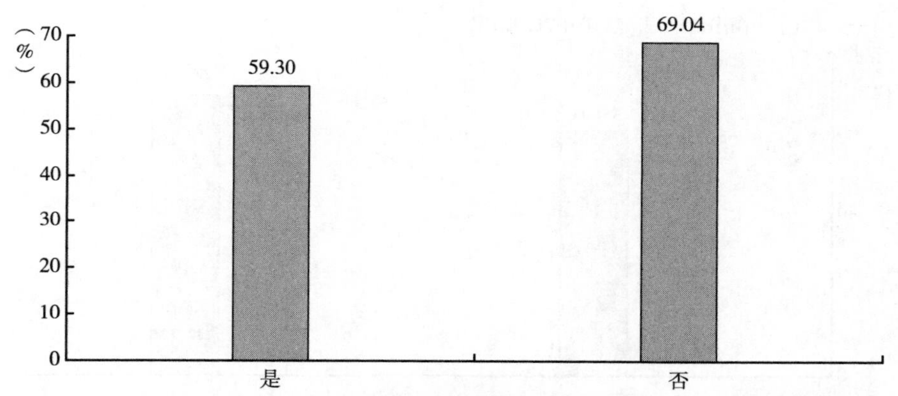

图 6-21　全样本医疗自付费用占医疗支出的比例（是否购买儿童商业医疗险）

由图 6-22 可知中高净值家庭和非中高净值家庭医疗自付费用占医疗支出的比例，购买儿童商业医疗险的中高净值家庭、非中高净值家庭比没有购买儿童商业医疗险的家庭的比例要低。其中，非中高净值家庭的比例更高。对于购买儿童商业医疗险的组别，非中高净值家庭医疗自付费用占医疗支出的比例比中高净值家庭高 7.54 个百分点；在没有购买儿童商业医疗险的组别中，非中高净值家庭的比例高于中高净值家庭 2.7 个百分点。这进一步说明儿童商业医疗险可以减轻家庭在儿童医疗方面的负担；同时，中高净值家庭会选择费用更高的保险项目，因此自付费用占比更小。

五　儿童教育条件与商业医疗险

儿童教育与健康，都是所有家长普遍关心的大事。对于中高净值人群而言，这两件事都与家庭财富继承有着直接的关系，因此，它们是其优先关注的事项（岳明，2011）。在家庭决策上，儿童教育与健康往往是彼此关联的事项，都关系到孩子的未来与成长。因此，家长都会对这两件事情进行持续关注与投入，希望为孩子提供良好的成长条件。但是，在家庭收入有限的情况下，一些收入水平较低的家庭也需要在孩子的教育投入与健康投入上进行取舍，家庭对孩子的教育投入和健康投入有可能存在挤出效应。

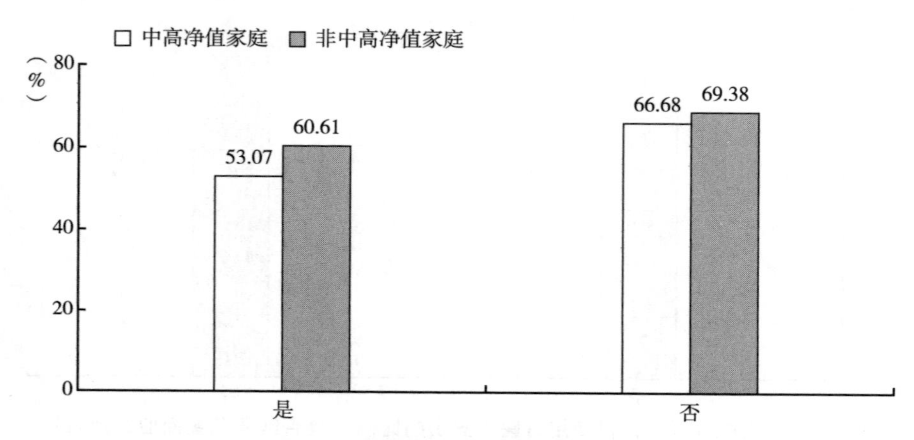

图 6-22　中高净值家庭和非中高净值家庭医疗自付费用占医疗支出的比例（是否购买儿童商业医疗险）

（一）是否为孩子教育存钱

根据图 6-23，从整体上看，家长在选择为孩子教育存钱的同时也会选择购买商业医疗险，这说明两者存在一定的相关性。无论是教育投入，还是商业医疗险的投入，其实都是对孩子健康成长的保障。此外，从差距来看，为孩子教育存钱的家庭购买儿童商业医疗险的比例要高出不选择为孩子教育存钱的家庭 22.79 个百分点，差距还是很明显的。

根据图 6-24，选择为孩子教育存钱的家庭购买儿童商业医疗险的比例较高。其中在为孩子教育存钱的组别中，中高净值家庭购买儿童商业医疗险的比例高出非中高净值家庭 12.49 个百分点；在未为孩子教育存钱的组别中，中高净值家庭购买儿童商业医疗险的比例高于非中高净值家庭，且二者

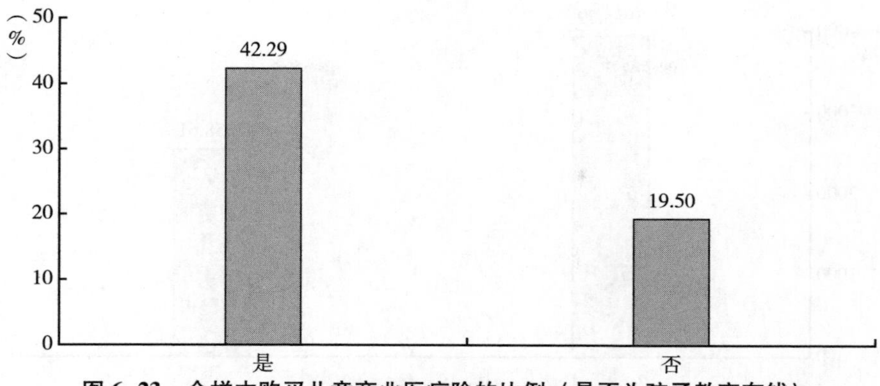

图 6-23　全样本购买儿童商业医疗险的比例（是否为孩子教育存钱）

相差 11. 76 个百分点。上述结果进一步说明为孩子教育存钱的家庭更容易购买儿童商业医疗险，具有为孩子健康和教育投资的意识，即经济条件好的家庭有更强的投保意愿。

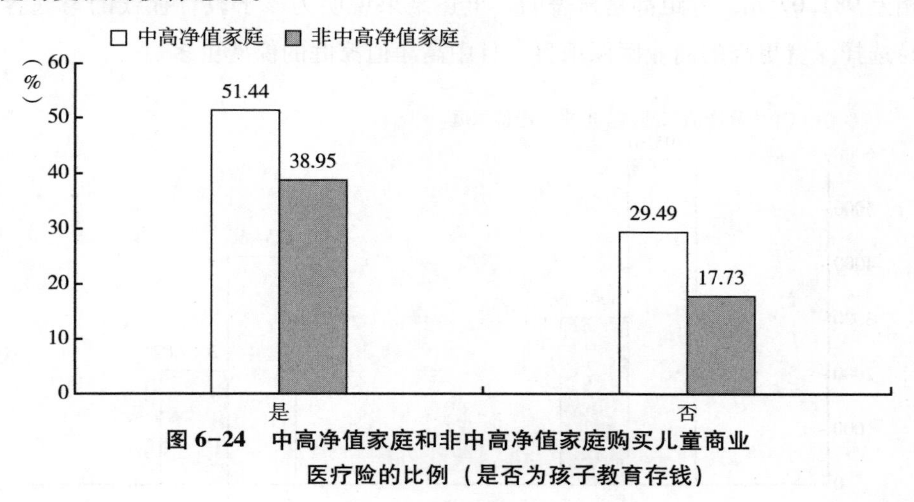

图 6-24　中高净值家庭和非中高净值家庭购买儿童商业医疗险的比例（是否为孩子教育存钱）

根据图 6-25，选择为孩子教育存钱的家庭，购买儿童商业医疗险费用平均值会更高。一个可能的原因是，这类家庭愿意购买儿童商业医疗险中的中高端产品，这类产品的保费相对更高。具体而言，有为孩子教育存钱行为的家庭购买儿童商业医疗险费用平均值比没有为孩子教育存钱行为的家庭高 1396. 78 元，差距较大。

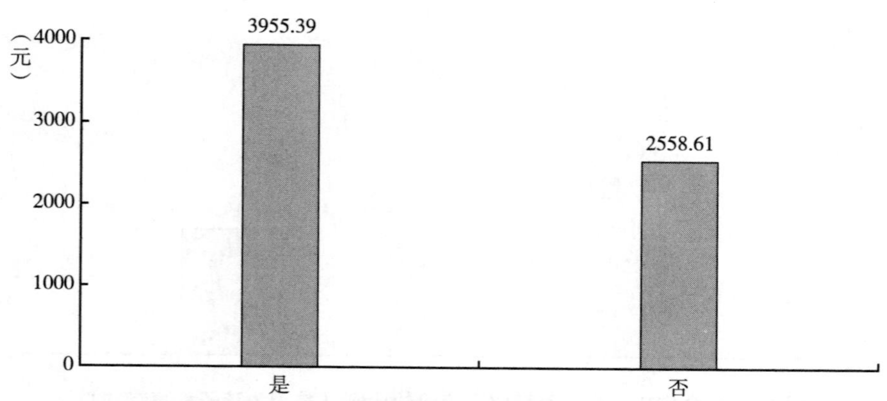

图 6-25　全样本购买儿童商业医疗险费用平均值（是否为孩子教育存钱）

由图 6-26 可知，中高净值家庭中为孩子教育存钱购买儿童商业医疗险费用平均值比不为孩子教育存钱的高 1740.64 元；非中高净值家庭中，二者相差 981.07 元，差距都是显著的。上述结果说明为孩子教育存钱的家庭容易选择保费更高的商业医保项目，且中高净值家庭的保费更多。

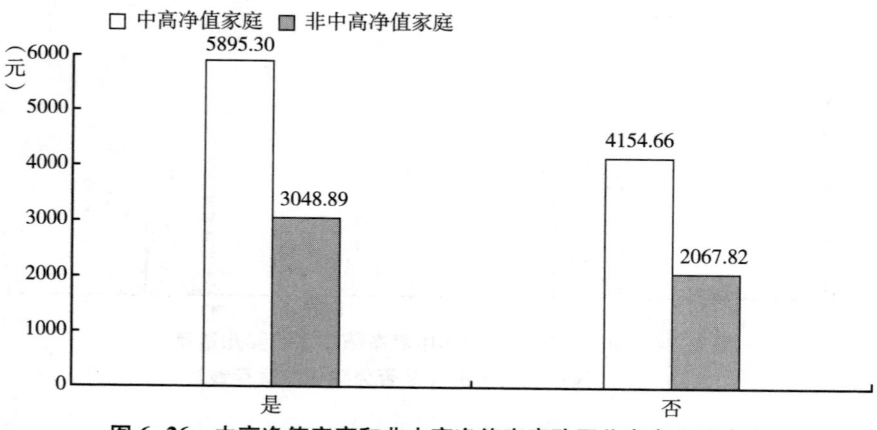

图 6-26　中高净值家庭和非中高净值家庭购买儿童商业医疗险费用平均值（是否为孩子教育存钱）

（二）为教育存钱的金额

图 6-27 则报告了针对是否购买儿童商业医疗险的全样本一年内为孩子

教育存钱金额平均值。其中购买儿童商业医疗险的家庭的平均值更高，二者相差 2330.23 元，差距显著。综上说明，有教育投资意识的家庭对孩子的医保支出更多，而有商业医保投资行为的家庭也会提高孩子的教育资金积累值，二者具有一定的相关性。

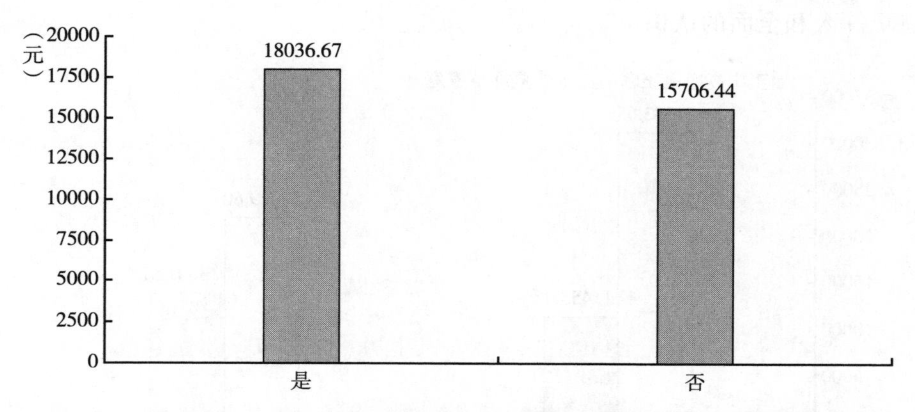

图 6-27 全样本一年内为孩子教育存钱金额平均值（是否购买儿童商业医疗险）

由图 6-28 可知，中高净值家庭的相关数据符合前文的分析结论，表明教育资金积累得越多，儿童商业医疗险的费用越多。但针对非中高净值家庭而言，得到了不一样的结论：对于经济条件一般的家庭，健康投资与教育投资存在一定的竞争关系，即选择购买儿童商业医疗险的人群的教育储蓄相对较少，但未购买儿童商业医疗险的家庭会为孩子投入更多的教育经费，也就是说，存在所谓的“挤出效应”。在存在收入约束的家庭中，家长一般首先会确保孩子的教育经费，因此可能会压缩在儿童商业医疗险上的支出，或者选择购买保费比较少的低端的儿童商业医疗险。

六 儿童商业医疗险影响因素分析

本书接下来使用的数据主要来源于 2020 年 CFPS 问卷中的家庭问卷和个人问卷。研究的重点是儿童商业医疗险的影响因素。儿童参加商业医疗险能有效改善儿童的健康状况，已为社会各界普遍关注。然而，在我国，儿童商业医疗险的覆盖率还不是很高，还有不少家庭并未为家中的儿童购买商业医疗险。当前，对于哪些因素会影响家庭对儿童商业医疗险的需求，相关研究还很少，且研究不全面、系统。因此，本部分将利用微观调查数据，开展针对家庭儿童商业医疗险的影响因素的实证研究和检验，以期能对这个问题有更深入和全面的认识。

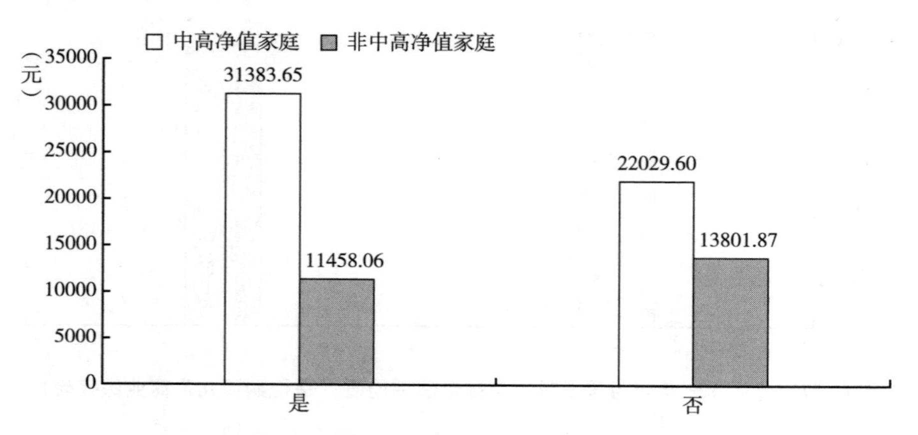

图 6-28 中高净值家庭和非中高净值家庭一年内为孩子教育存钱金额平均值（是否购买儿童商业医疗险）

（一）数据、变量与模型

1. 关键变量

此处的被解释变量是儿童商业医疗险支出和儿童商业医疗险参与。第一个被解释变量是儿童商业医疗险参与。根据 CFPS 家庭问卷中的问题“过去 12 个月，家里是否为你（儿童）购买了商业医疗保险？”对变量进行定义。若对该问题的回答是 0，则定义儿童商业医疗险参与为 0，即家庭并未为儿童购买商业医疗险；若对该问题的回答是 1，则定义商业医疗险参与为 1，即家庭参与到了儿童商业医疗险之中。第二个被解释变量是儿童商业医疗险支出。根据 CFPS 家庭问卷中的问题“过去 12 个月，家里为这个孩子购买商业医疗保险花了多少钱?”定义儿童商业医疗险支出。

核心解释变量是中高净值家庭（虚拟变量）和家庭可投资性资产。其余控制变量主要包括家庭层面和户主层面的控制变量，家庭层面的控制变量包括家庭创业决策、家庭房产投资决策、家庭规模、家庭收入、银行贷款、亲友及民间贷款、人情费、教育培训费；户主层面的控制变量包括性别、年龄、教育年限、婚姻状况、健康状况、自信程度以及是否上网。此外，控制变量还包括儿童自身的一些因素，比如是否上学、就医次数以及医疗自费。所以，这是一个家庭多层次的整体分析，有助于比较全面系统地研究家庭儿童商业医疗险的购买情况和需求。

2. 描述性统计

在数据处理过程中，本章剔除了变量中存在缺失值和错误值的样本，最终得到有效样本 5166 份。变量的定义与描述性统计见表 6-1。

表 6-1　变量的定义与描述性统计

变量名称	定义	均值	标准差	最小值	最大值
儿童商业医疗险支出	上年儿童商业医疗险支出额	605. 44	2787. 443	0	120000
儿童商业医疗险参与	购买儿童商业医疗险为 1，否则为 0	0. 22	0. 414	0	1
中高净值家庭	中高净值家庭为 1，其余为 0	0. 171	0. 377	0	1
家庭可投资性资产	家庭可投资性资产的对数	8. 991	4. 745	0	17. 371
家庭创业决策	进行个体经营或私营企业的个数	0. 314	0. 611	0	7
家庭房产投资决策	除现住房以外房产的个数	0. 156	0. 421	0	5
家庭规模	家庭人口数量	5. 366	2. 014	1	15
家庭收入	家庭收入的对数	10. 957	1. 286	0	14. 221
银行贷款	家庭存在银行贷款时取值为 1，否则为 0	0. 146	0. 353	0	1
亲友及民间贷款	家庭存在亲友及民间贷款时取值为 1，否则为 0	0. 145	0. 352	0	1
人情费	上一年家庭人情往来支出	4232. 046	6940. 165	0	120000
教育培训费	上一年家庭教育培训支出	6707. 607	11124. 213	0	152000

续表

变量名称	定义	均值	标准差	最小值	最大值
性别	如果性别为男性,该变量取值为 1,否则为 0	0. 545	0. 498	0	1
年龄	个体的年龄	43. 529	12. 128	19	83
教育年限	接受教育的年数	8. 358	5. 004	0	22
婚姻状况	婚姻状况为已婚,则该变量取值为 1,否则为 0	0. 939	0. 24	0	1
健康状况	健康状况评分,最高为 5,最低为 1	2. 859	1. 147	1	5
自信程度	自信程度评分,最高为 5,最低为 1	4. 176	0. 884	1	5
是否上网	上网为 1,否则为 0	0. 724	0. 447	0	1
是否上学	上学为 1,否则为 0	0. 746	0. 435	0	1
就医次数	过去一年儿童就医次数	1. 359	2. 501	0	36
医疗自费	过去一年孩子患病自付医疗费的金额	916. 272	4543. 951	0	120000

3. 模型设定

本章考察中高净值家庭和家庭可投资性资产对儿童商业医疗险支出和儿童商业医疗险参与的影响，具体的设定模型如下：

$$Hinsurance = \alpha_0 + \alpha_1 \times MHW + \alpha_2 \times \ln(FIA) + \alpha_3 \times X + u \tag{1}$$

$$HIP = \beta_0 + \beta_1 \times MHW + \beta_2 \times \ln(FIA) + \beta_3 \times X + u \tag{2}$$

其中，*Hinsurance* 表示家庭年度儿童商业医疗险支出的金额，这是一个连续变量；*HIP* 表示家庭参与儿童商业医疗险的情况，这是一个由 0 和 1 组成的变量；*MHW* 和 *FIA* 分别表示中高净值家庭（虚拟变量）和家庭可投资性资产，X 为一系列控制变量，包含家庭层面、户主层面以及儿童层面的控制变量，u 为误差项。

在式（2）的回归中，由于被解释变量是分类变量，因此，采用的是 Logit 回归模型，而不是最小二乘回归（OLS）模型。

（二）实证分析

1. 中高净值家庭对于儿童商业医疗险支出的影响

表 6-2 展示了中高净值家庭对于儿童商业医疗险支出影响的回归结果。

第（1）列只考虑中高净值家庭（虚拟变量）这一解释变量，第（2）列加入了家庭层面控制变量，第（3）列在家庭层面控制变量的基础上加入了户主层面控制变量以及与儿童相关控制变量。在此基础上，对应于第（1）~（3）列，在第（4）~（6）列中加入了省份固定效应。结果显示，在所有模型中，中高净值家庭的回归系数都显著为正。如第（6）列所示，同时考虑家庭层面控制变量、户主层面控制变量、与儿童相关控制变量以及省份固定效应后，中高净值家庭比非中高净值家庭在儿童商业医疗险年支出上增加了约417元。这说明中高净值家庭在儿童商业医疗险上投入更多资金，对于儿童商业医疗险的需求更多。这也说明，中高净值家庭可以为孩子提供更好的保险保障。

表 6-2 中高净值家庭对儿童商业医疗险支出影响的回归结果

变量	(1)	(2)	(3)	(4)	(5)	(6)
中高净值家庭	973.371***	456.972**	388.344*	852.743***	477.941**	416.563**
	(5.53)	(2.19)	(1.87)	(5.25)	(2.26)	(1.97)
家庭房产投资决策		161.141*	143.137		127.953	112.567
		(1.74)	(1.54)		(1.36)	(1.19)
家庭创业决策		161.995	165.941		166.126	172.961
		(1.36)	(1.40)		(1.36)	(1.40)
家庭规模		-115.473***	-104.434***		-95.203***	-87.230***
		(-7.04)	(-5.74)		(-6.31)	(-5.07)
家庭收入		152.111***	122.268***		145.781***	120.251***
		(4.04)	(3.45)		(3.79)	(3.36)
银行贷款		222.877	218.004		261.765*	252.191*
		(1.61)	(1.50)		(1.86)	(1.71)
亲友及民间贷款		-137.170*	-102.329		-114.982*	-89.476
		(-1.89)	(-1.48)		(-1.66)	(-1.34)
人情费		0.004	0.004		0.003	0.002
		(0.46)	(0.47)		(0.34)	(0.26)
教育培训费		0.020***	0.019***		0.017***	0.016**
		(3.01)	(2.78)		(2.67)	(2.49)
性别			-19.816			10.684
			(-0.28)			(0.15)
年龄			4.438			3.890
			(1.02)			(0.88)

续表

变量	(1)	(2)	(3)	(4)	(5)	(6)
教育年限			37.605***			34.225***
			(4.84)			(4.47)
婚姻状况			-41.423			-42.117
			(-0.38)			(-0.37)
健康状况			1.388			-5.044
			(0.04)			(-0.15)
自信程度			52.711*			43.238
			(1.93)			(1.55)
是否上网			28.020			33.210
			(0.45)			(0.54)
是否上学			-80.004			-74.201
			(-0.89)			(-0.83)
就医次数			33.939			41.872*
			(1.41)			(1.70)
医疗自费			0.003			0.001
			(0.45)			(0.25)
省份固定效应	否	否	否	是	是	是
常量	438.878***	-757.425**	-1160.500***	764.838	-1019.135	-1399.869
	(14.90)	(-2.05)	(-2.78)	(1.08)	(-1.15)	(-1.53)
观测值	5166	5166	5166	5166	5166	5166
R^2	0.017	0.040	0.045	0.037	0.053	0.058

注：括号内是 t 值，*、**、*** 分别代表在10%、5%和1%的置信水平下显著。

2. 家庭可投资性资产对于儿童商业医疗险支出的影响

表6-3展示了家庭可投资性资产对儿童商业医疗险支出影响的回归结果。在第（1）列和第（4）列中，家庭可投资性资产的回归系数都显著为正。但是，在其余4列中，该回归系数都是不显著的。这说明，总体而言，家庭可投资性资产对儿童商业医疗险支出并没有直接影响。例如，当同时考虑家庭层面控制变量、户主层面控制变量、儿童相关控制变量以及省份固定效应后，家庭可投资性资产对儿童商业医疗险支出的影响不显著。

表 6-3　家庭可投资性资产对儿童商业医疗险支出影响的回归结果

变量	（1）	（2）	（3）	（4）	（5）	（6）
家庭可投资性资产	49.802***	4.092	-2.650	39.275***	3.331	-2.835
	（4.84）	（0.38）	（-0.24）	（4.07）	（0.31）	（-0.26）
家庭房产投资决策		319.602***	294.290***		293.472***	271.649***
		（3.72）	（3.48）		（3.51）	（3.29）
家庭创业决策		180.320	185.934		186.325	194.152
		（1.50）	（1.56）		（1.52）	（1.58）
家庭规模		-119.764***	-107.426***		-99.047***	-90.192***
		（-7.33）	（-6.17）		（-6.62）	（-5.50）
家庭收入		165.522***	135.010***		158.487***	132.289***
		（3.98）	（3.52）		（3.75）	（3.43）
银行贷款		225.840*	211.699		263.595*	245.610*
		（1.70）	（1.52）		（1.94）	（1.74）
亲友及民间贷款		-165.707**	-133.601*		-145.541**	-121.627*
		（-2.14）	（-1.85）		（-1.98）	（-1.75）
人情费		0.006	0.005		0.005	0.004
		（0.74）	（0.70）		（0.57）	（0.45）
教育培训费		0.021***	0.019***		0.018***	0.017***
		（3.14）	（2.91）		（2.81）	（2.61）
性别			-19.828			9.598
			（-0.28）			（0.13）
年龄			4.770			4.300
			（1.14）			（1.02）
教育年限			39.775***			36.572***
			（4.72）			（4.41）
婚姻状况			-24.726			-24.165
			（-0.22）			（-0.21）
健康状况			2.389			-4.528
			（0.07）			（-0.13）
自信程度			51.772*			43.210
			（1.89）			（1.55）
是否上网			45.739			52.101
			（0.74）			（0.84）
是否上学			-93.372			-87.033
			（-1.07）			（-1.01）

续表

变量	(1)	(2)	(3)	(4)	(5)	(6)
就医次数			33.891			41.642*
			(1.42)			(1.69)
医疗自费			0.003			0.002
			(0.50)			(0.33)
省份固定效应	否	否	否	是	是	是
常量	157.688*	-902.231**	-1300.381***	889.653	-1024.908	-1437.050
	(1.80)	(-2.28)	(-2.99)	(1.23)	(-1.15)	(-1.56)
观测值	5166	5166	5166	5166	5166	5166
R^2	0.007	0.038	0.043	0.029	0.051	0.056

注：括号内是 t 值，*、**、*** 分别代表在10%、5%和1%的置信水平下显著。

相关控制变量的结果表明，家庭层面和户主层面的变量对儿童商业医疗险支出的影响各异。如表6-3所示，家庭创业决策的影响不显著，家庭规模的影响显著为负，家庭收入的影响显著为正。银行贷款与家庭儿童商业医疗险支出具有显著正向关系，而亲友及民间贷款的影响则显著为负。此外，人情费的影响不显著，教育培训费与儿童商业医疗险支出呈显著正相关关系。

从户主层面控制变量来看，性别和年龄都不会对儿童商业医疗险支出产生显著影响。户主教育年限越多，儿童商业医疗险支出也就越多。此外，在控制了省份固定效应之后，就医次数对儿童商业医疗险支出的影响为正，且具有一定的显著性。

3. 中高净值家庭对于儿童商业医疗险参与的影响

表6-4展示了中高净值家庭对儿童商业医疗险参与影响的回归结果。在所有6个模型中，中高净值家庭的回归系数都显著为正。这说明，中高净值家庭比非中高净值家庭更有可能参与儿童商业医疗险，即更有可能为家中的孩子购买商业医疗险。第（6）列结果显示，同时考虑家庭层面控制变量、户主层面控制变量、与儿童相关控制变量以及省份固定效应之后，中高净值家庭比非中高净值家庭的儿童商业医疗险参与率增加

0.322个单位，表现出中高净值家庭对提升家庭儿童商业医疗险参与的显著正向作用。

表6-4　中高净值家庭对儿童商业医疗险参与影响的回归结果

变量	(1)	(2)	(3)	(4)	(5)	(6)
中高净值家庭	0.695***	0.279**	0.257**	0.636***	0.343***	0.322***
	(8.56)	(2.30)	(2.11)	(7.31)	(2.79)	(2.61)
家庭房产投资决策		0.032	0.011		0.002	-0.018
		(0.44)	(0.16)		(0.02)	(-0.24)
家庭创业决策		0.202**	0.218***		0.201**	0.214***
		(2.51)	(2.74)		(2.47)	(2.66)
家庭规模		-0.103***	-0.093***		-0.089***	-0.080***
		(-5.25)	(-4.45)		(-4.33)	(-3.69)
家庭收入		0.302***	0.268***		0.297***	0.267***
		(4.01)	(3.39)		(3.75)	(3.26)
银行贷款		0.212**	0.226**		0.243**	0.252***
		(2.23)	(2.37)		(2.51)	(2.59)
亲友及民间贷款		-0.003	0.022		0.007	0.026
		(-0.03)	(0.21)		(0.06)	(0.25)
人情费		-0.000	-0.000		-0.000	-0.000
		(-0.47)	(-0.37)		(-0.61)	(-0.62)
教育培训费		0.001***	0.001***		0.001***	0.001**
		(3.12)	(2.64)		(2.81)	(2.39)
性别			-0.068			-0.037
			(-0.96)			(-0.51)
年龄			0.005			0.004
			(1.28)			(1.05)
教育年限			0.030***			0.028***
			(3.46)			(3.27)
婚姻状况			-0.275*			-0.251*
			(-1.91)			(-1.70)
健康状况			0.042			0.049
			(1.30)			(1.51)
自信程度			0.030			0.029
			(0.72)			(0.69)

续表

变量	(1)	(2)	(3)	(4)	(5)	(6)
是否上网			0.042			0.044
			(0.39)			(0.39)
是否上学			0.128			0.132
			(1.56)			(1.60)
就医次数			0.028**			0.034**
			(2.17)			(2.57)
医疗自费			-0.000			-0.000
			(-0.04)			(-0.37)
省份固定效应	否	否	否	是	是	是
常量	-1.402***	-4.267***	-4.511***	-1.457**	-4.907***	-5.195***
	(-36.51)	(-5.24)	(-5.26)	(-2.46)	(-4.43)	(-4.64)
观测值	5166	5166	5166	5155	5155	5155
R^2	0.0128	0.0388	0.0437	0.0310	0.0526	0.0573

注：括号内是 t 值，*、**、*** 分别代表在 10%、5%和 1%的置信水平下显著。

4. 家庭可投资性资产对于儿童商业医疗险参与的影响

表 6-5 展示了家庭可投资性资产对儿童商业医疗险参与影响的回归结果。在第（1）列和第（4）列中，家庭可投资性资产的回归系数都显著为正。但是，在引入控制变量后，该变量的回归系数都不显著。这说明，总体而言，家庭可投资性资产对家庭购买儿童商业医疗险的可能性的影响并不明显。

表 6-5　家庭可投资性资产对儿童商业医疗险参与影响的回归结果

变量	(1)	(2)	(3)	(4)	(5)	(6)
家庭可投资性资产	0.056***	0.017*	0.014	0.049***	0.018*	0.016
	(6.57)	(1.68)	(1.46)	(5.63)	(1.77)	(1.56)
家庭房产投资决策		0.090	0.067		0.079	0.057
		(1.40)	(1.05)		(1.21)	(0.88)
家庭创业决策		0.201**	0.218***		0.203**	0.217***
		(2.52)	(2.77)		(2.51)	(2.71)

续表

变量	(1)	(2)	(3)	(4)	(5)	(6)
家庭规模		-0.105 ***	-0.095 ***		-0.091 ***	-0.083 ***
		(-5.35)	(-4.58)		(-4.44)	(-3.84)
家庭收入		0.303 ***	0.270 ***		0.300 ***	0.271 ***
		(3.96)	(3.39)		(3.72)	(3.27)
银行贷款		0.224 **	0.237 **		0.253 ***	0.262 ***
		(2.33)	(2.45)		(2.59)	(2.66)
亲友及民间贷款		-0.003	0.022		0.001	0.021
		(-0.03)	(0.22)		(0.01)	(0.21)
人情费		-0.000	-0.000		-0.000	-0.000
		(-0.19)	(-0.12)		(-0.34)	(-0.37)
教育培训费		0.001 ***	0.001 ***		0.001 ***	0.001 **
		(3.19)	(2.71)		(2.88)	(2.47)
性别			-0.071			-0.043
			(-1.00)			(-0.59)
年龄			0.005			0.005
			(1.41)			(1.19)
教育年限			0.030 ***			0.029 ***
			(3.46)			(3.30)
婚姻状况			-0.270 *			-0.242 *
			(-1.88)			(-1.65)
健康状况			0.043			0.051
			(1.34)			(1.56)
自信程度			0.029			0.029
			(0.71)			(0.68)
是否上网			0.045			0.046
			(0.42)			(0.41)
是否上学			0.125			0.128
			(1.52)			(1.55)
就医次数			0.028 **			0.034 **
			(2.13)			(2.53)
医疗自费			-0.000			-0.000
			(-0.01)			(-0.33)
省份固定效应	否	否	否	是	是	是

续表

变量	(1)	(2)	(3)	(4)	(5)	(6)
常量	-1.783***	-4.399***	-4.659***	-1.582***	-4.973***	-5.291***
	(-20.01)	(-5.49)	(-5.51)	(-2.60)	(-4.49)	(-4.72)
观测值	5166	5166	5166	5155	5155	5155
R^2	0.0100	0.0384	0.0433	0.0283	0.0517	0.0565

注：括号内是 t 值，*、**、*** 分别代表在10%、5%和1%的置信水平下显著。

从控制变量的情况来看，进行家庭创业的、持有银行贷款的家庭，参与儿童商业医疗险的概率都比较大，这些家庭层面的因素都与购买儿童商业医疗险呈显著正向关系。但是，家庭房产投资决策、亲友及民间贷款对儿童商业医疗险参与的影响并不显著。此外，家庭规模对儿童商业医疗险参与的影响显著为负。家庭规模越大，儿童商业医疗险参与事宜可能会被其他事项所掩盖。

从户主层面控制变量来看，性别和年龄与儿童商业医疗险参与的关系并不显著。但是，户主教育年限对儿童商业医疗险参与具有显著的正向关系。在婚状况对儿童商业医疗险参与的影响为负，但是，显著性比较微弱。此外，健康状况、自信程度、是否上网对儿童商业医疗险参与的影响都不显著。

从与儿童相关控制变量来看，就医次数对儿童商业医疗险参与具有显著正向影响，但是，是否上学以及医疗自费对于儿童商业医疗险参与的影响都不显著。

（三）异质性分析

异质性分析的目的就是探究中高净值家庭以及家庭可投资性资产的影响是不是具有普遍性。如果不具有普遍性，那么，对哪类家庭会有影响？这涉及精准决策的重要基础和依据。在进行异质性分析时，一般根据特定属性进行分组回归，检查各个独立分组回归研究的结果是否具有一致性。如果具有一致性，就意味着研究的结果具有可合并性。但是，如果不具有一致性，则说明研究的结果由于依据不同的条件而有所不同。这样能精准地识别相关结论的适用范围和适用条件。

1. 中高净值家庭对儿童商业医疗险支出的异质性

根据户主的家庭收入水平，把样本分为家庭收入水平较高和家庭收入水平较低两组，分组进行回归。表 6-6 的第（1）~（2）列展示了基于收入异质性的回归结果。结果显示，中高净值家庭（虚拟变量）对收入水平较高家庭的儿童商业医疗险支出并没有显著的正向作用，而对收入水平较低家庭的影响显著。

根据样本的家庭所在地，把样本分为城镇和乡村两组，分组进行回归。表 6-6 的第（3）~（4）列展示了基于城乡异质性的回归结果。结果显示，在城镇和乡村地区，中高净值家庭（虚拟变量）对儿童商业医疗险支出都有正向影响，但是，对乡村地区的影响显著。

表 6-6　中高净值家庭对儿童商业医疗险支出影响（收入与城乡异质性）的回归结果

变量	(1)	(2)	(3)	(4)
收入异质性	高收入	低收入	—	—
城乡异质性	—	—	城镇	乡村
中高净值家庭	45.722	938.661***	376.144	334.617**
	(0.20)	(3.09)	(1.12)	(2.28)
家庭层面控制变量	是	是	是	是
户主层面控制变量	是	是	是	是
省份固定效应	是	是	是	是
截距项	-10040.129***	107.509	-1954.117	-1135.389***
	(-3.57)	(0.36)	(-1.27)	(-3.27)
观测值	2900	2266	2542	2624
R^2	0.064	0.109	0.061	0.064

注：括号内是 t 值，**、*** 分别代表在 5%、1%的置信水平下显著。

根据样本的家庭所在地，把城市样本进一步分为一线城市、二线城市、三线城市和四线及以下城市四组，分组进行回归，结果汇总在表6-7中。结果显示，中高净值家庭（虚拟变量）对二线、三线、四线及以下城市的儿童商业医疗险支出的影响都不显著。这说明，在这些城市，中高净值家庭与非中高净值家庭相比，并无明显差距。

根据国家统计局的《东西中部和东北地区划分方法》，把样本按所在省区市分成东部、中部、西部和东北四大地区，分组进行回归，结果汇总在表6-8中。结果显示，中高净值家庭对于儿童商业医疗险支出的影响，仅在东北地区显著为正，而在东部、中部和西部地区不显著。

表6-7　中高净值家庭对儿童商业医疗险支出影响（城市异质性）的回归结果

变量	(1)	(2)	(3)	(4)
城市异质性	一线城市	二线城市	三线城市	四线及以下城市
中高净值家庭	-3104.908**	90.230	301.338	253.278
	(-2.42)	(0.23)	(0.59)	(0.93)
家庭层面控制变量	是	是	是	是
户主层面控制变量	是	是	是	是
省份固定效应	是	是	是	是
截距项	-6279.421	247.510	1751.045	-2133.640
	(-0.94)	(0.07)	(0.79)	(-1.36)
观测值	182	416	219	1725
R^2	0.298	0.227	0.356	0.105

注：括号内是 t 值，** 代表在5%的置信水平下显著。

表6-8　中高净值家庭对儿童商业医疗险支出影响（地区异质性）的回归结果

变量	(1)	(2)	(3)	(4)
地区异质性	东部	中部	西部	东北
中高净值家庭	22.833	733.010	237.084	2398.404***
	(0.10)	(1.13)	(1.62)	(2.67)

续表

变量	(1)	(2)	(3)	(4)
家庭层面控制变量	是	是	是	是
户主层面控制变量	是	是	是	是
省份固定效应	是	是	是	是
截距项	−1538.620	−1490.990	−1315.789***	−4792.956
	(−1.27)	(−1.58)	(−3.70)	(−0.88)
观测值	1654	1407	1720	385
R^2	0.124	0.026	0.068	0.181

注：括号内是 t 值，*** 代表在1%的置信水平下显著。

2. 家庭可投资性资产对于儿童商业医疗险支出的异质性

根据户主的家庭收入水平，把样本分为家庭收入水平较高和家庭收入水平较低两组，分组进行回归。表6-9的第（1）～（2）列展示了基于收入异质性的回归结果。结果显示，家庭可投资性资产对收入水平较高家庭和收入水平较低家庭的儿童商业医疗险支出的影响不显著。

根据样本的家庭所在地，把样本分为城镇和乡村两组，分组进行回归。表6-9的第（3）～（4）列展示了基于城乡异质性的回归结果。结果显示，家庭可投资性资产对城镇和乡村家庭的儿童商业医疗险支出的影响都不显著。

表6-9　家庭可投资性资产对儿童商业医疗险支出影响（收入与城乡异质性）的回归结果

变量	(1)	(2)	(3)	(4)
收入异质性	高收入	低收入	—	—
城乡异质性	—	—	城镇	乡村
家庭可投资性资产	−19.983	−4.720	−11.830	−2.835
	(−0.89)	(−0.76)	(−0.50)	(−0.26)
家庭层面控制变量	是	是	是	是

续表

变量	(1)	(2)	(3)	(4)
户主层面控制变量	是	是	是	是
省份固定效应	是	是	是	是
截距项	-10261.177***	94.934	-1984.838	-1437.050
	(-3.45)	(0.32)	(-1.29)	(-1.56)
观测值	2900	2266	2542	5166
R^2	0.064	0.089	0.060	0.056

注：括号内是 t 值，*** 代表在 1%的置信水平下显著。

根据样本的家庭所在地，把城市样本进一步分为一线城市、二线城市、三线城市和四线及以下城市四组，分组进行回归，结果汇总在表 6-10 中。结果显示，家庭可投资性资产对二线城市的儿童商业医疗险支出的影响显著为正，而对其余等级的城市的儿童商业医疗险支出的影响都不显著。这说明，对于不同等级城市的家庭而言，家庭可投资性资产对儿童商业医疗险支出的影响是不同的。因此，在分析具体问题时，要根据家庭所处的不同城市进行具体分析。

表 6-10　家庭可投资性资产对儿童商业医疗险支出影响（城市异质性）的回归结果

变量	(1)	(2)	(3)	(4)
城市异质性	一线城市	二线城市	三线城市	四线及以下城市
家庭可投资性资产	-114.049	69.283*	35.733	-37.883
	(-1.05)	(1.78)	(0.96)	(-1.25)
家庭层面控制变量	是	是	是	是
户主层面控制变量	是	是	是	是
省份固定效应	是	是	是	是
截距项	-3344.094	-211.820	1551.502	-2027.933
	(-0.47)	(-0.06)	(0.68)	(-1.31)
观测值	182	416	219	1725
R^2	0.270	0.229	0.357	0.107

注：括号内是 t 值，* 代表在 10%的置信水平下显著。

根据国家统计局的《东西中部和东北地区划分方法》，把样本按所在省区市分成东部、中部、西部和东北四大地区，分组进行回归，结果汇总在表6-11中。结果显示，家庭可投资性资产对于儿童商业医疗险支出的影响在四大地区都不显著。

表6-11　家庭可投资性资产对儿童商业医疗险支出影响（地区异质性）的回归结果

变量	(1)	(2)	(3)	(4)
地区异质性	东部	中部	西部	东北
家庭可投资性资产	6.091	13.523	-7.131	-58.461
	(0.53)	(1.34)	(-0.76)	(-0.80)
家庭层面控制变量	是	是	是	是
户主层面控制变量	是	是	是	是
省份固定效应	是	是	是	是
截距项	-1561.860	-1746.125	-1354.167***	-5242.465
	(-1.30)	(-1.52)	(-3.84)	(-1.04)
观测值	1654	1407	1720	385
R^2	0.124	0.023	0.067	0.167

注：括号内是 t 值，*** 代表在1%的置信水平下显著。

上述异质性分析结果显示，中高净值家庭以及家庭可投资性资产对儿童商业医疗险的影响，要根据不同地区、不同城市、不同家庭进行具体分析，不能一概而论。尤其是在金融机构进行产品、服务设计与开发上，要因时因地因家庭而进行统筹部署和规划，进而提升产品和服务对不同类型家庭的吸引力。

本章总结

本章就中高净值家庭儿童商业健康险配置情况进行分析，得到的主要结论如下。

其一，中高净值家庭的儿童商业医疗险覆盖率显著高于非中高净值家庭，前者的覆盖率超过三成，而后者的覆盖率约为两成。0~3 岁组中高净值家庭儿童商业医疗险覆盖率高出非中高净值家庭 12.54 个百分点；4~7 岁组高出 13.27 个百分点；8~11 岁组高出 14.77 个百分点；12~16 岁组高出 15.26 个百分点。农业户口的中高净值家庭和非中高净值家庭的儿童商业医疗险覆盖率相差 12.88 个百分点；非农业户口中二者相差 9.51 个百分点；居民户口中二者相差 7.57 个百分点。中高净值家庭和非中高净值家庭的男性儿童商业医疗险覆盖率相差 14.6 个百分点；女性儿童商业医疗险覆盖率相差 13.1 个百分点。

其二，在 0~7 岁年龄分组下中高净值家庭和非中高净值家庭儿童商业医疗险费用平均值的变化趋势有一些差异。首先，中高净值家庭的 0~7 岁儿童商业医疗险费用平均值呈显著增长的趋势，而非中高净值家庭却呈下降趋势。其次，中高净值家庭和非中高净值家庭在 0~3 岁年龄组的差距最小，相差 733.45 元。在孩子 3 岁以后，中高净值家庭和非中高净值家庭的儿童商业医疗险费用平均值的差距变大，4~7 岁时相差 3154.21 元；8~11 岁时相差 2663.13 元；12~16 岁时相差 2511.51 元。总体来看，在儿童 4 岁以后，中高净值家庭比非中高净值家庭的儿童商业医疗险费用明显高一些。

其三，中高净值家庭女孩的儿童商业医疗险费用平均值显著高于男孩，而非中高净值家庭男孩的费用平均值高于女孩。中高净值家庭和非中高净值家庭的儿童商业医疗险费用平均值的差距较大，男孩的费用平均值相差 1526.87 元；女孩的费用平均值相差 3458.92 元。

其四，在生病的组别中，中高净值家庭购买儿童商业医疗险的比例高于非中高净值家庭 12.45 个百分点；在没有生病的组别中，二者相差 12.42 个百分点。对于中高净值家庭和非中高净值家庭医疗自付费用占医疗支出的比例，购买儿童商业医疗险的中高净值家庭、非中高净值家庭比没有购买儿童商业医疗险的家庭的比例要低。

其五，中高净值家庭中为孩子教育存钱的购买儿童商业医疗险费用平均值比不为孩子教育存钱的高 1740.64 元；非中高净值家庭中，二者相差

981.07 元，差距都是显著的。有教育投资意识的家庭对孩子的医保支出更多，而有商业医保投资行为的家庭也会提高孩子的教育资金积累值，二者具有一定的相关性。

其六，同时考虑家庭层面控制变量、户主层面控制变量、与儿童相关控制变量以及省份固定效应后，中高净值家庭比非中高净值家庭在儿童商业医疗险年支出上增加了约 417 元。这说明中高净值家庭在儿童商业医疗险上投入更多资金，对于儿童商业医疗险的需求更多。这也说明，中高净值家庭可以为孩子提供更好的保险保障。

参考文献

董媛媛、张琳、杨颖蕾、董伟、莫丹丹、方越、钱琨、罗梦云、李娜、张智若：《中国 4 个直辖市儿童基本医疗保险制度与政策对比研究》，《上海交通大学学报》（医学版）2018 年第 6 期。

方力、景珮：《中美两国商业健康险比较分析与我国健康险发展方向》，《保险理论与实践》2020 年第 11 期。

郭煦：《商业健康险如何“叫好又叫座”》，《小康》2018 年第 27 期。

国家卫生健康委员会编《中国卫生健康统计年鉴（2020）》，中国协和医科大学出版社，2020。

金梦媛：《母婴保险：准妈妈的保护伞》，《大众理财顾问》2015 年第 6 期。

刘萌：《商业医疗费用保险市场及其区域化发展分析》，《保险理论与实践》2019 年第 6 期。

邱凤梅：《我国商业健康保险需求影响因素实证探究》，《保险职业学院学报》2021 年第 3 期。

吴辉：《商业医疗险如何选择?》，《现代商业银行》2019 年第 18 期。

吴佳：《怎么买少儿“保险”最保险?》，《商周刊》2015 年第 11 期。

夏苏建：《医保住院病人自付比例分析》，《中国医院管理》2005 年第 1 期。

徐楠、顾雪非、向国春：《中国儿童医疗保障政策述评》，《卫生经济研究》2020 年第 3 期。

徐文：《对影响我国居民人均就医次数的因素的实证研究——基于一组面板数据的分析》，《消费导刊》2009 年第 15 期。

闫春晓、湛欢、杜颖、黄超、吴琼、李玲、董昱希、周良荣：《湖南省儿童医疗费用测算及结果分析》,《商业观察》2021 年第 6 期。

杨翔云:《我国儿童商业医疗保险影响因素的实证研究》,《现代商业》2016 年第 36 期。

叶少蓉、郭丹丹、魏威、苏宇、熊巨洋:《武汉市学龄前儿童医疗保险覆盖及其影响因素分析》,《中国社会医学杂志》2016 年第 1 期。

岳明:《高端人群的财富传承与子女教育》,《大众理财顾问》2011 年第 12 期。

翟文博:《大通全球:只有高净值人群才需要做财富传承吗?》,《经济》2019 年第 8 期。

赵心怡:《健康因素对商业医疗保险需求的影响》,《时代金融》2020 年第 20 期。

Bork, K. A., Diallo, A., "Boys Are More Stunted Than Girls from Early Infancy to 3 Years of Age in Rural Senegal," *Journal of Nutrition*, 147 (5), 2017.

Edwards, L. N., Grossman, M., "Children's Health and the Family," *Adv. Health Econ. Health Serv. Res.*, 2 (2), 1978.

Hatch, B., Angier, H., Marino, M., Heintzman, J., Nelson, C., Gold, R., Vakarcs, T., DeVoe, J., "Using Electronic Health Records to Conduct Children's Health Insurance Surveillance," *Pediatrics*, 132 (6), 2013.

Humensky, J., Ireys, H. T., Wickstrom, S., Rheault, P., Mental Health Services for Children with Special Health Care Needs in Commercial Managed Care, 1999 - 2001, Mathematica Policy Research Reports, 2004.

Kurtz, M. P., Eswara, J. R., Vetter, J. M., Nelson, C. P., Brandes, S. B., "Blunt Abdominal Trauma from Motor Vehicle Collisions from 2007 to 2011: Renal Injury Probability and Severity in Children versus Adults," *Journal of Urology*, 197 (3), 2017.

Mckenzie, H., "Children's Health Insurance Programs: Do They Provide the Coverage That Is Needed?" *Home Healthcare Nurse*, 29 (2), 2011.

Osamura, T., Kiyosawa, N., Tei, J., Kinugasa, T., Mori, K., Ito, H., Sawada, T., "An Effective System of Activities in Local Communities to Prevent Injuries in Children: An Opinion Survey of Public Health Nurses Concerning Injury Preventing Activities," *Jounral of Child Health*, 63 (6), 2004.

Pitcairn, T. K., Edlmann, T., "Individual Differences in Road Crossing Ability in Young Children and Adults," *British Journal of Psychology*, 91 (3), 2000.

Stacey, K., Burns, T. J., Anthony, S., Michael, D. J., "Health Insurance, Neighborhood Income, and Emergency Department Usage by Utah Children 1996-1998," *BMC Health Services Research*, 5 (1), 2005.

Thurstans, S., Opondo, C., Seal, A., Wells, J., Kerac, M., "Boys Are More Likely to Be Undernourished Than Girls: A Systematic Review and Meta-analysis of Sex Differences in Undernutrition," *BMJ: British Medical Journal*, 5 (12), 2020.

Zarrabi, M., Kumar, S., Macary, S., Honigfeld, L., "The Relationship between Body Mass Index in Children and Insurance Type, Parental Eating Concern, Asthma, and Allergies," *Journal of Pediatric Health Care*, 33 (5), 2019.

Zhu, J. M., Zhu, Y., Liu, R., "Health Insurance of Rural/Township Schoolchildren in Pinggu, Beijing: Coverage Rate, Determinants, Disparities, and Sustainability," *International Journal for Equity in Health*, 7 (1), 2008.

第七章　中高净值家庭养老与保险

中国拥有世界上最大规模的老年人群体，也是当今世界上老龄化程度最严重的国家之一。第七次全国人口普查结果显示，我国 60 岁及以上人口为 26402 万人，占 18.70%。其中，65 岁及以上人口为 19064 万人，占 13.50%。与 2010 年相比，60 岁及以上人口的比重上升 5.44 个百分点。预计，这个比重到 2050 年将增加至 34%，届时中国老龄人口达到 4.87 亿人，将占到全球老年人口总数的 1/4（杨一帆等，2020）。面对如此快速的人口老龄化进程，“老有所养”问题就变得越发富有挑战性，已经成为政府、企业、社会和家庭共同关注的重要议题。在中国，传统的养老方式是家庭养老。但是，随着人口出生率的下降以及子女离家外出打工的增加，家庭养老的脆弱性问题越来越明显（于长永、何剑，2011；徐洁等，2019）。与此相对，由政府、企业和商业保险公司等所主导的现代社会养老体系，在赡养老人方面发挥越来越重要的作用（刘晓梅，2012）。

从定义来看，养老保险制度是国家依据相关法律法规，为保障劳动者在达到国家规定的解除劳动义务的年龄界限或因年老丧失劳动能力而退出劳动岗位后的基本生活而建立的一种社会保险制度（齐鹏，2021）。养老保险的主要目的与核心功能是以社会保险为手段来保障退休或丧失劳动能力的老年人的基本生活需求，为其提供稳定可靠的生活来源，进而有效解决“老有所养”的问题（罗娟、汪泓，2019）。养老保险包括社会养老保险、商业养老保险和其他养老保险。其中社会养老保险包括政府机关事业单位养老保险、企业职工养老保险、城镇居民养老保险、统一居民养老保险、新型农村养老保险和高龄老人补贴六种。商业养老保险包括企业补充养老保险、非人寿类商业养老保险、人寿保险等各种商业养老保险。此外，我国还有征地养老保险等。养老保险是家庭重要的资产（Bönke et al.，2019）。

一　养老保险与收入

养老保险的发展，与国家相关政策的出台和制度的完善密切相关，也与人们的收入水平相关。一般而言，养老保险制度主要通过三个方面的因素影响老年人的劳动供给行为，分别是正常退休年龄和提前退休年龄的设置、养老金多寡、继续工作的隐性税率（张笑丽，2021）。对此，政府通过出台有针对性的政策对养老保险制度进行调整和完善，在确保老年人退休后生活有保障的同时，促进养老保险制度对经济与社会发展发挥正面推动作用。当然，养老保险的发展，与老百姓的收入水平直接相关。不同收入水平的人对养老保险的需求是不同的。低收入人群强调对于老年生活的基本保障，而中高收入人群则希望拥有比较高质量的老年生活。不同收入水平的人群对养老保险的不同需求，使养老保险产品具有多样性。

（一）现行养老保险制度

在我国，城市和农村采用的是不同的社会养老体系，它们存在明显的城乡差异，具有典型的城乡二元结构（王寅等，2015）。在城市地区，主要是政府机关、事业单位养老保险。相关养老保险金其实是由国家财政提供的。事业单位现行的养老保险制度始建于 20 世纪 50 年代，形成于 1978 年。2011 年，我国颁布了《国务院关于开展城镇居民社会养老保险试点的指导意见》（国发〔2011〕18 号），开始了城镇地区社会养老保险的试点工作。2015 年 1 月 14 日，《国务院关于机关事业单位工作人员养老保险制度改革的决定》印发，决定从 2014 年 10 月 1 日起对机关事业单位工作人员养老保险制度进行改革。

在城市地区，还有另外一种重要的养老保险就是企业职工养老保险。早在 1991 年 6 月，国务院就颁布《国务院关于企业职工养老保险制度改革的决定》，规定有一定的经济能力和经营状况比较好的企业可以建立企业补充养老保险。但是，学界一般认为我国企业职工基本养老保险于 1994 年正式建立（王寅等，2015）。此后，国务院于 2000 年 12 月在《关于完善城镇社会保障体系的试点方案》中将“企业补充养老保险”改称为“企业年金”。2004 年，《企业年金基金管理试行办法》和《企业年金试行办法》的颁布，标志着我国全面推行企业年金制度。经过十几年的努力，企业职工养老保险已经具备了一定的基础。人力资源和社会保障部公布的《2019 年度人力资源和社会保障事业发展统计公报》中的数据显示，2019 年，城镇职工基本养老保险基金收入为 52919 亿元，基金支出为 49228 亿元，城镇职工基本养老保险基金累计结存为 54623 亿元。据学者估算，2010~2050 年，城镇职工基本养老保险财政补贴折现到 2010 年的规模为 52.3 万亿元，相当于当年 GDP 的 130%（刘学良，2014）。

在农村地区，社会养老目前主要依靠的是新型农村社会养老保险制度。过去，我国农村地区的养老以传统家庭养老和宗族网络互助养老模式为主（王增文、Antoinette，2015）。但是，随着农村人口生育率迅速下降以及农村青壮年劳动力外出打工，在土地基础上的农村传统的家庭养老模式具有内生脆弱性，不可持续性日趋明显，农村家庭养老模式转向社会养老模式成为必然趋势（周莹、梁鸿，2006）。2009 年，《国务院关于开展新型农村社会养老保险试点的指导意见》（国发〔2009〕32 号）的颁布，标志着我国农村社会养老进入了一个新阶段。新型农村社会养老保险制度从 2010 年 10 月 1 日开始正式实施。新型农村社会养老保险参保人数从 2010 年初的 3326 万人增加到 2012 年底的 4.6 亿人，基本实现了新型农村社会养老保险制度在全国范围内的覆盖（罗叶等，2021）。

（二）收入对养老保险的影响

收入是对养老服务和养老保险需求产生影响的重要因素之一。有研究表明，中高收入人群在赡养父母的方式、养老方式、需求偏好、倾向性活动等方面的差异在统计上是显著的（闫志俊，2018）。过去，对于养老保险需求的研究，大多集中在中低收入人群（岳经纶、尤泽锋，2019；王国辉等，2011）。近年来，我国的富裕人口增长迅速，中高净值家庭数量也显著增加，对于养老相关的保障也有自己独特的需求。对于高收入家庭的各种有针对性的养老保障方案，也应运而生（黄蕾，2008）。也有研究报告指出，中高收入老年群体养老规划呈现低龄化的发展态势，其对机构的接受度上升（和君集团，2021）。在互联网时代，中高收入群体基本具备了现代社会的养老理念，不仅保留了传统的家庭和居家养老方式，而且愿意尝试以互联网为技术支撑的机构养老与社区养老相结合的方式（间志俊、袁嫚玉，2016）。这些变化趋势表明，中高收入人群对于养老有更加系统的规划，对于高质量的退休生活具有更高的期望。

国外的研究表明，在保障大多数人的物质安全和福祉方面发挥重要作用的养老金，在社会中的分布却呈现明显的不平等态势（Bönke et al.，2019）。在微观层面，拉美国家不同收入水平群体的覆盖率情况显示，收入水平是个体参保的直接决定因素（Hakola and Uusitalo，2005；Rofman et al.，2008）。这种差异在商业养老保险方面尤为明显。中高净值人群是商业养老保险服务的重点人群（Shaw，2005）。因此，不少保险公司会根据中高净值人群量身定制商业养老保险产品和服务，以满足这类人群对高质量的退休生活的需求。对于我国中高净值家庭及相关人群的养老保险的研究，目前还很缺乏。对于中高净值家庭个人养老金管理的探究，还不够系统和深入（曾海军，2020）。研究与理论上的不足在一定程度上限制中高净值家庭对于养老保险以及理财的认识。

为推进多层次、多支柱养老保险体系建设，促进养老保险制度可持续发展，2022 年 4 月 21 日，《国务院办公厅关于推动个人养老金发展的意见》发布，提出推动发展适合中国国情、政府政策支持、个人自愿参加、市场化运营的个人养老金，以与基本养老保险、企业（职业）年金相衔接，实现养老保险的补充功能。个人养老金制度不只是对第一和第二支柱的补充，更是对整个现有养老保险体系的一次改革（赵耀辉，2022）。由于个人养老金可选类型包括银行理财、商业养老保险、公募基金等金融产品，其具有很好的理财功能。因此，对于中高净值家庭而言，其更具吸引力。当然，由于这项政策刚出台不久，具体效果如何，还有待进一步观察和研究（马慧，

2022)。低收入者即使全力缴费可能也无法满足老年生活需求，这就会限制个人养老金制度的顺利运行。为鼓励劳动者（尤其是低收入者）参与个人养老金，应提供除税收优惠外的多种激励措施，如利息补贴等。

二 家庭离/退休金或养老金覆盖率

离/退休金和养老金的概念有所不同。前者是企业或事业单位一次或分次支付给职工或工作人员离/退休后的服务酬劳的一部分，而后者是当前社会一种最主要的社会养老保险待遇。当然，从家庭角度来看，这两者都有助于缓解家庭的养老保障问题。本书以家庭为单位，计算领取离/退休金或养老金的家庭比例，即所谓的覆盖率。

（一）家庭层面

本书根据社区性质分别计算居委会和村委会的全样本家庭领取离/退休金或养老金的覆盖率，结果汇总在图 7-1 中。

根据图 7-1，社区性质为村委会的家庭领取离/退休金或养老金的覆盖率比社区性质为居委会的高 0.09 个百分点。二者差距非常小。因此，从这个指标来看，并不存在城乡差距。此外，家庭领取离/退休金或养老金的覆盖率大致是 38%。目前，我国基础养老金覆盖率已经很高了。由于这里分析的是离/退休金或养老金的领取情况，总体而言，当前的覆盖率要远低于基础养老金，这是因为有不少家庭成员还是比较年轻的，他们还没有到领取离/退休金或养老金的年龄。

本书分别计算中高净值家庭和非中高净值家庭离/退休金或养老金的覆盖率，结果汇总在图 7-2 中。根据图 7-2，社区性质为居委会的中高净值家庭领取离/退休金或养老金的覆盖率比非中高净值家庭高 8 个百分点；村委会中二者相差 4.06 个百分点。可见，总体上，中高净值家庭领取离/退休金或养老金的覆盖率比非中高净值家庭会高一些。在经济条件允许的情况下，中高净值家庭可能会出现早退休的情形，那么，就会早领取离/

退休金。此外，有些中高净值家庭成员移民国外后，也可以提前领取部分养老金。这些情况在中高净值家庭更有可能发生。

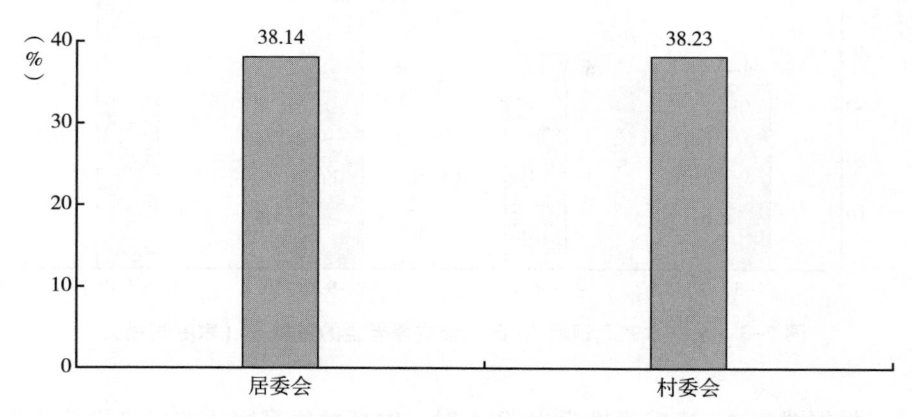

图 7-1　全样本家庭领取离/退休金或养老金的覆盖率（社区性质）

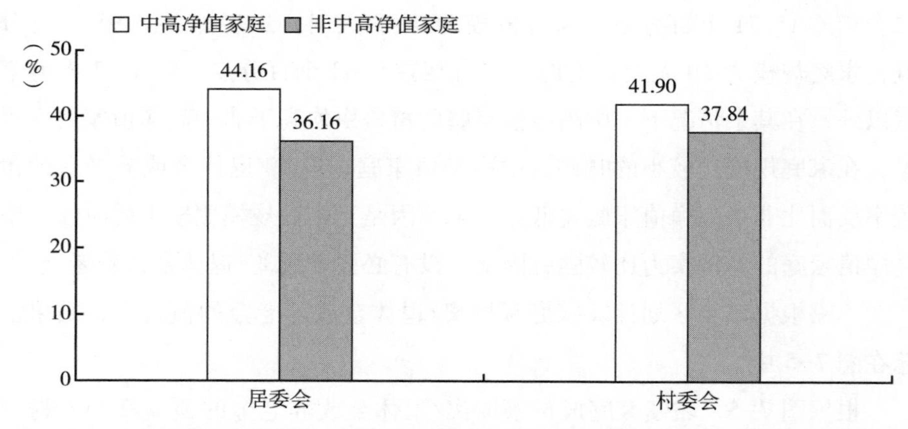

图 7-2　中高净值家庭和非中高净值家庭领取离/退休金或养老金的覆盖率（社区性质）

本书分组计算不同规模家庭领取离/退休金或养老金的覆盖率，结果汇总在图 7-3 中。

根据图 7-3，家庭成员领取离/退休金或养老金的覆盖率随着家庭规模的扩大呈阶梯状增长趋势。这是因为家庭成员越多，家庭的代数往往越多，家中越有可能有年长者，因此，领取离/退休金或养老金的覆盖率也就越高。

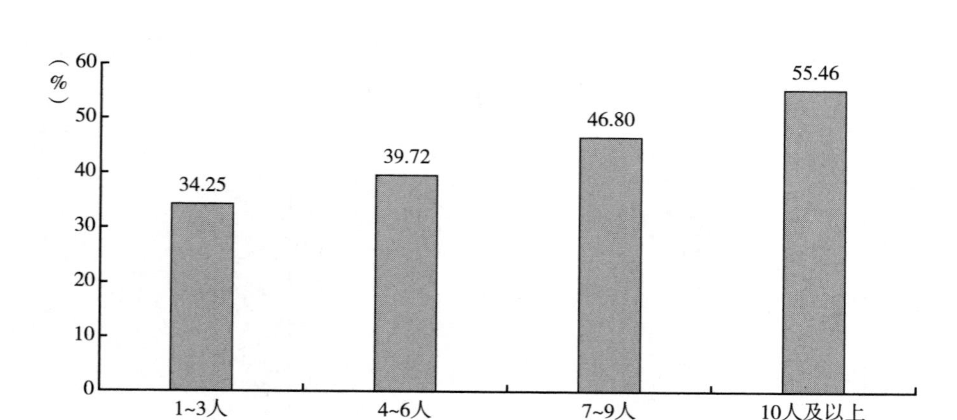

图 7-3　全样本家庭领取离/退休金或养老金的覆盖率（家庭规模）

根据图 7-4，家庭规模为 1~3 人时，中高净值家庭比非中高净值家庭领取离/退休金或养老金覆盖率低 6.25 个百分点；家庭规模为 4~6 人时，二者相差 15.71 个百分点；家庭规模为 7~9 人时，二者相差 8.95 个百分点；家庭规模为 10 人及以上时，二者相差 0.62 个百分点。除 1~3 人的家庭以外，在其余情况下，中高净值家庭的覆盖率均高于非中高净值家庭。可见，在家庭规模比较小的时候，中高净值家庭领取离/退休金或养老金的覆盖率反而比非中高净值家庭要低。一个原因是当家庭规模比较小的时候，中高净值家庭的经济实力比较强，因此，没有必要动用离/退休金或养老金。

本书根据城乡区划计算家庭领取离/退休金或养老金的覆盖率，结果汇总在图 7-5 中。

根据图 7-5，城镇家庭成员领取离/退休金或养老金的覆盖率和乡村家庭相差 0.77 个百分点。这表明，城乡差距不明显。

根据图 7-6，城镇中高净值家庭和非中高净值家庭领取离/退休金或养老金的覆盖率相差 11.11 个百分点；乡村非中高净值家庭和中高净值家庭领取离/退休金或养老金的覆盖率相差 3.57 个百分点。值得注意的是，在乡村，中高净值家庭领取离/退休金或养老金的覆盖率反而比非中高净值家庭要低一些。

本书根据城市类型分组计算家庭领取离/退休金或养老金的覆盖率，结

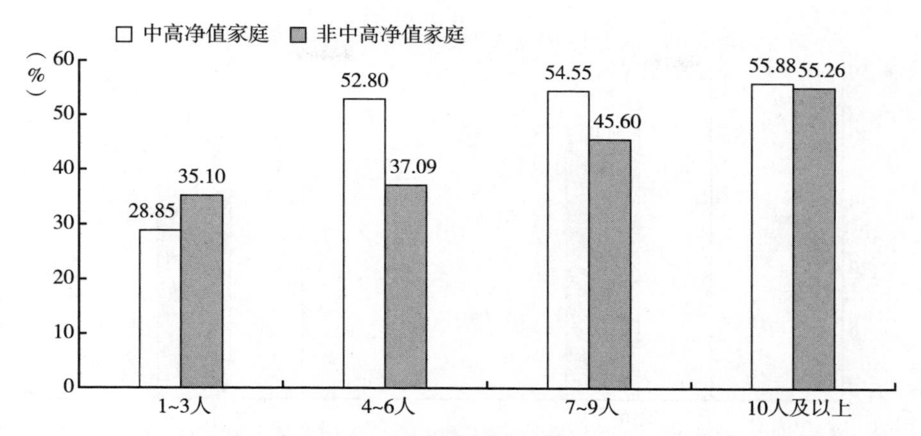

图 7-4　中高净值家庭和非中高净值家庭领取离/退休金或养老金的覆盖率（家庭规模）

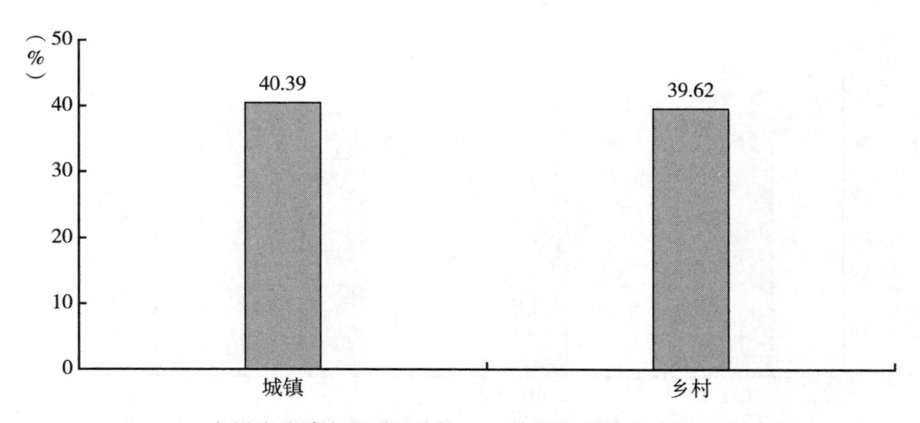

图 7-5　全样本家庭领取离/退休金或养老金的覆盖率（城乡区划）

果汇总在图 7-7 中。

根据图 7-7，一线城市的家庭领取离/退休金或养老金的覆盖率最高；其他城市的家庭领取离/退休金或养老金的覆盖率最低。值得注意的是，三线城市的家庭领取离/退休金或养老金的覆盖率要比二线城市高不少。这说明，未来三线城市可能会面临比较严峻的养老金缺口问题。

根据图 7-8，一线城市中高净值家庭和非中高净值家庭领取离/退休金或养老金的覆盖率相差 14. 25 个百分点；二线城市中二者相差 4. 95 个百分

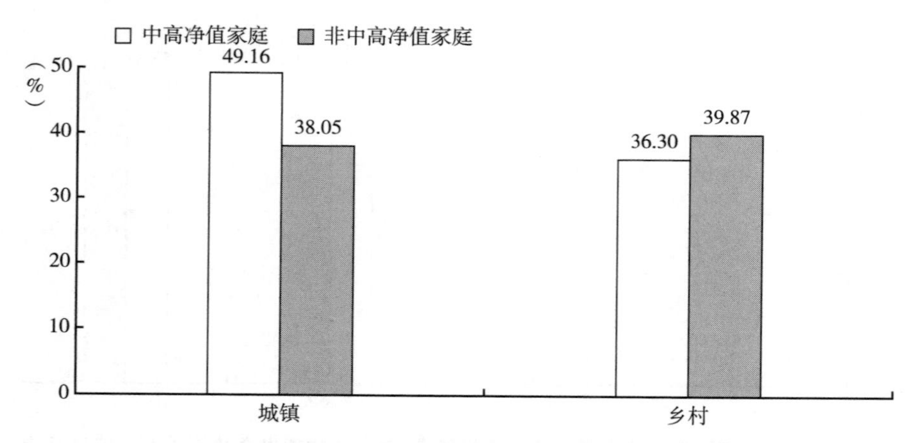

图 7-6　中高净值家庭和非中高净值家庭领取离/退休金或养老金的覆盖率（城乡区划）

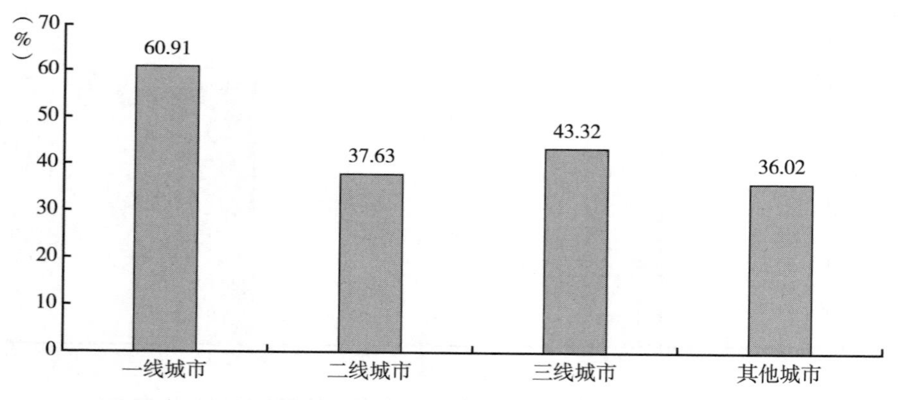

图 7-7　全样本家庭领取离/退休金或养老金的覆盖率（城市类型）

点；三线城市中二者相差 7.2 个百分点；其他城市中二者相差 1.29 个百分点。综上，一线城市中高净值家庭和非中高净值家庭领取离/退休金或养老金的覆盖率的差距最大。

（二）户主层面

户主受教育程度是影响家庭决策的重要因素。本书根据户主受教育程度计算家庭领取离/退休金或养老金的覆盖率，结果汇总在图 7-9 中。

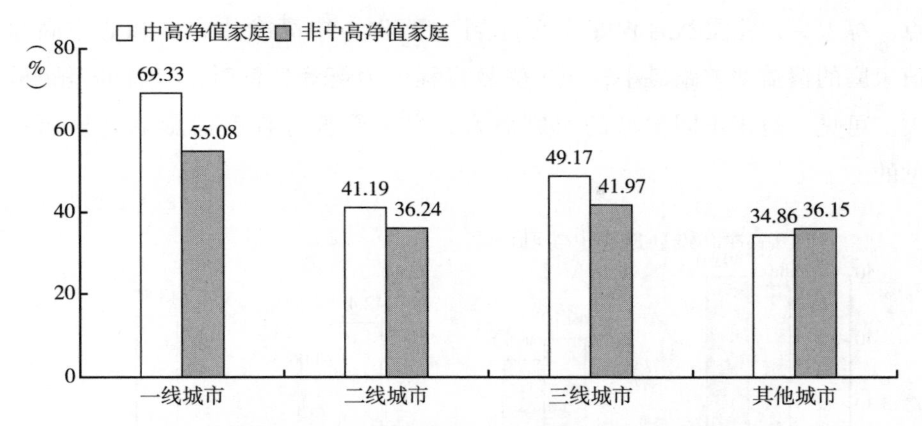

图 7-8 中高净值家庭和非中高净值家庭领取离/退休金或养老金的覆盖率（城市类型）

根据图 7-9，随着户主受教育程度的提高，家庭领取离/退休金或养老金的覆盖率呈阶梯式下降趋势。对于家庭而言，户主受教育程度越高，往往越不可能提早退休，那么，领取离/退休金或养老金的覆盖率越低。

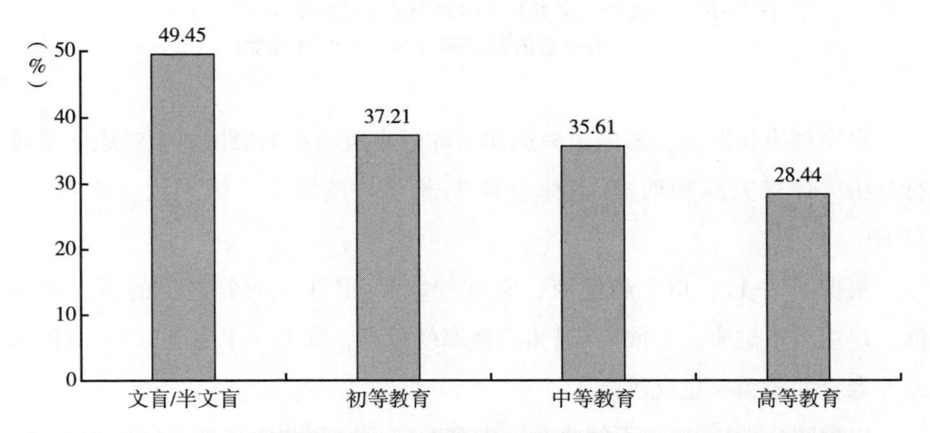

图 7-9 全样本家庭领取离/退休金或养老金的覆盖率（户主受教育程度）

根据图 7-10，户主受教育程度为文盲/半文盲时，中高净值家庭和非中高净值家庭的覆盖率相差 1.45 个百分点；户主受教育程度为初等教育时，二者相差 3.17 个百分点；户主受教育程度为中等教育时，二者相差 8.48 个百分点；户主受教育程度为高等教育时，二者相差 20.76 个百分点。综上，户主受教育程度为文盲/半文盲时，中高净值家庭和非中高净值家庭的覆盖率差距最小；户主受教育程度为高等教育时，二者的差距最大。可见，对于不同类型的家庭而言，户主受教育程度的影响是显而易见的。

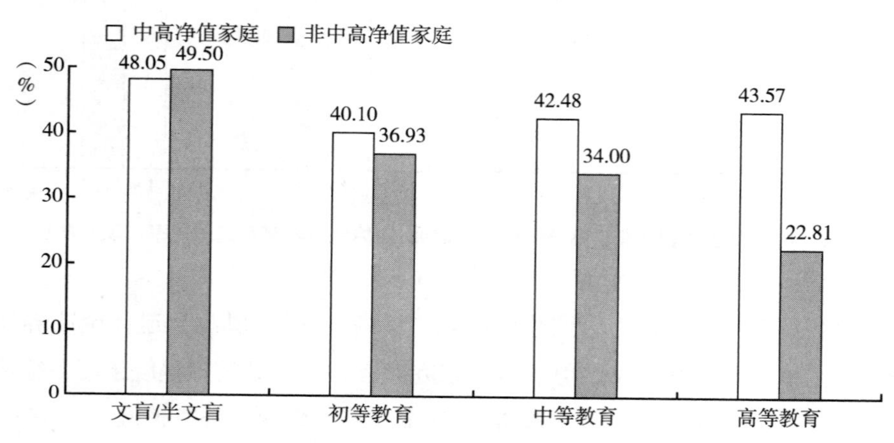

图 7-10　中高净值家庭和非中高净值家庭领取离/退休金或养老金的覆盖率（户主受教育程度）

户主健康状况也会影响家庭退休与养老决策。本书根据户主健康状况进行分析，计算家庭领取离/退休金或养老金的覆盖率，结果汇总在图 7-11 中。

根据图 7-11，户主越健康，家庭领取离/退休金或养老金的覆盖率越低。户主越不健康，提前离/退休的概率就越高，那么，家庭领取离/退休金或养老金的覆盖率也就越高。

根据图 7-12，户主不健康时，中高净值家庭和非中高净值家庭领取离/退休金或养老金的覆盖率相差 5.21 个百分点；户主健康状况为一般时，二者相差 10.59 个百分点；户主健康时，二者相差 11.89 个百分点。综上，户主健康时，中高净值家庭和非中高净值家庭的覆盖率的差距最大；户主不健康时，二者的差距最小。

本书根据户主性别进行分组，计算家庭领取离/退休金或养老金的覆盖

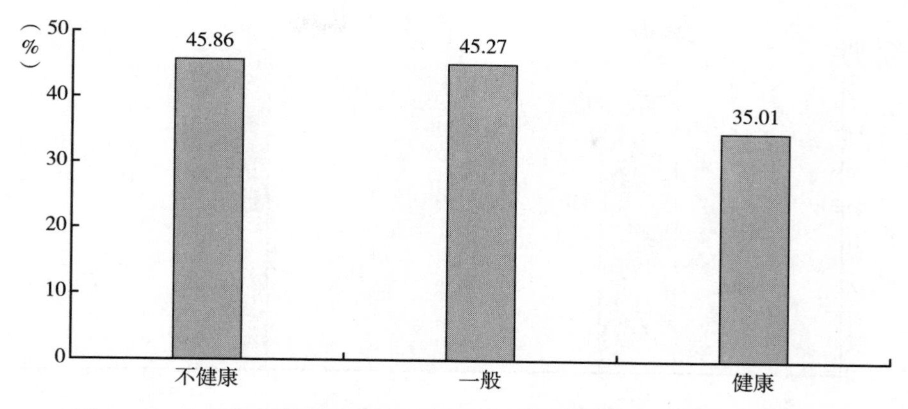

图 7-11　全样本家庭领取离/退休金或养老金的覆盖率（户主健康状况）

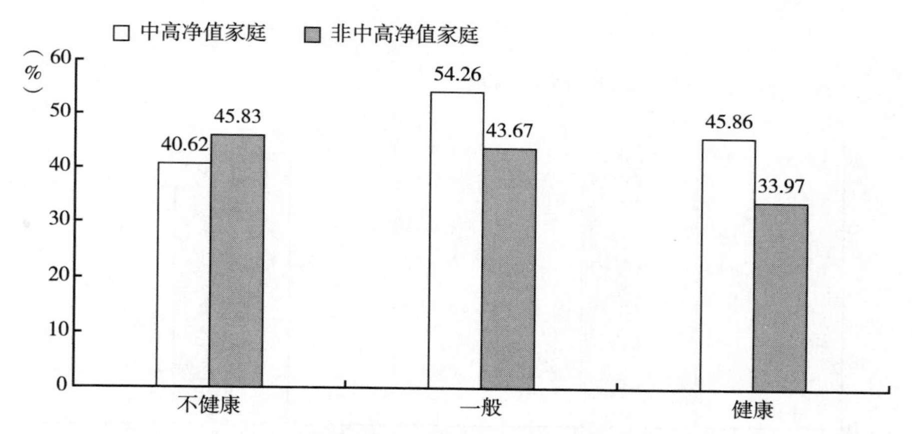

图 7-12　中高净值家庭和非中高净值家庭领取离/退休金或养老金的覆盖率（户主健康状况）

率，结果汇总在图 7-13 中。

根据图 7-13，户主性别为女性时，家庭领取离/退休金或养老金的覆盖率较高。但是，总体而言，户主为男性或女性的覆盖率的差距较小，不到 3 个百分点。

根据图 7-14，户主为男性时，中高净值家庭和非中高净值家庭领取离/退休金或养老金的覆盖率相差 5.87 个百分点；户主为女性时，二者相差 5.21 个百分点。综上，户主为男性时，二者的差距较大。

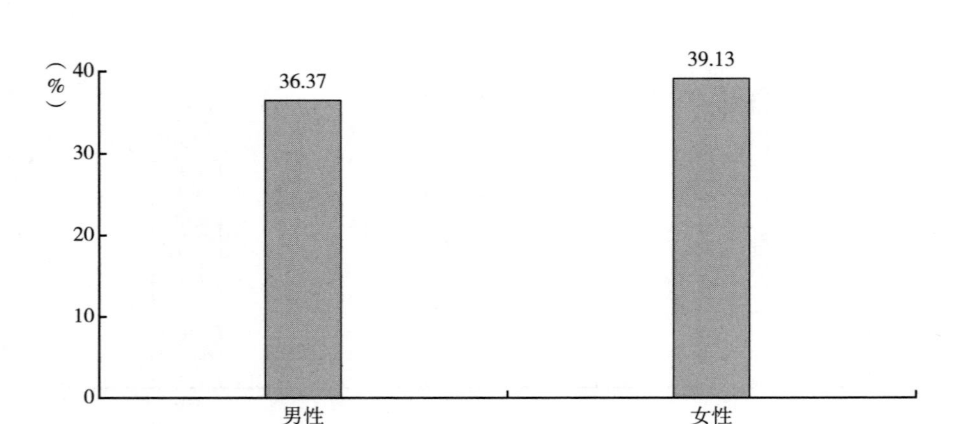

图 7-13　全样本家庭领取离/退休金或养老金的覆盖率（户主性别）

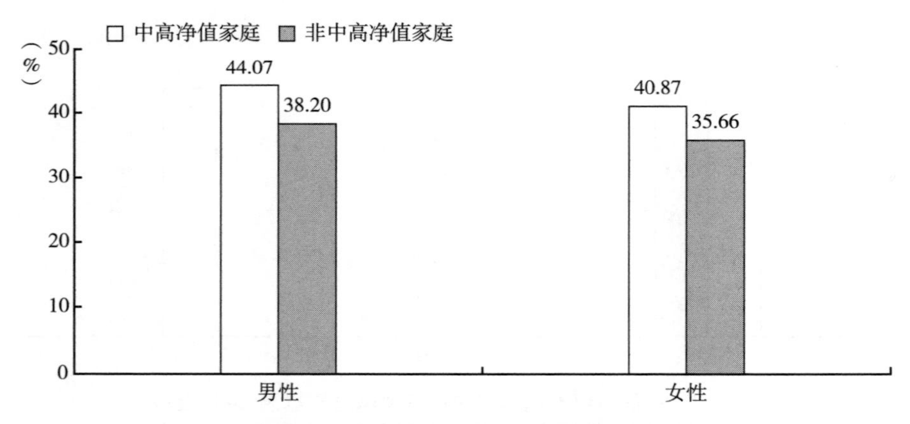

图 7-14　中高净值家庭和非中高净值家庭领取离/退休金或养老金的覆盖率（户主性别）

本书根据户主婚姻状况分组，计算家庭领取离/退休金或养老金的覆盖率，结果汇总在图 7-15 中。

根据图 7-15，户主处于丧偶状态时，家庭领取离/退休金或养老金的覆盖率最高。老年人组建的家庭，处于丧偶状态的比例会更高。所以，丧偶家庭领取离/退休金或养老金的覆盖率会更高。户主处于未婚状态时，家庭领取离/退休金或养老金的覆盖率最低。一般处于未婚状态的人的年龄都比较小，所以，领取家庭离/退休金或养老金的覆盖率就比较低。此外，与婚姻相关的另一个重要因素是生育率。生育率的提高会增加未来劳动力的供给，促进养老金替代率上升和养老金收入增加（耿志祥、孙祁祥，2020）。在这里，可以用在婚时明显比未婚时的覆盖率更高这个角度，间接予以验证。因为，在婚时家庭的生育率肯定会高于未婚时，这是毫无疑问的事实。

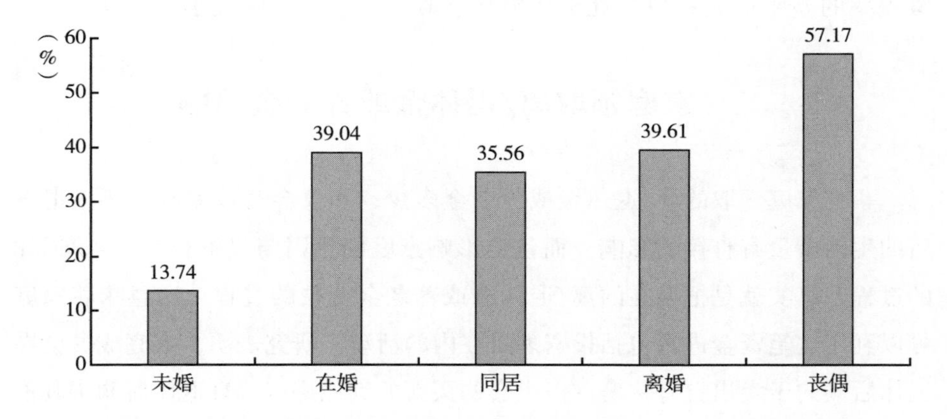

图 7-15　全样本家庭领取离/退休金或养老金的覆盖率（户主婚姻状况）

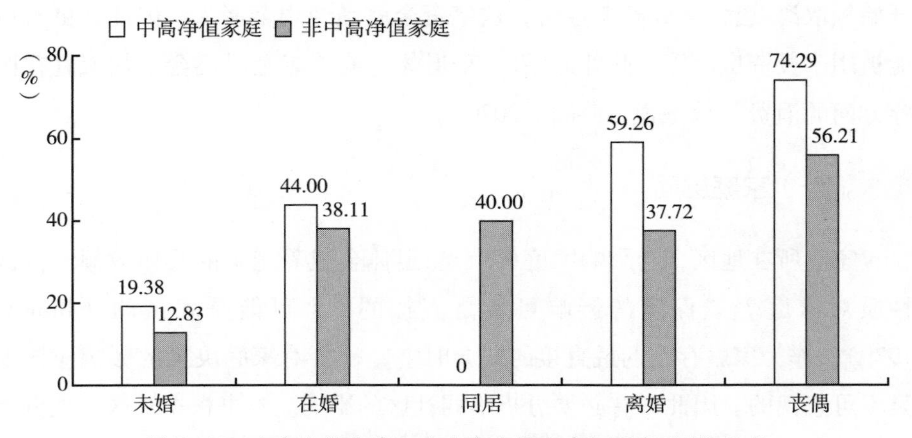

图 7-16　中高净值家庭和非中高净值家庭领取离/退休金或养老金的覆盖率（户主婚姻状况）

根据图 7-16，户主未婚时，中高净值家庭领取离/退休金或养老金的覆盖率比非中高净值家庭高 6.55 个百分点；在婚组别中二者相差 5.89 个百分点；同居组别中二者相差 40 个百分点；离婚组别中二者相差 21.54 个百分点；丧偶组别中二者相差 18.08 个百分点。综上，户主处于同居状态时，中高净值家庭和非中高净值家庭领取离/退休金或养老金的覆盖率的差距最大；户主处于在婚状态时，二者的差距最小。

三　家庭领取离/退休金或养老金总额

一个家庭领取的离/退休金或养老金多少，不仅会对该家庭老年人退休后的生活质量有直接的影响，而且会影响家庭的理财与投资行为。离/退休的过程，其实就是把潜在的离/退休金或养老金变现的过程。这意味着家庭可以利用这笔资金进行包括投资理财在内的活动。研究表明，家庭成员会在退休后倾向于卖出自有住房，但也会购买新的其他房产，且退休后购买其他房产的现象在高收入家庭表现得尤为明显（赵振翔、王亚柯，2020）。中高净值家庭的经济条件比较好，因此，其在平时就做好了足够的养老保障。当开始领取离/退休金或养老金时，这笔资金就是纯现金流入，因此，更有可能被用于投资房产等。此外，领取离/退休金或养老金时还会增加家庭在医疗方面的消费（徐圣悦、薛晗，2020）。

（一）家庭层面

家庭所在地区，会影响家庭领取离/退休金或养老金的具体数额。社区性质对家庭养老保险的影响可能是直接的，也可能是间接的（Brown，1979）。作为家庭存在的最直接的社会时空，社会对家庭决策的影响应该说是不可忽视的。因此，有必要分析不同社区的影响。本书根据社区性质分组计算领取家庭离/退休金或养老金年总额，结果汇总在 7-17 中。

根据图 7-17，社区性质为居委会的家庭领取离/退休金或养老金年总额比社区性质为村委会的高 12107.56 元，二者的差距十分显著。这是导致老年人退休后的收入存在城乡差距的一个重要因素（黄宗晔、赵晶晶，2022）。

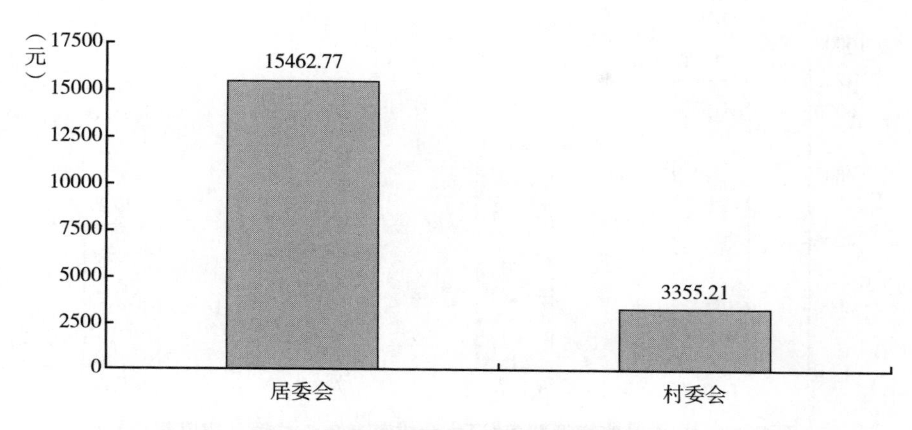

图 7-17　全样本家庭领取离/退休金或养老金年总额（社区性质）

根据图 7-18，社区性质为居委会的中高净值家庭领取离/退休金或养老金年总额比非中高净值家庭高 9503.44 元；社区性质为村委会时二者相差 5430.99 元。可见，在居委会中，中高净值家庭领取离/退休金或养老金年总额要比非中高净值家庭高得多。而且，这种差距也要比村委会的大。

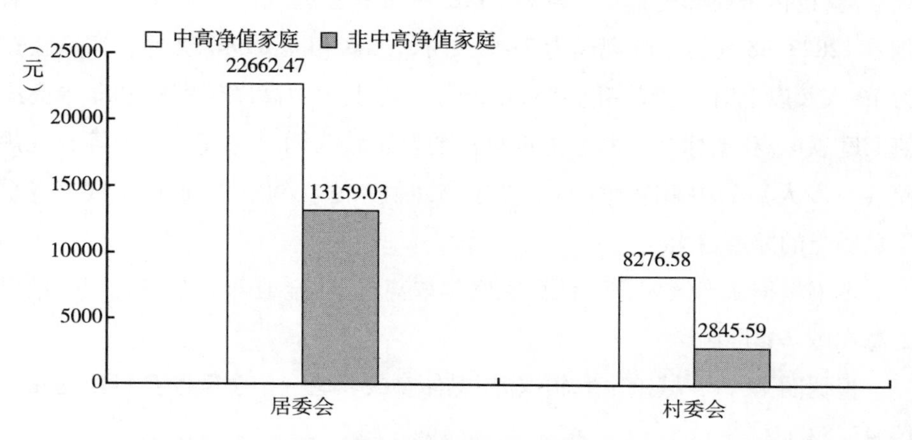

图 7-18　中高净值家庭和非中高净值家庭领取离/退休金或养老金年总额（社区性质）

本书根据家庭规模分组计算家庭领取离/退休金或养老金年总额，结果汇总在图 7-19 中。

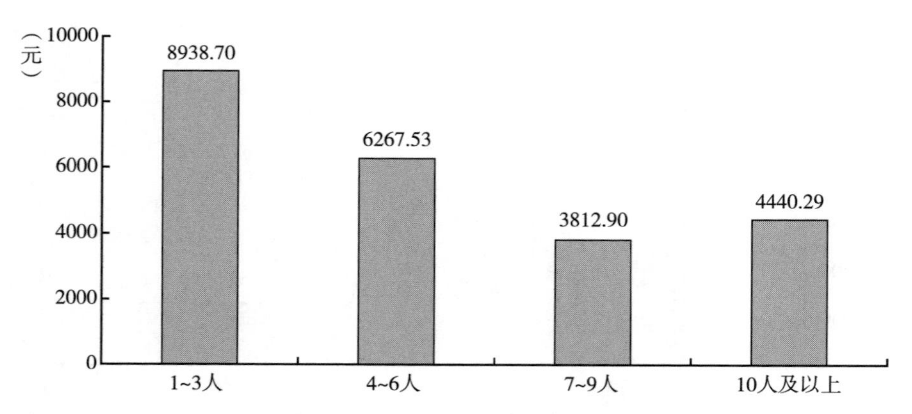

图 7-19　全样本家庭领取离/退休金或养老金年总额（家庭规模）

根据图 7-19，当家庭规模为 1~3 人时，家庭领取离/退休金或养老金年总额最高；当家庭规模为 7~9 人时，家庭领取离/退休金或养老金年总额最低。可见，家庭规模会直接影响家庭领取离/退休金或养老金年总额。

根据图 7-20，家庭规模为 1~3 人时，中高净值家庭比非中高净值家庭领取离/退休金或养老金年总额高 8921. 79 元；家庭规模为 4~6 人时，二者相差 12823. 38 元；家庭规模为 7~9 人时，二者相差 8995. 57 元；家庭规模为 10 人及以上时，二者相差 5304. 26 元。综上，中高净值家庭和非中高净值家庭领取离/退休金或养老金年总额的差距较为明显。其中，中等家庭规模（4~6 人）的中高净值家庭和非中高净值家庭在领取离/退休金或养老金年总额上的差距最大。

本书根据城乡区划分组计算家庭领取离/退休金或养老金年总额，结果汇总在图 7-21 中。

根据图 7-21，城镇家庭领取离/退休金或养老金年总额和乡村家庭相差 10043. 52 元。

根据图 7-22，城镇中高净值家庭和非中高净值家庭领取离/退休金或养老金年总额相差 12124. 87 元；乡村非中高净值家庭和中高净值家庭领取离/

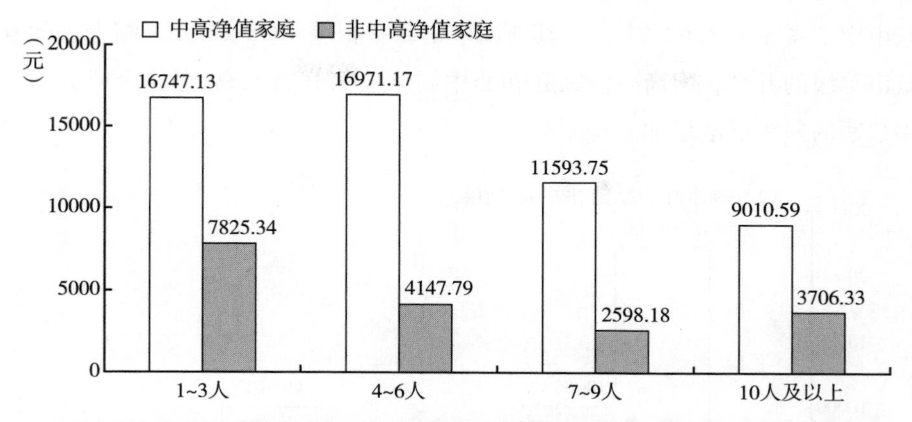

图 7-20　中高净值家庭和非中高净值家庭领取离/退休金或养老金年总额（家庭规模）

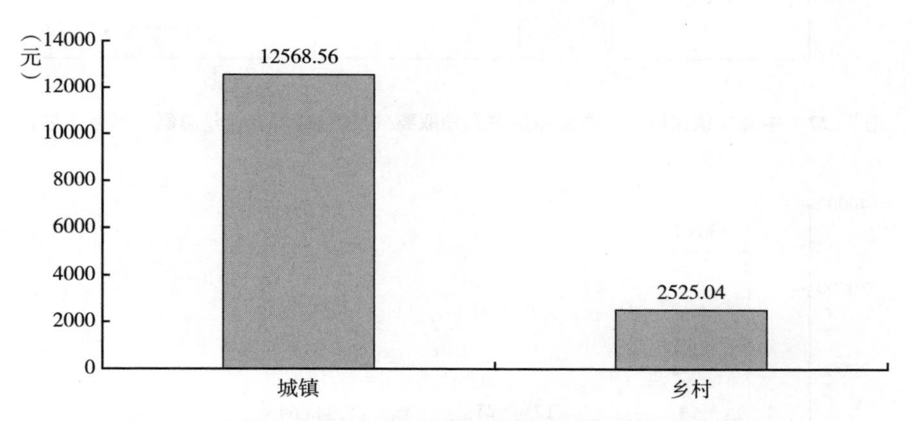

图 7-21　全样本家庭领取离/退休金或养老金年总额（城乡区划）

退休金或养老金年总额相差 7583. 48 元。

根据城市类型分组计算家庭领取离/退休金或养老金年总额，结果汇总在图 7-23 中。

根据图 7-23，随着城市等级的降低，家庭领取离/退休金或养老金年总额呈阶梯式下降态势。一线城市中的家庭领取离/退休金或养老金年总额最多，超过了 3. 4 万元。这个金额远远高于其他类型城市。

根据图 7-24，一线城市中高净值家庭和非中高净值家庭领取离/退休金或养老金年总额相差 15029. 03 元；二线城市中二者相差 7032. 66 元；三线城市中二者相差 4262. 21 元；其他城市中二者相差 4038. 65 元。综上，随着城市等级的升高，中高净值家庭和非中高净值家庭领取离/退休金或养老金年总额的差距逐渐增加。

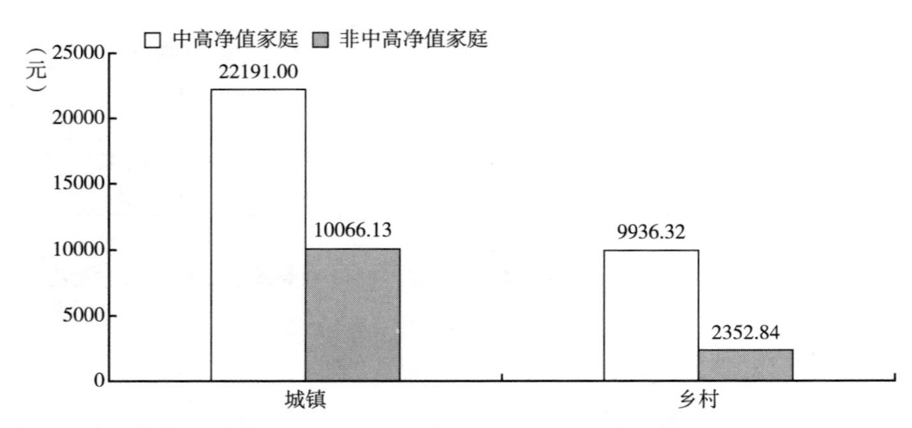

图 7-22　中高净值家庭和非中高净值家庭领取离/退休金或养老金年总额（城乡区划）

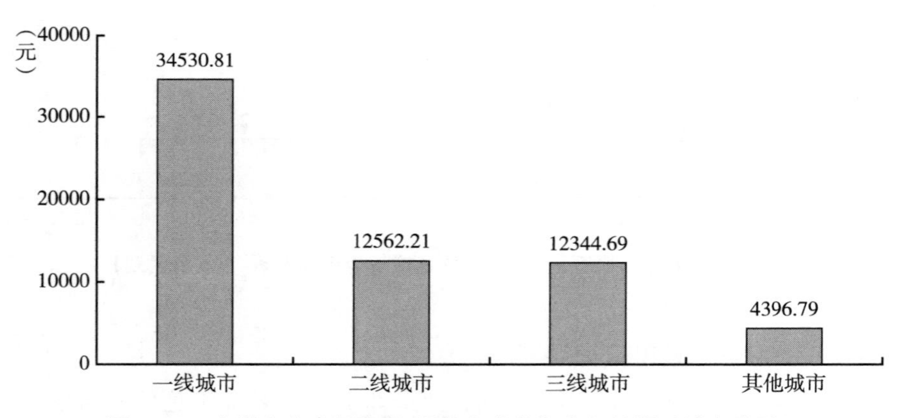

图 7-23　全样本家庭领取离/退休金或养老金年总额（城市类型）

（二）户主层面

本书根据户主性别，分组计算家庭领取离/退休金或养老金年总额，结果汇总在图 7-25 中。

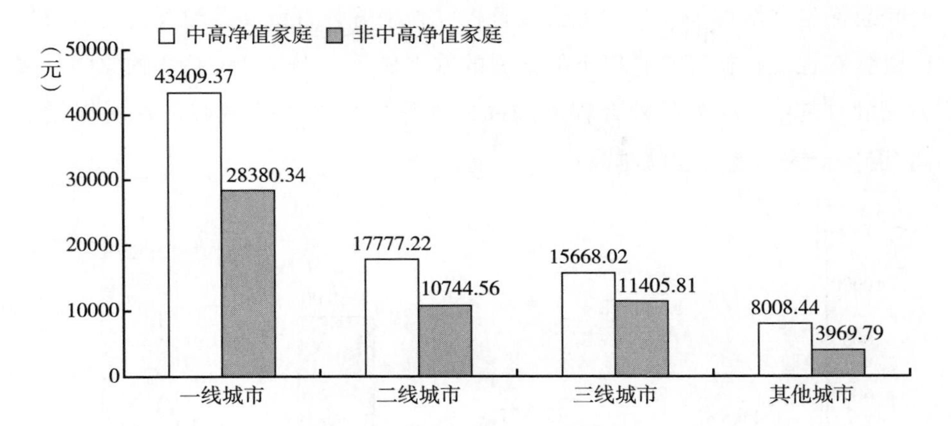

图 7-24 中高净值家庭和非中高净值家庭领取离/退休金或养老金年总额（城市类型）

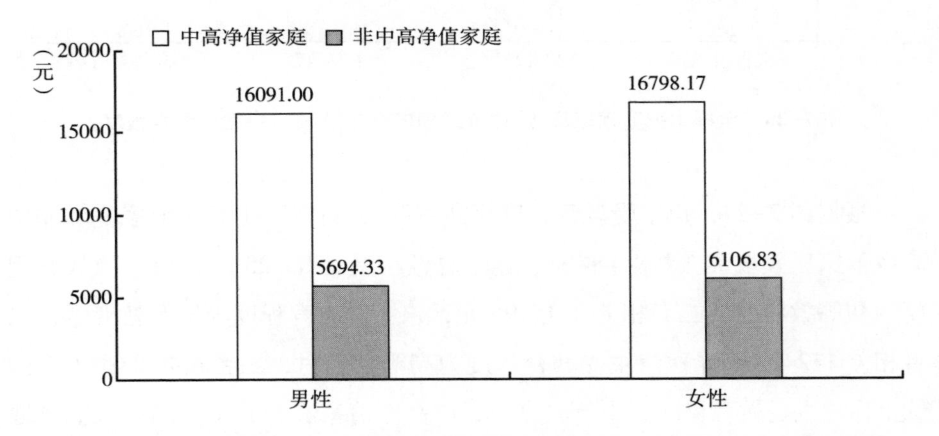

图 7-25 中高净值家庭和非中高净值家庭领取离/退休金或养老金年总额（户主性别）

根据图 7-25，户主为男性时，中高净值家庭和非中高净值家庭领取离/退休金或养老金年总额相差 10396.67 元；户主为女性时，二者相差 10691.34 元。综上，户主为女性时，二者的差距较大。

本书根据户主受教育程度，分组计算家庭领取离/退休金或养老金年总额，结果汇总在图 7-26 中。

根据图 7-26，随着户主受教育程度的提高，家庭领取离/退休金或养老金年总额也逐渐增加。且户主受教育程度为中等教育或高等教育时，年总额同受教育程度在初等教育以下的家庭的差距显著。出现这种趋势的原因是多方面的，其中一个是受教育程度越高，工作单位及岗位越好，其所提供的离/退休金或养老金也就越高。

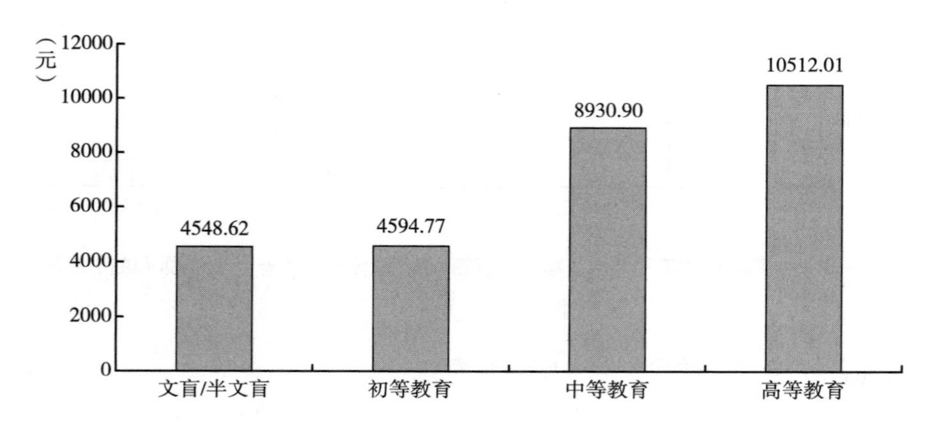

图 7-26　全样本家庭领取离/退休金或养老金年总额（户主受教育程度）

根据图 7-27，户主受教育程度为文盲/半文盲时，中高净值家庭和非中高净值家庭领取离/退休金或养老金年总额相差 5300. 25 元；户主受教育程度为初等教育时，二者相差 3645. 96 元；户主受教育程度为中等教育时，二者相差 11242. 35 元；户主受教育程度为高等教育时，二者相差 8885. 64 元。综上，户主受教育程度为中等教育时，中高净值家庭和非中高净值家庭领取离/退休金或养老金年总额的差距最大；户主受教育程度为初等教育时，二者的差距最小。

根据户主健康状况，分组计算家庭领取离/退休金或养老金年总额，结果汇总在图 7-28 中。

根据图 7-28，户主不健康时，中高净值家庭和非中高净值家庭领取离/退休金或养老金年总额相差 18733. 88 元；户主健康状况为一般时，二者相差 14777. 33 元；户主健康时，二者相差 9081. 5 元。综上，中高净值家庭和非中高净值家庭领取离/退休金或养老金年总额的差距非常显著。

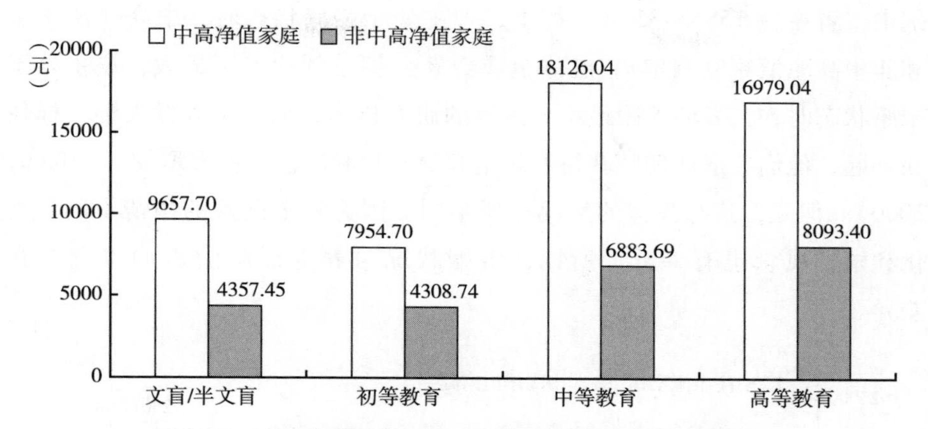

图 7-27 中高净值家庭和非中高净值家庭领取离/退休金或养老金年总额（户主受教育程度）

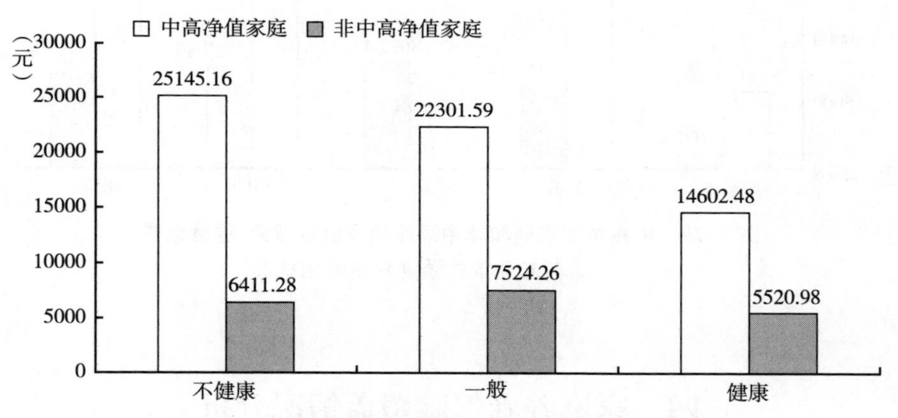

图 7-28 中高净值家庭和非中高净值家庭领取离/退休金或养老金年总额（户主健康状况）

本书根据户主婚姻状况分组计算家庭领取离/退休金或养老金年总额，结果汇总在图 7-29 中。

根据图 7-29，户主未婚的中高净值家庭领取离/退休金或养老金年总额比非中高净值家庭高 4891.58 元；在婚组别中二者相差 11076.83 元；同居组别中二者相差 8072.43 元；离婚组别中二者相差 12668.85 元；丧偶组别中二者相差 15863.35 元。综上，户主处于丧偶状态时，中高净值家庭和非中高净值家庭领取离/退休金或养老金年总额的差距最大；户主处于未婚状态时，二者的差距最小。国外的研究指出，如果个人像夫妻一样住在一起，他们在退休期间获得养老金和财务福利的机会就会增加（Yabiku，2000）。但是，这与我国的情况有所不同。因为每个国家的国情不同，文化和婚姻观念也有差异，所以，婚姻状况对养老保险的影响也会存在差异。

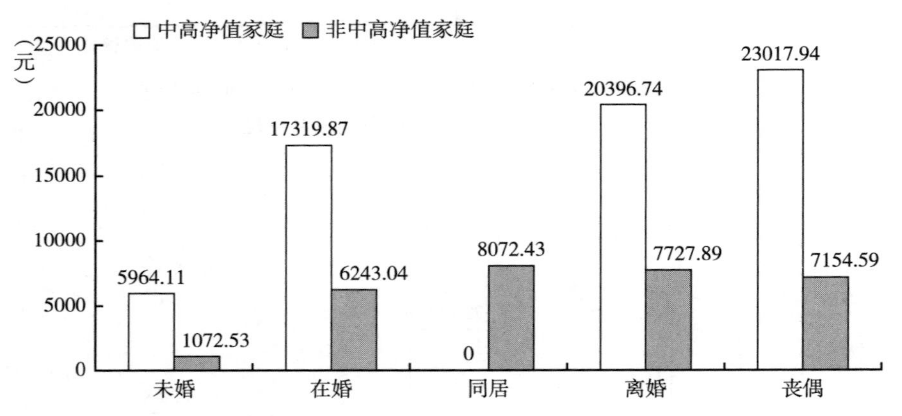

图 7-29　中高净值家庭和非中高净值家庭领取离/退休金或养老金年总额（户主婚姻状况）

四　家庭养老保险覆盖情况分析

前文从离/退休金或养老金的领取角度，对家庭养老保险与保障进行了分析。这里从家庭参与养老保险的角度，继续对家庭养老保险与保障进行分析。这两部分其实是“一体两面”。前者是养老金的使用面，而后者是养老金的投入面。从宏观上看，如果前者大于后者，那么，养老金就会出现缺口。从微观家庭来看，后者的投入就是为了前者的使用。所以，从微观上讲，两者存在一定的对应关系。当然，这里面还有时间的影响。

（一）家庭层面

根据社区性质分组计算家庭养老保险覆盖率。家庭参加养老保险的项目包括离/退休后从所在机关或事业单位领取离/退休金、基本养老保险、企业补充养老保险、商业养老保险、农村养老保险（老农保）、新型农村社会养老保险（新农保）、城镇居民养老保险以及其他类型的养老项目。若家庭参与上述任一一种养老保险的项目，那么，该家庭就是养老保险覆盖的家庭。本书据此计算家庭养老保险覆盖率，结果汇总在图 7-30 中。

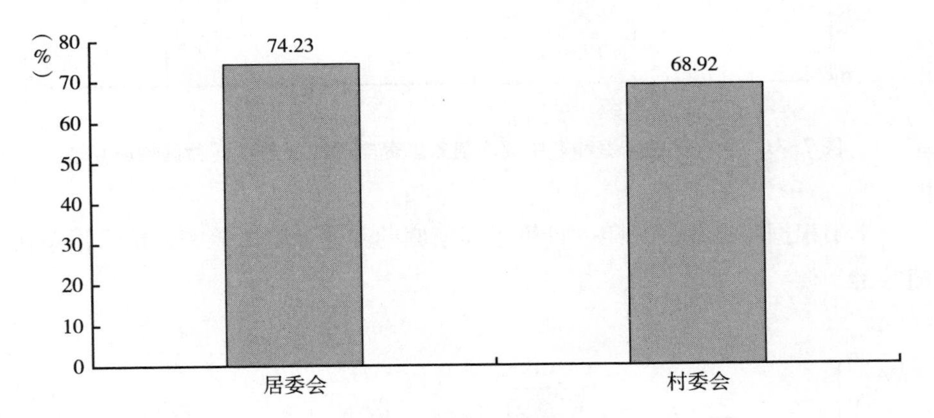

图 7-30 全样本家庭养老保险覆盖率（社区性质）

根据图 7-30，社区性质为居委会的家庭养老保险覆盖率比社区性质为村委会的高 5. 31 个百分点。总体来看，家庭养老保险覆盖率在七成左右。居委会的养老保险覆盖率要明显高于村委会。一方面，保险公司以及相关部门在居委会中关于养老保险的宣传和推广比较多；另一方面，居委会居民大多在企事业单位工作，基础养老保险和企业补充保险的覆盖范围比较广泛。这些都是居委会的家庭养老保险覆盖率要明显高于村委会的原因。

根据图 7-31，社区性质为居委会的中高净值家庭养老保险覆盖率比非中高净值家庭养老保险覆盖率高 10. 48 个百分点；社区性质为村委会时，二者相差 16. 56 个百分点。此处，值得注意的是，对于中高净值家庭而言，居住在村委会的中高净值家庭的养老保险覆盖率要高于居住在居委会的中高净值家庭，两者相差约 4 个百分点。

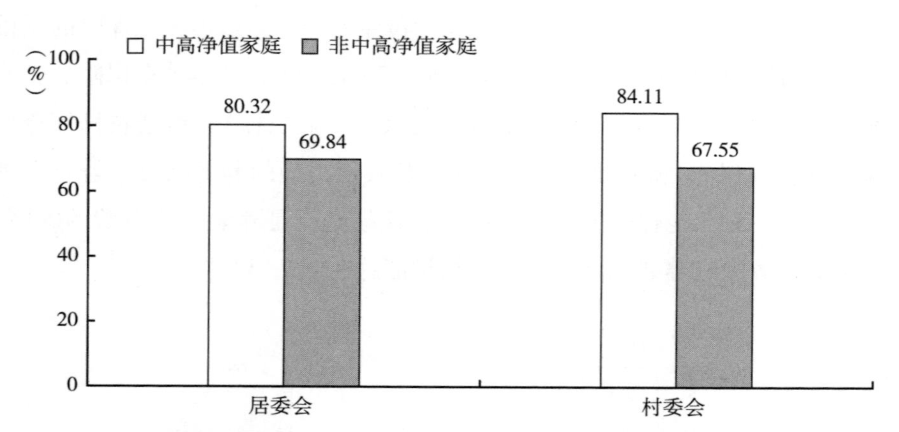

图 7-31　中高净值家庭和非中高净值家庭养老保险覆盖率（社区性质）

本书根据家庭规模分组，计算不同家庭的养老保险覆盖率，结果汇总在图7-32 中。

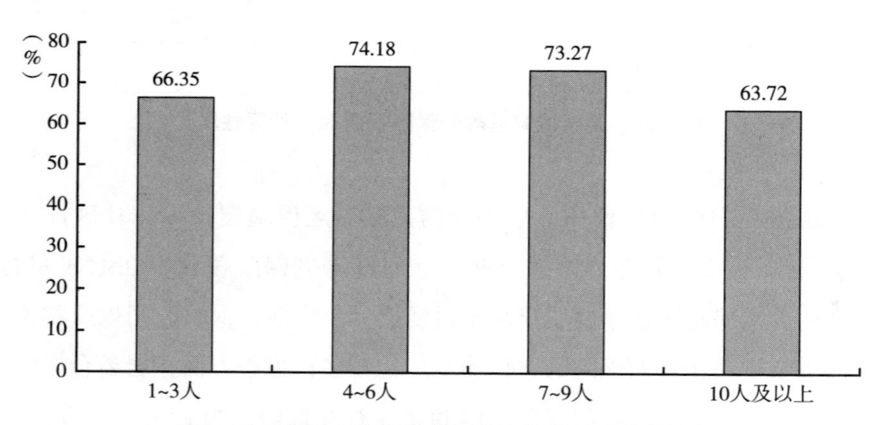

图 7-32　全样本家庭养老保险覆盖率（家庭规模）

根据图 7-32，家庭规模为 4~6 人时，家庭养老保险覆盖率最高；家庭规模为 10 人及以上时，家庭养老保险覆盖率最低。由此可知，相对而言，规模为 4~9 人的家庭养老保险覆盖率比较高。因此，家庭规模是影响家庭养老保险覆盖率的一个因素。

根据图 7-33，总体而言，中高净值家庭的养老保险覆盖率要明显高于非中高净值家庭。具体而言，家庭规模为 1～3 人时，中高净值家庭比非中高净值家庭养老保险覆盖率高 19.17 个百分点；家庭规模为 4～6 人时，二者相差 13.74 个百分点；家庭规模为 7～9 人时，二者相差 12 个百分点；家庭规模为 10 人及以上时，二者相差 8.43 个百分点。综上，随着家庭人数的增加，中高净值家庭和非中高净值家庭养老保险覆盖率的差距逐渐缩小。

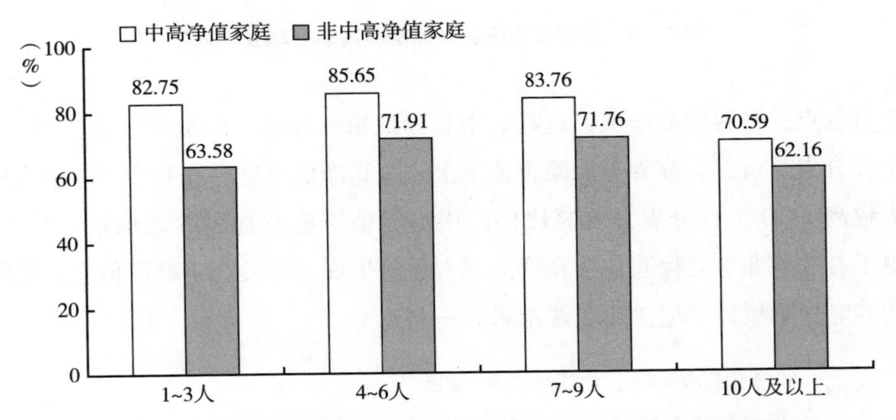

图 7-33　中高净值家庭和非中高净值家庭养老保险覆盖率（家庭规模）

本书根据城乡区划分组，计算不同家庭的养老保险覆盖率，结果汇总在图 7-34 中。

根据图 7-34，总体而言，家庭养老保险覆盖率大致为 70%，即大约七成的家庭参加了养老保险。具体而言，城镇家庭的养老保险覆盖率高于乡村家庭，二者相差 5.3 个百分点。这说明，城乡之间在家庭养老保险参与上依然存在一定的差距（赵晓娟，2017）。当然，随着农村基础养老保险的逐步普及，这种差距总体上呈现缩小的趋势。

根据图 7-35，总体而言，城镇家庭的养老保险覆盖率高于乡村家庭。具体而言，城镇中高净值家庭和非中高净值家庭养老保险覆盖率相差 10.73

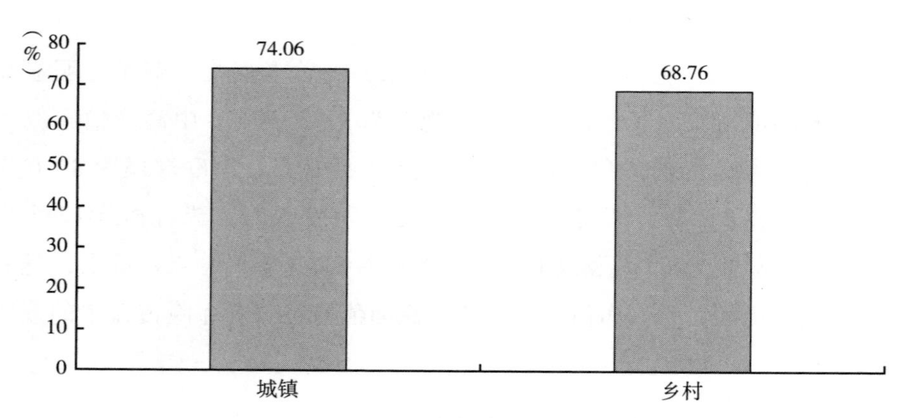

图 7-34　全样本家庭养老保险覆盖率（城乡区划）

个百分点；乡村中高净值家庭和非中高净值家庭养老保险覆盖率相差 10.77 个百分点。可见，在养老保险覆盖率上，中高净值家庭要比非中高净值家庭大致高了 10 个百分点。更高比例的中高净值家庭参加了养老保险。其中，由于有些商业养老保险包含在商业人寿保险里面，因此，中高净值家庭实际的养老保险覆盖率应该比上述结果高一些。

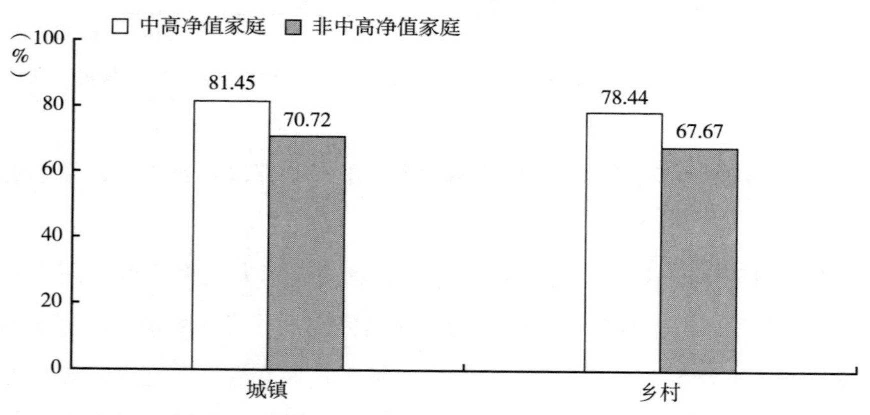

图 7-35　中高净值家庭和非中高净值家庭养老保险覆盖率（城乡区划）

本书根据城乡类型计算不同家庭的养老保险覆盖率，结果汇总在图 7-36 中。

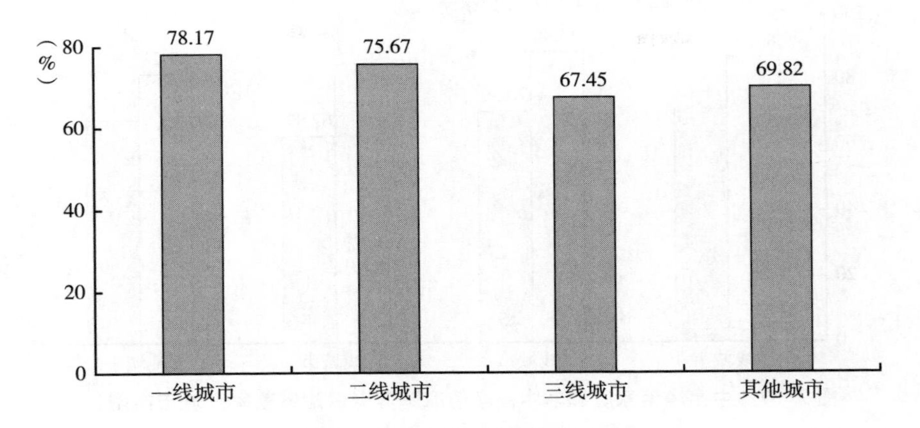

图 7-36　全样本家庭养老保险覆盖率（城市类型）

根据图 7-36，一线城市的家庭养老保险覆盖率最高；三线城市的家庭养老保险覆盖率最低。总体来看，一线城市的家庭养老保险覆盖率已经接近八成，二线城市比一线城市要低一些，而三线及以下城市的覆盖率接近七成。这说明，从养老保险的市场潜力来看，三线及以下城市的市场潜力最大，接着是二线城市，而一线城市的市场潜力最小，因为养老保险的饱和度最高。因此，对于保险公司而言，三线及以下城市在未来就是市场争夺的焦点。在三线及以下城市占据优势的保险公司，会拥有全面的竞争优势。从某种意义上说，这也是一种“农村包围城市”的竞争策略。

根据图 7-37，总体而言，无论是何种类型的城市，中高净值家庭的养老保险覆盖率都要明显高于非中高净值家庭。一线城市中高净值家庭和非中高净值家庭养老保险覆盖率相差 15.7 个百分点；二线城市中二者相差 18.35 个百分点；三线城市中二者相差 22.18 个百分点；其他城市中二者相差 14.06 个百分点。综上，三线城市中高净值家庭和非中高净值家庭养老保险覆盖率的差距最大。对于保险公司而言，这意味着三线及以下城市中的非中高净值家庭参加商业养老保险的潜力相对而言更大。这是商业养老保险的潜在市场，有待进行进一步开发。

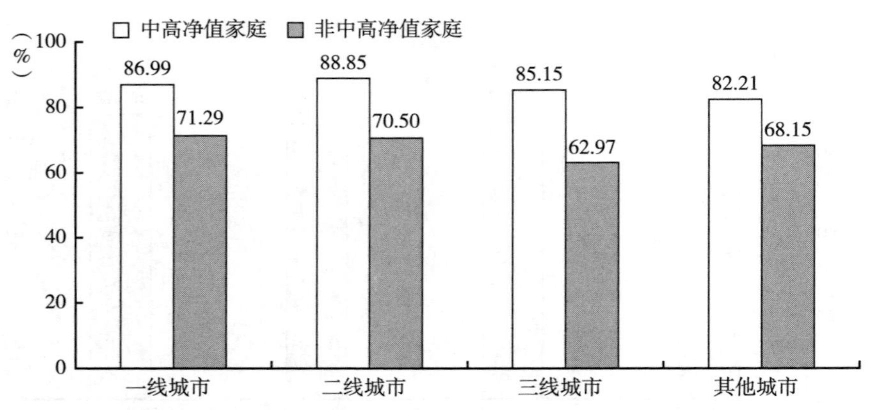

图 7-37　中高净值家庭和非中高净值家庭养老保险覆盖率（城市类型）

（二）户主层面

户主受教育程度会对家庭参与养老保险产生影响。一般而言，户主受教育程度越高，家庭参与养老保险的积极性越高（赵丽娟，2020）。本书根据户主受教育程度分组，计算不同家庭的养老保险覆盖率，结果汇总在图 7-38 中。

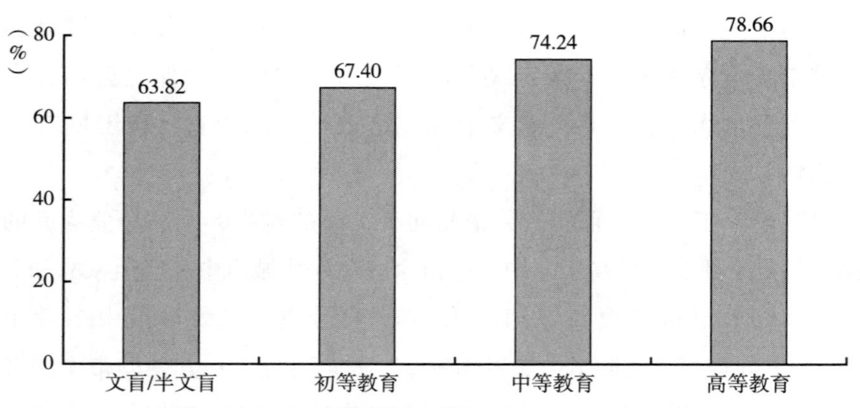

图 7-38　全样本家庭养老保险覆盖率（户主受教育程度）

根据图 7-38，随着户主受教育程度的提高，家庭养老保险覆盖率逐渐提高。这与之前的研究结论是一致的（赵丽娟，2020）。户主受教育程度越高，越会对家庭保障进行长期规划，也就越有可能参与养老保险以确保老年生活的质量。

根据图 7-39，除了户主受教育程度为文盲/半文盲的家庭之外，总体上，中高净值家庭的养老保险覆盖率要高于非中高净值家庭。具体而言，户主受教育程度为文盲/半文盲时，非中高净值家庭比中高净值家庭养老保险覆盖率高 5. 07 个百分点。这个现象值得进一步探究，一个可能的原因是户主受教育程度为文盲/半文盲的中高净值家庭，更有可能产生注重当前消费的倾向，而不太重视远期的保障。

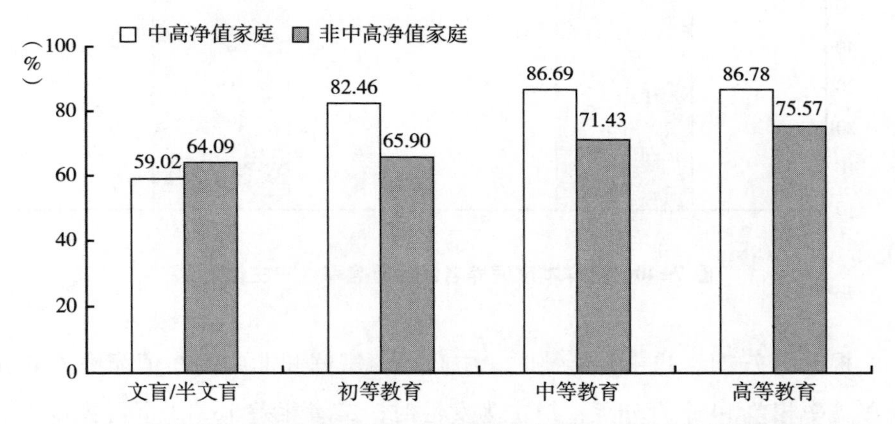

图 7-39　中高净值家庭和非中高净值家庭养老保险覆盖率（户主受教育程度）

此外，当户主受教育程度为初等教育时，二者相差 16. 56 个百分点；户主受教育程度为中等教育时，二者相差 15. 26 个百分点；户主受教育程度为高等教育时，二者相差 11. 21 个百分点。综上，户主受教育程度为初等教育时，中高净值家庭和非中高净值家庭养老保险覆盖率的差距最大；户主受教育程度为文盲/半文盲时，二者的差距最小。

本书根据户主性别分组，计算不同家庭的养老保险覆盖率，结果汇总在图7-40 中。

根据图 7-40，户主性别为男性时，家庭养老保险覆盖率较高。但是户主为男性或女性的覆盖率的差距较小。所以，总体而言，家庭养老保险覆盖率不受户主性别的影响。现有研究表明，户主性别对有些类型的养老保险购买意愿的影响是显著的，但是，对城镇职工养老保险和城镇居民养老保险的影响是不显著的（孟颖颖，2018）。因此，对于性别对特定养老保险购买意愿及购买行为的影响，需要根据具体问题进行具体分析，不能一概而论。

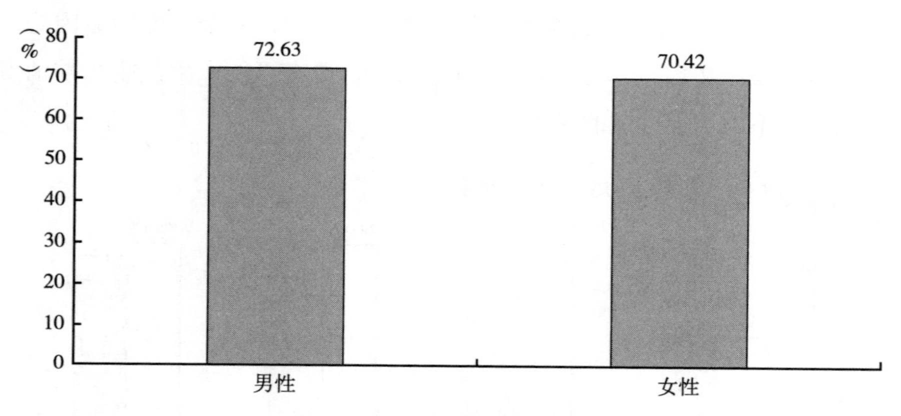

图 7-40　全样本家庭养老保险覆盖率（户主性别）

根据图 7-41，户主为男性时，中高净值家庭和非中高净值家庭养老保险覆盖率相差 14 个百分点；户主为女性时，二者相差 18.12 个百分点。综上，户主为女性时，二者的差距较大。值得注意的是，对于中高净值家庭而言，女性户主家庭的养老保险覆盖率要稍微高于男性户主家庭的养老保险覆盖率。女性对未来不确定性的感知更为灵敏（Holden and Fontes，2009），因此，更有可能为未来的老年生活提前做好相应的规划。

健康与养老保险的关系，也是养老保险研究中常见的问题（Valset et al.，2007）。根据户主健康状况分组，计算不同家庭的养老保险覆盖率，结果汇总在图 7-42 中。

根据图 7-42，总体而言，户主健康时，家庭养老保险覆盖率最高；户主健康状况一般时，养老保险覆盖率最低。具体而言，户主健康时，中高净值家庭和非中高净值家庭养老保险覆盖率相差 15.49 个百分点；户主健康状况一般时，二者相差 14.68 个百分点；户主不健康时，二者相差 17.32 个百分点。综上，户主不健康时，中高净值家庭和非中高净值家庭养老保险覆盖率的差距最大，户主健康状况一般时，二者的差距最小。

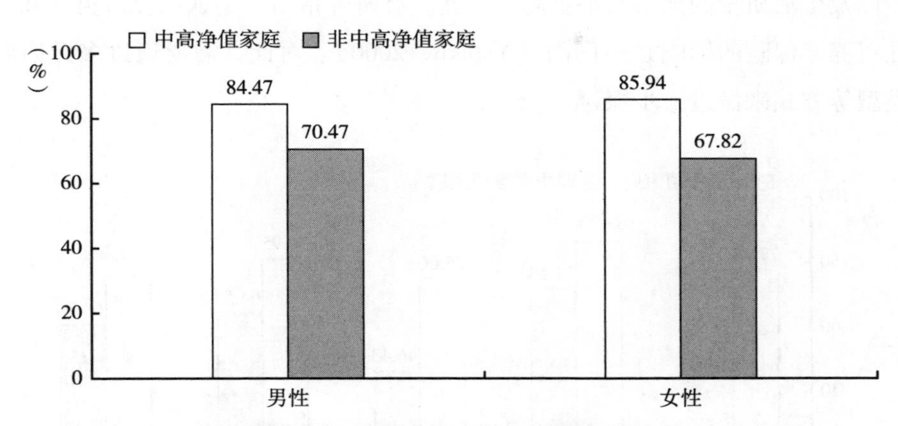

图 7-41　中高净值家庭和非中高净值家庭养老保险覆盖率（户主性别）

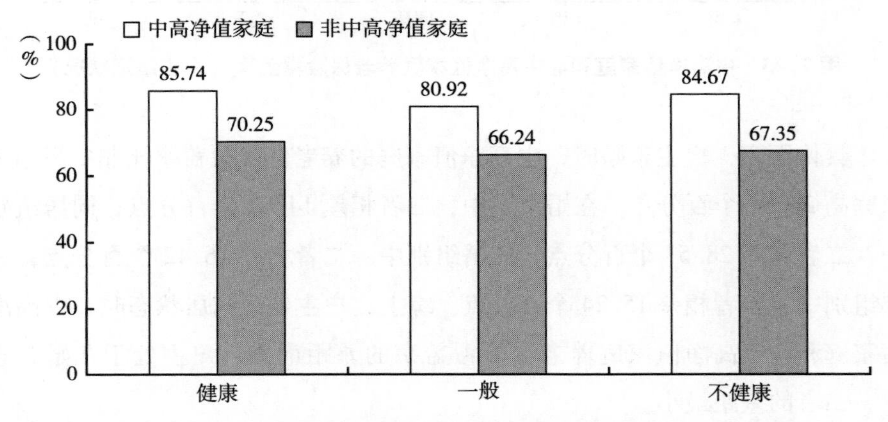

图 7-42　中高净值家庭和非中高净值家庭养老保险覆盖率（户主健康状况）

本书根据户主婚姻状况分组，计算不同家庭的养老保险覆盖率，结果汇总在 7-43 中。

根据图 7-43，总体而言，户主处于在婚状态时，家庭养老保险覆盖率最高；户主处于同居状态时，家庭养老保险覆盖率最低。此外，无论何种婚姻状况，中高净值家庭的养老保险覆盖率都要明显高于非中高净值家庭。这再次体现了中高净值家庭对养老保险的需求更加旺盛，对于未来老年生活保障以及生活质量的期待水平更高。当然，有研究指出，婚姻状况对男性和女性对养老保险的影响是不同的（Yabiku，2000）。对此，需要通过多元回归模型等方式来做进一步探讨。

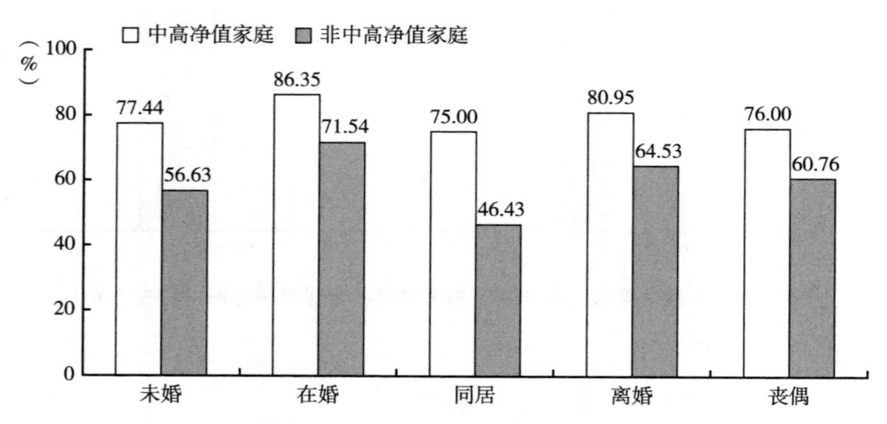

图 7-43　中高净值家庭和非中高净值家庭养老保险覆盖率（户主婚姻状况）

具体而言，户主未婚时，中高净值家庭的养老保险覆盖率比非中高净值家庭高 20.81 个百分点；在婚组别中，二者相差 14.81 个百分点；同居组别中，二者相差 28.57 个百分点；离婚组别中，二者相差 16.42 个百分点；丧偶组别中，二者相差 15.24 个百分点。综上，户主处于同居状态时，中高净值家庭和非中高净值家庭养老保险覆盖率的差距最大；户主处于在婚状态时，二者的差距最小。

五　家庭商业养老保险覆盖情况分析

顾名思义，商业养老保险就是由保险公司提供的养老保险。商业养老保险被视为我国养老保险的第三支柱。但是，总体而言，商业养老保险所占比例偏低，发展空间和潜力很大。当前，我国的第三支柱商业养老保险处于发展的初级阶段，发展尚不充分，各方面发展得还不成熟，没有形成完善的体系，其具有很大的发展潜力，有待进一步挖掘（宋书芹等，2021）。

（一）家庭层面

本书根据社区性质分组，计算家庭商业养老保险覆盖率，结果汇总在图7-44中。

如图7-44所示，总体而言，家庭商业养老保险覆盖率偏低。即便是居委会中的中高净值家庭，商业养老保险覆盖率也就约5%。中高净值家庭的商业养老保险覆盖率要明显高于非中高净值家庭。社区性质为居委会的中高净值家庭商业养老保险覆盖率比非中高净值家庭高3.46个百分点；社区性质为村委会时，二者相差1.41个百分点，差距较小。

本书根据家庭规模分组，计算家庭商业养老保险覆盖率，结果汇总在图7-45中。

根据图7-45，当家庭规模为7~9人时，家庭商业养老保险覆盖率最高；当家庭规模为10人及以上时，家庭商业养老保险覆盖率最低。也就是说，当家庭规模小于10人时，家庭商业养老保险覆盖率随着家庭规模的扩大而上升。其中一个原因是家庭规模越大，家中有老年人的概率也就越大，其购买商业养老保险的可能性也就越高。

根据图7-46，家庭规模为1~3人时，中高净值家庭比非中高净值家庭的商业养老保险覆盖率高2.95个百分点；家庭规模为4~6人时，二者相差3.63个百分点；家庭规模为7~9人时，二者相差7.26个百分点；家庭规模为10人及以上时，二者相差2.29个百分点。可见，总体而言，中高净值家庭的商业养老保险覆盖率要高于非中高净值家庭，但是，两者的差距由于家庭规模不同而有所不同。

本书根据城乡区划分组，计算家庭商业养老保险覆盖率，结果汇总在图7-47中。

根据图7-47，总体而言，无论是城镇还是乡村，中高净值家庭的商业养老保险覆盖率都要明显高于非中高净值家庭。具体而言，城镇中高净值家

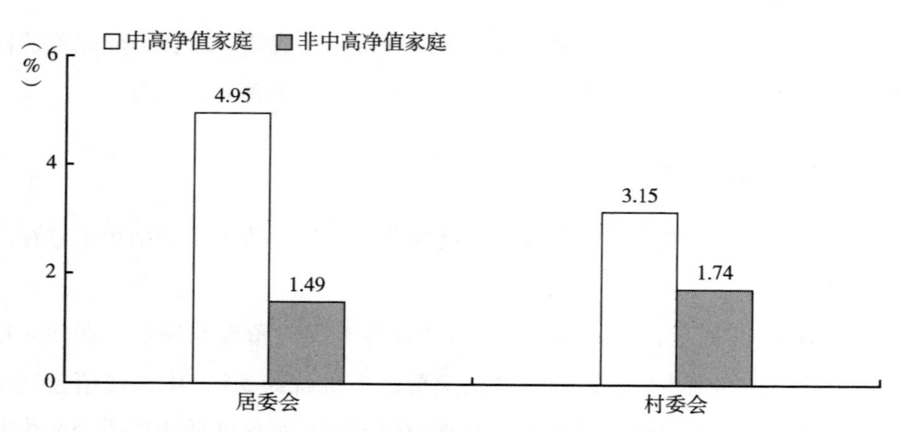

图 7-44　中高净值家庭和非中高净值家庭商业养老保险覆盖率（社区性质）

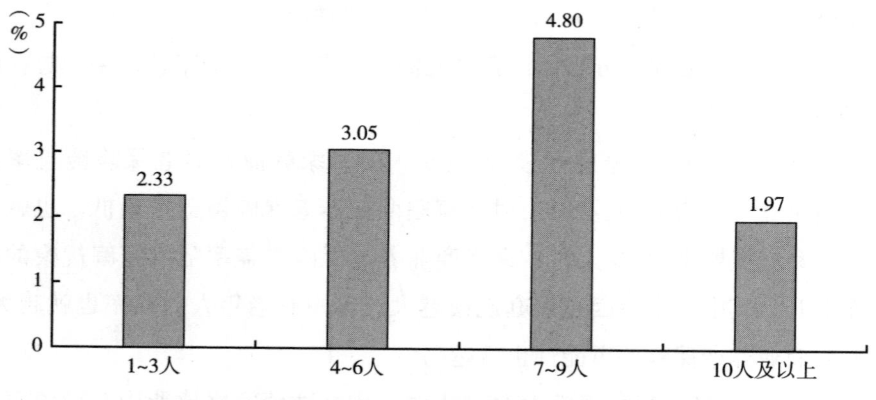

图 7-45　全样本家庭商业养老保险覆盖率（家庭规模）

庭和非中高净值家庭商业养老保险覆盖率相差 3. 2 个百分点；乡村非中高净值家庭和中高净值家庭商业养老保险覆盖率相差 4. 01 个百分点。相对而言，两者在乡村地区的差距要更大一些。

本书根据城市类型分组，计算家庭商业养老保险覆盖率，结果汇总在图7-48 中。

根据图 7-48，三线城市的家庭商业养老保险覆盖率最高，其他城市的覆盖率最低。二、三线城市的商业养老保险覆盖率较高，与这些年保险公司采取下沉到二、三线城市的经营策略有关。

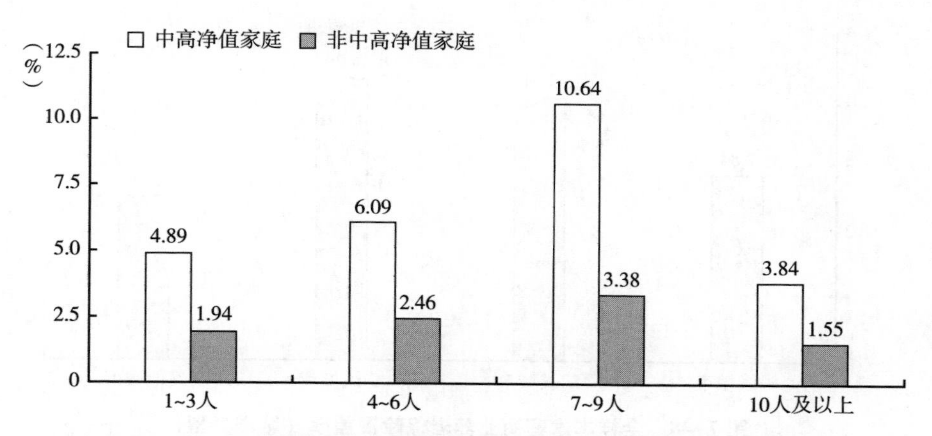

图 7-46　中高净值家庭和非中高净值家庭商业养老保险覆盖率（家庭规模）

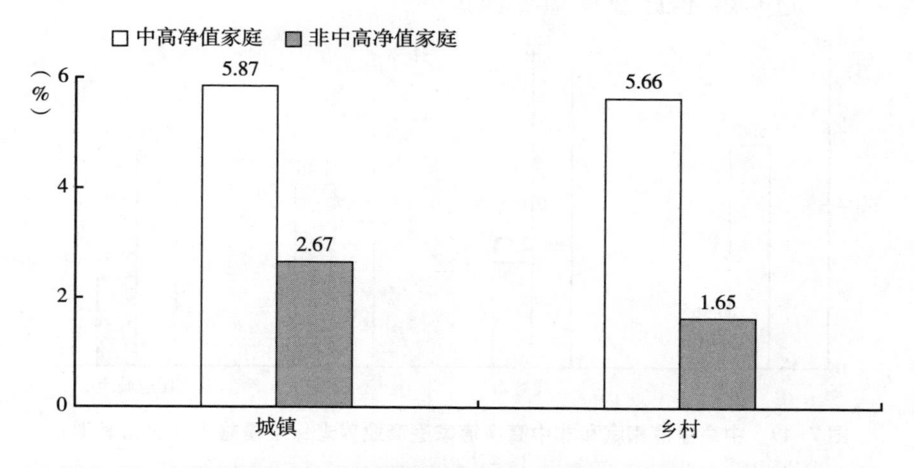

图 7-47　中高净值家庭和非中高净值家庭商业养老保险覆盖率（城乡区划）

根据图 7-49，总体而言，除了三线城市之外，其余城市中高净值家庭的商业养老保险覆盖率都要明显高于非中高净值家庭。具体而言，一线城市中高净值家庭和非中高净值家庭商业养老保险覆盖率相差 4.46 个百分点；二线城市中，二者相差 5.31 个百分点；三线城市中，二者相差 0.89 个百分点；其他城市中，二者相差 3.06 个百分点。三线城市中高净值家庭的商业养老保险覆盖率与非中高净值家庭的差距最小。

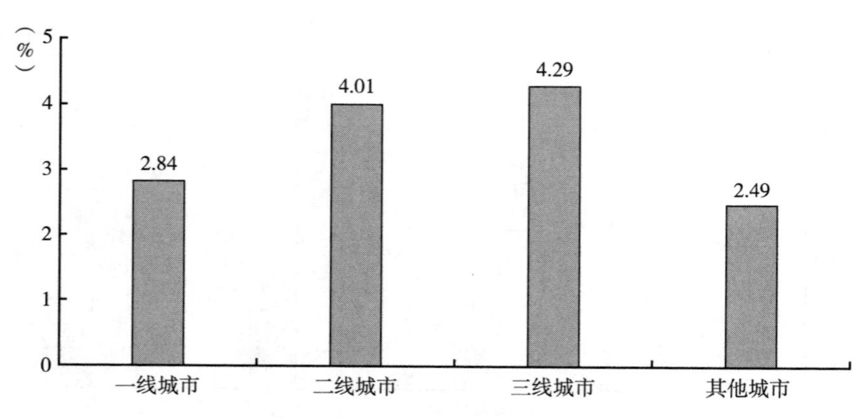

图 7-48　全样本家庭商业养老保险覆盖率（城市类型）

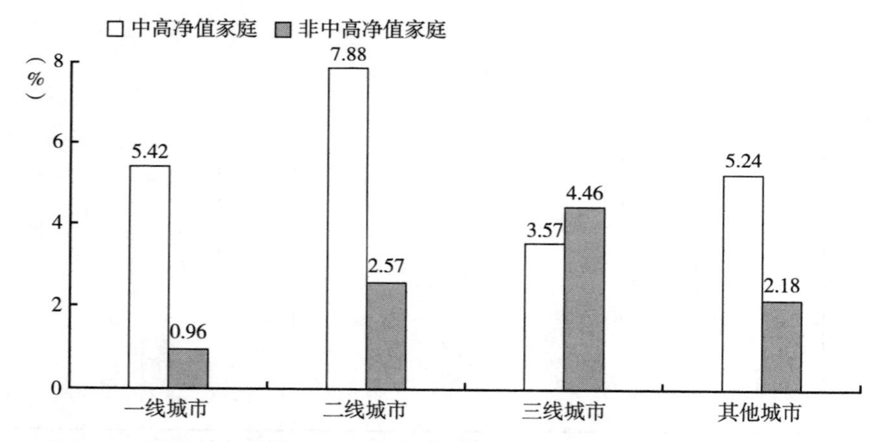

图 7-49　中高净值家庭和非中高净值家庭商业养老保险覆盖率（城市类型）

（二）户主层面

本书根据户主受教育程度分组，计算家庭商业养老保险覆盖率，结果汇总在图 7-50 中。

如图 7-50 所示，总体而言，当户主受教育程度在初等教育及以上时，中高净值家庭的商业养老保险覆盖率要明显高于非中高净值家庭。具体而言，户主受教育程度为文盲/半文盲时，中高净值家庭和非中高净值家庭商业养老保险覆盖率相差 1. 2 个百分点；户主受教育程度为初等教育时，二者相差 2. 83 个百分点；户主受教育程度为中等教育时，二者相差 3. 87 个百分点；户主受教育程度为高等教育时，二者相差 3. 83 个百分点。综上，户主受教育程度为高等教育时，中高净值家庭和非中高净值家庭商业养老保险覆盖率的差距最大；户主受教育程度为文盲/半文盲时，二者差距最小，而且非中高净值家庭的商业养老保险覆盖率要高于中高净值家庭。出现这种情况的原因是多方面的，可能与这个受教育程度的样本数量比较少有关。

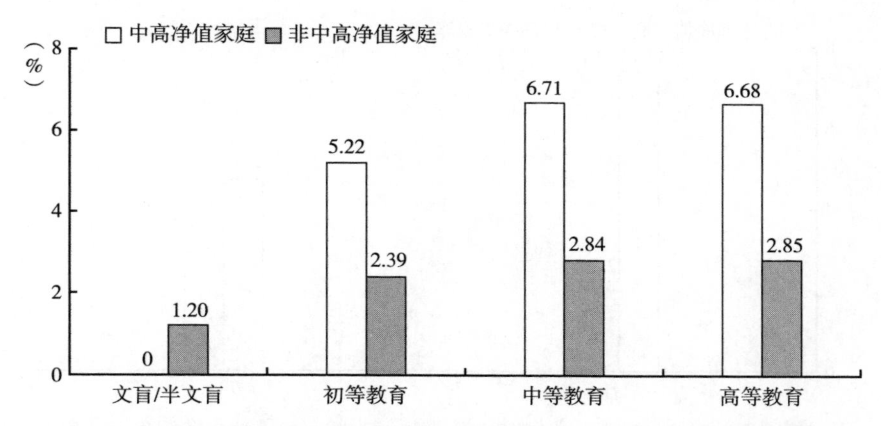

图 7-50 中高净值家庭和非中高净值家庭商业养老保险覆盖率（户主受教育程度）

本书根据户主性别分组，计算家庭商业养老保险覆盖率，结果汇总在图 7-51 中。

如图 7-51 所示，总体而言，无论户主是男性还是女性，中高净值家庭的商业养老保险覆盖率都要明显高于非中高净值家庭。具体而言，户主为男性时，中高净值家庭和非中高净值家庭商业养老保险覆盖率相差 5. 19 个百分点；户主为女性时，二者相差 2. 12 个百分点。综上，户主为男性时，二者的差距较大。可见，户主性别在一定程度上会对家庭参与和购买商业养老保险产生影响。

根据户主健康状况分组，计算家庭商业养老保险覆盖率，结果汇总在图 7-52 中。

如图 7-52 所示，当户主健康时，中高净值家庭和非中高净值家庭商业养老保险覆盖率相差 2. 67 个百分点；当户主健康状况为一般时，二者相差 0. 11 个百分点，基本上是无明显区别的；当户主不健康时，二者相差 4. 15 个百分点。综上，当户主健康或不健康时，中高净值家庭和非中高净值家庭的商业养老保险覆盖率的差距较为显著，中高净值家庭的商业养老保险覆盖率都明显高于非中高净值家庭；当户主健康状况为一般时，二者的差距较小，并无明显区别。

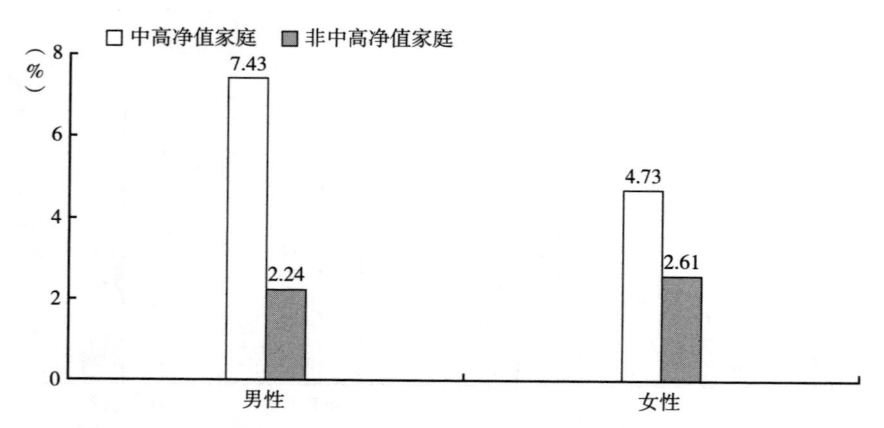

图 7-51　中高净值家庭和非中高净值家庭商业养老保险覆盖率（户主性别）

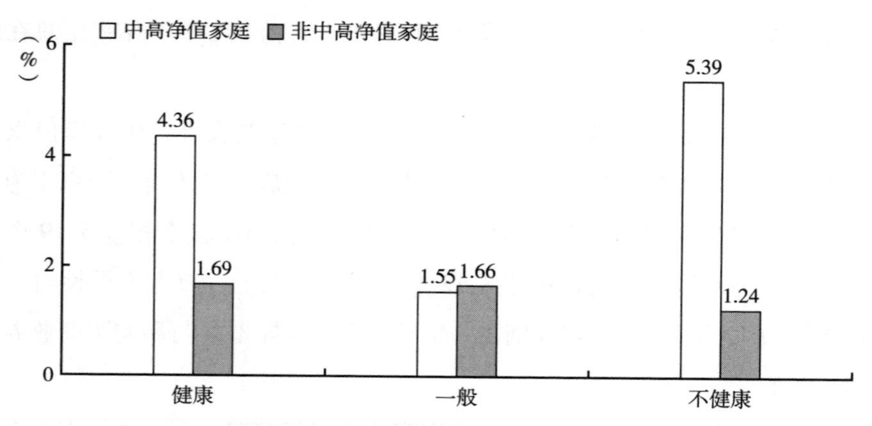

图 7-52　中高净值家庭和非中高净值家庭商业养老保险覆盖率（户主健康状况）

本书根据户主婚姻状况分组，计算家庭商业养老保险覆盖率，结果汇总在图 7-53 中。

如图 7-53 所示，户主处于未婚状态时，中高净值家庭商业养老保险覆盖率比非中高净值家庭低 0. 56 个百分点；在婚组别中，二者相差 2. 89 个百分点；离婚组别中，二者相差 1. 56 个百分点；丧偶组别中，二者相差 2. 23 个百分点。综上，户主处于在婚状态时，中高净值家庭和非中高净值家庭的商业养老保险覆盖率的差距最大；户主处于未婚状态时，二者的差距最小。可见，户主婚姻状况也是影响家庭购买商业养老保险的一个因素。

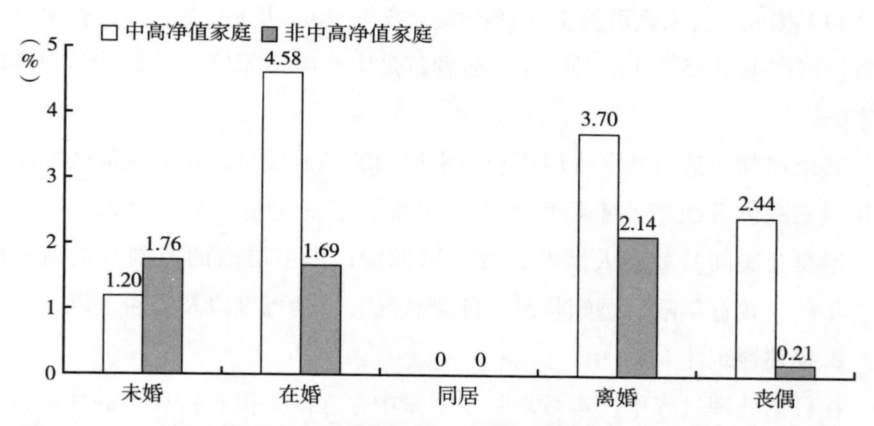

图 7-53　中高净值家庭和非中高净值家庭商业养老保险覆盖率（户主婚姻状况）

六　家庭养老保险影响因素分析

家庭领取的离/退休金或养老金直接影响家庭中老年人的养老生活质量，也会影响全家人的生活质量。那么，家庭中哪些因素会对领取离/退休金或养老金产生影响？这就需要进行实证检验。本章将通过回归分析方法来检验家庭领取离/退休金或养老金的影响因素。重点关注的是中高净值家庭以及家庭可投资性资产对家庭领取离/退休金或养老金的影响。此外，本章还会考察家庭以及户主层面的因素的影响。

（一）数据、变量与模型

1. 关键变量

此处的被解释变量是家庭领取离/退休金或养老金。根据 CFPS 家庭问卷中的问题“过去 12 个月，您家所有家庭成员领取的离/退休金或养老金总共是多少?”对变量进行定义。若家中没有成员领取离/退休金或养老金，则此处赋值为 0。

核心解释变量为中高净值家庭（虚拟变量）和家庭可投资性资产。前者由 0 和 1 构成。若家庭可投资性资产大于或等于 45 万元，则为 1；若家庭可投资性资产小于 45 万元，则为 0。前者就是中高净值家庭，后者是非中高净值家庭。

其余控制变量包括家庭层面和户主层面的控制变量，家庭层面的控制变量包括家庭创业决策、家庭房产投资决策、家庭规模、家庭收入、银行贷款、亲友及民间贷款、人情费、教育培训费；户主层面的控制变量包括性别、年龄、教育年限、婚姻状况、健康状况、自信程度以及是否上网。

2. 描述性统计

在数据处理过程中，本章剔除了变量中存在缺失值和错误值的样本，最终得到有效样本 8775 份。变量的定义与描述性统计见表 7-1。

表 7-1　变量的定义与描述性统计

变量名称	定义	均值	标准差	最小值	最大值
家庭领取离/退休金或养老金	上年家庭领取的离/退休金或养老金	8550. 997	22024. 447	0	400000
家庭创业决策	进行个体经营或私营企业的个数	0. 104	0. 349	0	6
家庭房产投资决策	除现住房以外房产的个数	0. 261	0. 566	0	7
中高净值家庭	中高净值家庭为 1,其余为 0	0. 155	0. 362	0	1
家庭可投资性资产	家庭可投资性资产的对数	8. 686	4. 879	0	17. 371
家庭规模	家庭人口数量	3. 566	1. 89	1	15
家庭收入	家庭收入的对数	78668. 465	93924. 659	0	1600000
银行贷款	家庭存在银行贷款时取值为 1,否则为 0	10. 705	1. 427	0	14. 286

续表

变量名称	定义	均值	标准差	最小值	最大值
亲友及民间贷款	家庭存在亲友及民间贷款时取值为1,否则为0	0.105	0.306	0	1
人情费	上一年家庭人情往来支出	0.112	0.316	0	1
教育培训费	上一年家庭教育培训支出	3839.593	6008.965	0	120000
性别	如果性别为男性,则该变量取值为1,否则为0	4673.67	10355.027	0	152000
年龄	个体的年龄	0.562	0.496	0	1
教育年限	接受教育的年数	48.916	14.592	18	95
婚姻状况	如果婚姻状况为已婚,该变量取值为1,否则为0	8.255	5.073	0	24
健康状况	健康状况评分,最高为5,最低为1	0.817	0.386	0	1
自信程度	自信程度评分,最高为5,最低为1	3.001	1.174	1	5
是否上网	上网为1,否则为0	4.134	0.936	1	5

3. 模型设定

本章考察中高净值家庭和家庭可投资性资产对家庭领取离/退休金或养老金的影响，具体的设定模型如下：

$$Pension = \beta_0 + \beta_1 \times MHW + \beta_2 \times \ln(FIA) + \beta_3 \times X + u \tag{1}$$

其中，*Pension* 表示家庭领取的离/退休金或养老金，这是一个连续变量；*MHW* 和 *FIA* 分别表示中高净值家庭（虚拟变量）和家庭可投资性资产；*X* 为一系列控制变量，包含家庭层面和户主层面的控制变量，*u* 为误差项。

（二）实证分析

1. 中高净值家庭对于家庭领取离/退休金或养老金的影响

表7-2展示了中高净值家庭对家庭领取离/退休金或养老金影响的回归结果。第（1）列只考虑中高净值家庭（虚拟变量）这一解释变量，第（2）列加入了家庭层面控制变量，第（3）列在家庭层面控制变量的基础上加入了户主层面控制变量。在此基础上，对应第（1）~（3）列，在第

(4) ~ (6) 列中加入了省份固定效应。结果显示，在所有模型中，中高净值家庭的回归系数都显著为正。如第 (6) 列所示，同时考虑家庭层面控制变量、户主层面控制变量以及省份固定效应后，中高净值家庭比非中高净值家庭领取的离/退休金或养老金增加了约 5179 元。这说明中高净值家庭领取的离/退休金或养老金更多，这对于保障中高净值家庭老年人高质量的退休生活起到了积极作用。

2. 家庭可投资性资产对于家庭领取离/退休金或养老金的影响

表 7-3 展示了家庭可投资性资产对家庭领取离/退休金或养老金的影响的回归结果。在所有模型中，家庭可投资性资产的回归系数都显著为正。这说明，家庭可投资性资产越多，家庭领取的离/退休金或养老金也就越多。第 (6) 列结果显示，同时考虑家庭层面控制变量、户主层面控制变量以及省份固定效应后，家庭可投资性资产的对数值每增加 1 个单位，家庭领取的离/退休金或养老金会提高约 377 元。

表 7-2 中高净值家庭对家庭领取离/退休金或养老金影响的回归结果

变量	(1)	(2)	(3)	(4)	(5)	(6)
中高净值家庭	11164.1***	9591.788***	7933.721***	6869.409***	6398.904***	5178.552***
	(11.64)	(7.17)	(6.55)	(7.79)	(5.14)	(4.52)
家庭房产投资决策		-1459.305**	-1319.992**		-1026.472	-873.757
		(-2.04)	(-1.99)		(-1.54)	(-1.41)
家庭创业决策		-3936.181***	-3005.748***		-2511.546***	-1988.394***
		(-7.07)	(-5.60)		(-4.79)	(-3.98)
家庭规模		-933.364***	-483.792***		-291.500***	-83.024
		(-9.08)	(-4.51)		(-2.85)	(-0.77)
家庭收入		2775.074***	3188.741***		2007.610***	2441.558***
		(14.74)	(13.56)		(12.74)	(12.05)
银行贷款		-5069.442***	-1575.586***		-3436.951***	-827.715
		(-9.18)	(-2.92)		(-6.31)	(-1.56)
亲友及民间贷款		-3867.676***	-1223.937***		-2852.904***	-607.189
		(-8.26)	(-2.58)		(-6.03)	(-1.28)

续表

变量	(1)	(2)	(3)	(4)	(5)	(6)
人情费		0.144 *** (3.12)	0.103 ** (2.50)		0.034 (0.78)	0.016 (0.39)
教育培训费		-0.019 (-0.61)	0.003 (0.09)		-0.068 ** (-2.31)	-0.036 (-1.27)
性别			-2293.569 *** (-5.42)			-1863.569 *** (-4.55)
年龄			728.549 *** (29.45)			663.160 *** (27.92)
教育年限			617.456 *** (12.46)			565.282 *** (11.77)
婚姻状况			-568.652 (-1.18)			6.992 (0.01)
健康状况			16.900 (0.10)			-77.832 (-0.46)
自信程度			-226.676 (-1.04)			24.338 (0.12)
是否上网			6517.281 *** (10.60)			6044.360 *** (10.00)
省份固定效应	否	否	否	是	是	是
常量	6821.992 *** (32.00)	-18027.408 *** (-10.27)	-66875.147 *** (-20.31)	12058.480 *** (3.14)	-8379.402 ** (-2.04)	-50908.724 *** (-11.81)
观测值	8775	8775	8775	8775	8775	8775
R^2	0.034	0.081	0.239	0.166	0.186	0.311

注：括号内是 t 值，** 、 *** 分别代表在 5%、1%的置信水平下显著。

表 7-3　家庭可投资性资产对家庭领取离/退休金或养老金影响的回归结果

变量	(1)	(2)	(3)	(4)	(5)	(6)
家庭可投资性资产	801.600 *** (16.95)	432.765 *** (8.90)	485.160 *** (10.60)	535.712 *** (12.65)	327.043 *** (7.14)	377.161 *** (8.61)
家庭房产投资决策		863.675 (1.54)	199.695 (0.38)		386.160 (0.73)	-65.987 (-0.14)
家庭创业决策		-3787.431 *** (-6.94)	-2945.255 *** (-5.55)		-2412.565 *** (-4.69)	-1963.693 *** (-3.99)

续表

变量	(1)	(2)	(3)	(4)	(5)	(6)
家庭规模		-955.923***	-481.647***		-297.385***	-79.260
		(-9.26)	(-4.49)		(-2.89)	(-0.74)
家庭收入		2719.837***	3047.887***		1918.525***	2300.071***
		(14.01)	(12.88)		(12.07)	(11.42)
银行贷款		-4804.855***	-1148.221**		-3229.268***	-501.032
		(-8.70)	(-2.11)		(-5.93)	(-0.94)
亲友及民间贷款		-3504.768***	-614.796		-2527.431***	-95.599
		(-7.43)	(-1.28)		(-5.31)	(-0.20)
人情费		0.172***	0.125***		0.048	0.026
		(3.75)	(3.07)		(1.10)	(0.65)
教育培训费		-0.011	0.009		-0.063**	-0.032
		(-0.35)	(0.29)		(-2.15)	(-1.13)
性别			-2455.516***			-2002.190***
			(-5.77)			(-4.86)
年龄			739.665***			669.933***
			(29.62)			(28.09)
教育年限			621.443***			563.923***
			(12.41)			(11.63)
婚姻状况			-626.238			-35.061
			(-1.30)			(-0.07)
健康状况			58.652			-43.475
			(0.33)			(-0.25)
自信程度			-229.927			31.250
			(-1.05)			(0.15)
是否上网			6475.420***			5943.606***
			(10.55)			(9.89)
省份固定效应	否	否	否	是	是	是
常量	1588***	-20460***	-69512***	8615**	-9421**	-52238***
	(4.86)	(-11.09)	(-20.55)	(2.22)	(-2.27)	(-12.03)
观测值	8775	8775	8775	8775	8775	8775
R^2	0.032	0.074	0.238	0.167	0.184	0.311

注：括号内是 t 值，**、*** 分别代表在5%、1%的置信水平下显著。

相关控制变量的结果表明，家庭层面和户主层面的部分控制变量对家庭领取离/退休金或养老金有较显著的影响。总体而言，考虑了省份固定效应之后，家庭房产投资决策对家庭领取离/退休金或养老金的影响不显著。值得注意的是，家庭创业决策与家庭领取离/退休金或养老金是显著负相关的。家庭创业决策越多，家庭领取的离/退休金或养老金越少。一个可能的原因是家庭创业延长了离/退休年龄，结果导致领取的离/退休金或养老金比较少。家庭规模对家庭领取离/退休金或养老金的影响不是很稳定，但是，家庭收入与家庭领取离/退休金或养老金呈显著正向关系。银行贷款和亲友及民间贷款对家庭领取离/退休金或养老金的影响也都不是很稳定。此外，人情费对家庭领取离/退休金或养老金没有显著影响，而教育培训费与家庭领取离/退休金或养老金呈不太稳定的关系。

从户主层面控制变量来看，性别会显著影响家庭领取离/退休金或养老金。女性户主家庭比男性户主家庭领取的离/退休金或养老金多。年龄也会影响家庭商业养老保险的需求。户主年龄越大，家庭领取的离/退休金或养老金越多，这是很合理的。户主教育年限越多，家庭领取的离/退休金或养老金越多。婚姻状况、健康状况和自信程度对家庭领取离/退休金或养老金的影响不显著。是否上网与家庭领取离/退休金或养老金呈显著正相关关系。

（三）异质性分析

1. 中高净值家庭对家庭领取离/退休金或养老金的异质性

根据户主的家庭收入水平，把样本分为家庭收入水平较高和家庭收入水平较低两组，分组进行回归。表 7-4 的第（1）~（2）列展示了基于收入异质性的回归结果。结果显示，中高净值家庭（虚拟变量）对收入水平较高家庭领取离/退休金或养老金有显著的正向作用，而对收入水平较低家庭领取离/退休金或养老金的影响不显著。这说明对于收入水平比较高的家庭而言，中高净值家庭和非中高净值家庭在领取离/退休金或养老金上的差距显著。但是，对于收入水平比较低的家庭而言，中高净值家庭在领取离/退休金或养老金上并不存在明显高于非中高净值家庭的情形。

根据样本的家庭所在地，把样本分为城镇和乡村两组，分组进行回归。表 7-4 的第（3）~（4）列展示了基于城乡异质性的回归结果。结果显示，在城镇地区，中高净值家庭（虚拟变量）对家庭领取离/退休金或养老金有显著的正向影响，但是，在乡村地区，影响不显著。

根据样本的家庭所在地，把城市样本进一步分为一线城市、二线城市、三线城市和四线及以下城市四组，分组进行回归，结果汇总在表7-5中。结果显示，中高净值家庭（虚拟变量）对一线城市家庭领取离/退休金或养老金的影响显著，而对二线及以下城市家庭领取离/退休金或养老金的影响是不显著的。

表7-4　中高净值家庭对家庭领取离/退休金或养老金影响（收入与城乡异质性）的回归结果

变量	(1)	(2)	(3)	(4)
收入异质性	高收入	低收入	—	—
城乡异质性	—	—	城镇	乡村
中高净值家庭	3028**	1810	4807***	1250
	(1334)	(1320)	(1512)	(954.0)
家庭层面控制变量	是	是	是	是
户主层面控制变量	是	是	是	是
省份固定效应	是	是	是	是
截距项	-102682***	-21716***	-73729***	-19686***
	(14018)	(2279)	(6341)	(2235)
观测值	4219	4556	4772	4003
R^2	0.362	0.245	0.349	0.206

注：括号内是t值，**、***分别代表在5%、1%的置信水平下显著。

表7-5　中高净值家庭对家庭领取离/退休金或养老金影响（城市异质性）的回归结果

变量	(1)	(2)	(3)	(4)
城市异质性	一线城市	二线城市	三线城市	四线及以下城市
中高净值家庭	13180.887***	2944.398	5357.633	622.632
	(2.99)	(1.18)	(1.14)	(0.30)
家庭层面控制变量	是	是	是	是
户主层面控制变量	是	是	是	是
省份固定效应	是	是	是	是

续表

变量	(1)	(2)	(3)	(4)
截距项	-145240.793 *** (-5.46)	-76370.921 *** (-6.52)	-77573.926 *** (-5.14)	-63682.578 *** (-8.29)
观测值	584	906	391	2891
R^2	0.412	0.351	0.370	0.260

注：括号内是 t 值，*** 代表在 1%的置信水平下显著。

2. 家庭可投资性资产对家庭领取离/退休金或养老金的异质性的回归结果

根据户主的家庭收入水平，把样本分为家庭收入水平较高和家庭收入水平较低两组，分组进行回归。表 7-6 的第（1）~（2）列展示了基于收入异质性的回归结果。结果显示，家庭可投资性资产对领取离/退休金或养老金的影响都显著，但是，对收入水平较高家庭的影响要明显大于收入水平较低家庭。

根据样本的家庭所在地，把样本分为城镇和乡村两组，分组进行回归。表 7-6 的第（3）~（4）列展示了基于城乡异质性的回归结果。结果显示，家庭可投资性资产对城镇和乡村家庭领取离/退休金或养老金的影响都显著为正，但是，对城镇家庭的影响要更大。

表 7-6　家庭可投资性资产对家庭领取离/退休金或养老金影响（收入与城乡异质性）的回归结果

变量	(1)	(2)	(3)	(4)
收入异质性	高收入	低收入	—	—
城乡异质性	—	—	城镇	乡村
家庭可投资性资产	447.1 *** (83.01)	100.1 *** (34.37)	501.6 *** (75.10)	116.0 *** (32.99)
家庭层面控制变量	是	是	是	是
户主层面控制变量	是	是	是	是
省份固定效应	是	是	是	是
截距项	-105422 *** (14300)	-22001 *** (2266)	-75647 *** (6367)	-19937 *** (2249)

续表

变量	(1)	(2)	(3)	(4)
观测值	4219	4556	4772	4003
R^2	0.363	0.246	0.351	0.207

注：括号内是 t 值，*** 代表在 1%的置信水平下显著。

根据样本的家庭所在地，把城市样本进一步分为一线城市、二线城市、三线城市和四线及以下城市四组，分组进行回归，结果汇总在表 7-7 中。结果显示，家庭可投资性资产对所有城市的家庭领取离/退休金或养老金的影响显著为正，但是，影响的强度有所不同。具体而言，对一线城市的影响最大，接着是对三线城市的影响，然后是二线城市，而对四线及以下城市的影响最小。

表 7-7　家庭可投资性资产对家庭领取离/退休金或养老金影响（城市异质性）的回归结果

变量	(1)	(2)	(3)	(4)
城市异质性	一线城市	二线城市	三线城市	四线及以下城市
家庭可投资性资产	1241.926***	435.714***	750.599***	280.437***
	(3.54)	(2.63)	(3.14)	(3.07)
家庭层面控制变量	是	是	是	是
户主层面控制变量	是	是	是	是
省份固定效应	是	是	是	是
截距项	-153445.008***	-77443.759***	-81270.164***	-64441.953***
	(-5.74)	(-6.77)	(-5.45)	(-8.14)
观测值	584	906	391	2891
R^2	0.409	0.353	0.376	0.263

注：括号内是 t 值，*** 代表在 1%的置信水平下显著。

本章总结

随着我国人口老龄化日趋明显，养老问题成为经济社会发展的重要问题之一。如何保障老年人退休后的生活，不仅是一个家庭问题，还是一个社会问题。对此，本章通过中国家庭追踪调查数据分析家庭领取离/退休金或养老金的情况以及家庭商业养老保险的参与情况，得到如下主要结论。

其一，家庭领取离/退休金或养老金的覆盖率大致是38%。总体上，中高净值家庭领取离/退休金或养老金的比例会比非中高净值家庭高一些。家庭领取离/退休金或养老金的覆盖率随着家庭规模的扩大呈阶梯状增长趋势。除家庭规模在1~3人以外，在其余情况下，中高净值家庭的覆盖率均高于非中高净值家庭。处于一线城市的家庭领取离/退休金或养老金的覆盖率最高；其他城市的家庭领取离/退休金或养老金的覆盖率最低。值得注意的是，三线城市的家庭领取离/退休金或养老金的覆盖率要比二线城市高不少。

其二，随着户主受教育程度的提高，家庭领取离/退休金或养老金的覆盖率呈阶梯式下降趋势。户主越健康，家庭领取离/退休金或养老金的覆盖率越低。户主不健康时，中高净值家庭和非中高净值家庭领取离/退休金或养老金覆盖率相差5.21个百分点；户主健康状况为一般时，二者相差10.59个百分点；户主健康时，二者相差11.89个百分点。户主为男性时，中高净值家庭和非中高净值家庭领取离/退休金或养老金的覆盖率相差5.87个百分点；户主为女性时，二者相差5.21个百分点。

其三，社区性质为居委会的家庭领取离/退休金或养老金年总额比社区性质为村委会的高12107.56元，二者的差距十分显著。社区性质为居委会的中高净值家庭领取离/退休金或养老金年总额比非中高净值家庭高9503.44元；社区性质为村委会时二者相差5430.99元。家庭规模为1~3人时，中高净值家庭比非中高净值家庭领取离/退休金或养老金年总额高8921.79元；家庭规模为4~6人时，二者相差12823.38元；家庭规模为7~9人时，二者相差8995.57元；家庭规模为10人及以上时，二者相差5304.26元。一线城市中高净值家庭和非中高净值家庭领取离/退休金或养老金年总额相差15029.03元；二线城市中二者相差7032.66元；三线城市中二者相差4262.21元；其他城市中二者相差4038.65元。

其四，户主为男性时，中高净值家庭和非中高净值家庭领取离/退休金或养老金年总额相差 10396.67 元；户主为女性时，二者相差 10691.34 元。户主受教育程度为中等教育时，中高净值家庭和非中高净值家庭领取离/退休金或养老金年总额相差 11242.35 元。户主不健康时，中高净值家庭和非中高净值家庭领取离/退休金或养老金年总额相差 18733.88 元；户主健康状况为一般时，二者相差 14777.33 元；户主健康时，二者相差 9081.5 元。

其五，总体来看，家庭养老保险覆盖率在七成左右。中高净值家庭中的养老保险覆盖率要明显高于非中高净值家庭。城镇中高净值家庭和非中高净值家庭的养老保险覆盖率相差 10.73 个百分点；乡村中高净值家庭和非中高净值家庭的养老保险覆盖率相差 10.77 个百分点。一线城市中高净值家庭和非中高净值家庭养老保险覆盖率相差 15.7 个百分点；二线城市中二者相差 18.35 个百分点；三线城市中二者相差 22.18 个百分点；其他城市中二者相差 14.06 个百分点。

其六，总体而言，家庭商业养老保险覆盖率偏低。即便是居委会中的中高净值家庭，商业养老保险覆盖率也就约 5%。家庭规模为 1~3 人时，中高净值家庭比非中高净值家庭的商业养老保险覆盖率高 2.95 个百分点；家庭规模为 4~6 人时，二者相差 3.63 个百分点；家庭规模为 7~9 人时，二者相差 7.26 个百分点；家庭规模为 10 人及以上时，二者相差 2.29 个百分点。除了三线城市之外，其余城市中高净值家庭的商业养老保险覆盖率都要明显高于非中高净值家庭。

其七，同时考虑家庭层面控制变量、户主层面控制变量以及省份固定效应后，中高净值家庭比非中高净值家庭领取的离/退休金或养老金增加了约 5179 元。这说明中高净值家庭领取的离/退休金或养老金更多，这对于保障中高净值家庭老年人高质量的退休生活起到了积极作用。同时考虑家庭层面控制变量和户主层面控制变量以及省份固定效应后，家庭可投资性资产的对数值每增加 1 个单位，家庭领取的离/退休金或养老金会提高约 377 元。

参考文献

耿志祥、孙祁祥：《延迟退休年龄、内生生育率与养老金》，《金融研究》2020 年第 5 期。

和君集团：《2021 环京品质康养消费洞察报告》，2021。

黄蕾：《高收入家庭的保障养老方案》，《进出口经理人》2008 年第 10 期。

黄宗晔、赵晶晶：《如何享有平等的晚年？——养老金与老年人的城乡收入差距》，《人口与经济》2022 年第 2 期。

刘晓梅：《我国社会养老服务面临的形势及路径选择》，《人口研究》2012 年第 5 期。

刘学良：《中国养老保险的收支缺口和可持续性研究》，《中国工业经济》2014 年第 9 期。

闾志俊、袁嫚玉：《“互联网+”背景下养老服务产业转型升级研究——基于城市中高收入人群养老服务需求的调查》，《长沙民政职业技术学院学报》2016 年第 4 期。

闾志俊：《中等与高等收入群体养老服务需求对比》，《中国老年学杂志》2018 年第 11 期。

罗娟、汪泓：《养老保险城乡统筹模式与路径研究》，上海交通大学出版社，2019。

罗叶、贺晓英、宁满秀：《新型农村社会养老保险制度对农村老人经济获得感的影响》，《湖南农业大学学报》（社会科学版）2021 年第 1 期。

马慧：《人口老龄化背景下对第三支柱个人养老金制度的思考》，《中国商论》2022 年第 10 期。

孟颖颖：《城市少数民族流动人口养老保险参保现状及影响因素研究——基于 2014 年全国流动人口卫生计生动态监测调查数据》，《社会保障研究》2018 年第 5 期。

齐鹏：《中国城乡居民基本养老保险推进策略研究》，中国社会科学出版社，2021。

宋书芹、王文玫、罗万堂：《我国商业养老保险现状及发展建议》，《商展经济》2021 年第 22 期。

王国辉、黄镜伊、王利军、王小丹：《城镇中低收入家庭养老保险缴费压力研究》，《人口与经济》2011 年第 6 期。

王寅、徐晓婷、初雪：《城乡居民社会养老保险研究综述》，《劳动保障世界》2015 年第 S2 期。

王增文、Antoinette Hetzler：《农村“养儿防老”保障模式与新农保制度的社会认同度分析》，《中国农村经济》2015 年第 7 期。

徐洁、李树茁、吴正、刘伟：《农村老年人家庭养老脆弱性评估——基于安徽农村地区的实证研究》，《人口研究》2019 年第 1 期。

徐圣悦、薛晗：《退休对城乡居民医疗消费的影响》，《合作经济与科技》2020 年第 15 期。

杨一帆、张雪永、陈杰、钱磊：《中国大中城市健康老龄化指数报告（2019～2020）》，社会科学文献出版社，2020。

于长永、何剑：《脆弱性概念、分析框架与农民养老脆弱性分析》，《农村经济》2011 年第 8 期。

岳经纶、尤泽锋：《中低收入阶层养老保险幸福效应研究》，《高等学校文科学术文摘》2019 年第 1 期。

曾海军：《我国个人养老金财富管理探究》，《中国保险》2020 年第 1 期。

张笑丽：《养老保险制度影响劳动供给行为研究——作用机理、国际经验及政策启示》，《中国物价》2021 年第 7 期。

赵丽娟：《地区差异、受教育程度对农民参加养老保险行为的影响》，《江苏农业科学》2020 年第 4 期。

赵晓娟：《城镇化对城乡居民养老保险全覆盖的影响效应分析》，《青年时代》2017 年第 16 期。

赵耀辉：《个人养老金制度的推出意味着什么?》，《商学院》2022 年第 6 期。

赵振翔、王亚柯：《退休对我国老年家庭住房与房产的影响——以 CFPS 数据为例》，《世界经济文汇》2020 年第 5 期。

周莹、梁鸿：《中国农村传统家庭养老保障模式不可持续性研究》，《经济体制改革》2006 年第 5 期。

Brown, M. K., “In Re-marriage of Stenquist: Tracing the Community Interest in Pension Rights Altered by Spousal Election,” *California Law Review*, 67 (4), 1979.

Bönke, T., Grabka, M. M., Schröder, C., Wolff, E. N., Zyska, L., “The Joint Distribution of Net Worth and Pension Wealth in Germany,” *Review of Income and Wealth*, 65 (4), 2019.

Hakola, T., Uusitalo, R., “Not So Voluntary Retirement Decisions? Evidence from a Pension Reform,” *Journal of Public Economics*, 89 (11-12), 2005.

Holden, K. C., Fontes, A., “Economic Security in Retirement: How Changes in Employment and Marriage Have Altered Retirement-Related Economic Risks for Women,” *Journal of Women Politics & Policy*, 30 (2-3), 2009.

Rofman, R., Fajnzylber, E., Herrera, G., Reforming the Pension Reforms: The Recent Initiatives and Actions on Pensions in Argentina and Chile, Social Protection Discussion Papers and Notes, 2008.

Shaw, S., “Network Offering HNW Pension Leads,” *Money Marketing*, 8, 2005.

Valset, K., Naper, S. O., Claussen, B., Dalgard, O. S., “Does Mastering Have an

Effect on Disability Pensioning Independent of Health, and May It Explain Divides of Education in the Oslo Health Survey?" *Scandinavian Journal of Public Health*, 35 (2), 2007.

Yabiku, S. T., "Family History and Pensions: The Relationships between Marriage, Divorce, Children, and Private Pension Coverage," *Journal of Aging Studies*, 14 (3), 2000.

第八章 典型家庭分析

列夫·托尔斯泰在《安娜·卡列尼娜》的开篇语中，就写下这样的句子："幸福的家庭都是相似的，不幸的家庭各有各的不幸。"这是一种文学化的描述。但是，从科学研究的角度来看，即便是相似的情形，也需要进行进一步剖析，从相似中识别不同，对此采用案例研究法（Case Study Method）。本章从中国家庭追踪调查（CFPS）家庭样本中选取比较典型的家庭案例，就家庭的资产配置和保险保障进行深入研究，对家庭决策的相互作用过程以及其与所处的情境脉络加以了解，进而获得一个较全面与整体的观点。CFPS 中的家庭问卷可以有效揭示家庭层面的基本情况。此外，根据家庭编码可以对 CFPS 家庭问卷和个人问卷进行关联，从而对家庭成员开展深入分析，进而掌握家庭成员的情况。这些都为研究典型家庭提供了条件。

家庭的资产配置结构不仅具有多样性特征，还具有动态适应性特征。具体而言，家庭资产配置结构可以分为家庭金融性资产配置结构和家庭非金融性资产配置结构。家庭金融性资产配置结构可以进一步分为无风险性金融资产配置结构和风险性金融资产配置结构。风险性金融资产配置结构可以进一步分为低风险性金融资产配置结构和中高风险性金融资产配置结构，也可以具体分为股票、基金、债券、保险产品等的配置结构。家庭非金融性资产配置结构可以分为房产、地产、耐用消费品等的配置结构。可见，家庭的资产配置结构是复杂而多样的，而且家庭在不同时期、不同的外部环境及基于不同的内部需要而对家庭资产配置结构进行动态调整，使其更加优化以更能满足家庭的需要。对于家庭的资产配置结构的分析，要根据具体家庭的情况来进行，不能脱离特定家庭的情况而进行。

加里·贝克尔（Gary Becker）在《家庭论》一书中，用经济学的方法对家庭进行系统的研究，开创了"家庭经济学"。他因此而获得了诺贝尔经济学奖。在进行家庭结构分析时，除了要关注家庭的资产配置结构之外，还要分析家庭的人口结构，这与家庭的婚姻状况、生育情况等相关。也就是说，家庭人口结构与资产结构往往是相关的。因此，在家庭资产配置中，对于家庭的结构性分析，具有广义和狭义两个层次。广义的结构包括婚姻、人口等，而狭义的结构就是资产结构，即家庭资产在不同类型资产中的分布情况。两者具有相辅相成的关系。

家庭的资产配置结构是动态变化的，但是，也不是无规律可循，具有一定的规律。家庭的资产配置结构和家庭发展战略之间往往存在对应的关系，即家庭的资产配置结构是随着家庭发展战略的变化而变化的。这就是家庭分析中的“结构追随战略”的规律。所谓家庭发展战略，就是在一定时期内，家庭根据环境的变化，依据自身实力而对家庭发展方向、发展速度与质量、发展点以及发展能力的重大选择、规划及策略。史蒂芬·柯维（Stephen Covey）在《高效能人士的七个习惯》一书中这样论述家庭发展战略的重要性，他说：“随波逐流就意味着家庭的灾难。”这种随波逐流的家庭其实就是发展战略缺失的家庭。因为缺失家庭发展战略，所以家庭的运营漫无目的，这容易导致家庭发展失去方向，甚至造成家庭的解体。反之，有发展战略的家庭，已经在描绘家庭稳步发展进而走向成功的“蓝图”。有了发展战略之后，家庭在理财、保险保障等方面进行选择时就更有方向，更有可能实现财富的优化配置和增值。

在家庭的资产配置过程中，家庭发展战略决定家庭在不同资产上的配置结构模式的设计与选择，反过来，家庭发展战略的实施过程及效果又受到所采用的家庭资产配置结构的制约。两者的关系类似经济基础与上层建筑的关系：家庭发展战略重点决定家庭资产配置组织，家庭发展战略重点的转移决定家庭的资产配置结构的调整，而家庭的资产配置结构又反过来制约家庭发展战略重点的实施。这就是家庭资产配置过程中“结构追随战略”的重要体现。也就是说，在家庭的资产配置过程中，家庭发展战略起到引领作用。对于家庭的资产配置而言，一个基本原则就是资产配置结构要与家庭发展战略相匹配。因为只有两者相匹配，才能有良好的家庭经营业绩。

在家庭发展过程中，家庭发展战略具体体现在家庭战略目标上，这是对家庭发展战略活动的主要成果的期望。家庭发展战略目标在不同家庭功能层面有不同的体现，比如，在家庭资产配置上，就会有家庭理财目标。家庭根据这个理财目标，来进行资产配置，开展各种理财活动。在对家庭资产配置进行分析时，需要把握家庭理财目标，以目标为指引，优化家庭的资产配置结构。这是家庭资产配置分析的基本方法。本章根据这个方法，对三个典型家庭的资产配置情况进行分析。

案例一

（一）基本情况

这是一户居住在上海的家庭，是典型的三口之家，包括一对夫妻及一名男孩。男方，38 岁，经营小型个人企业，月均经营性收入为 12500 元；女方，38 岁，在公司担任市场部门基层行政管理职务，月度税后工资和奖金总计 7800 元，年终奖为 5800 元。二人工作带来的收入占家庭总收入的 40.26%，占比较高。除经营性收入、工作收入外，该家庭还有房租收入、金融投资收入。金融投资收入为家庭总收入的主要来源，占比为 48.43%，这说明该家庭掌握一定的金融产品知识，具备一定的投资理财能力。夫妻二人有一个上小学的儿子，孩子教育培训年支出为 11 万元，占家庭总支出的比例为 36.18%，份额最高，上述数据体现出夫妻二人十分重视孩子的成长过程和教育质量。女方公司缴纳“五险一金”，除此之外，该家庭还购置了商业保险，说明夫妻二人看重保险的功能，注重保险结构的合理性，进行了一定的避险规划，以为家庭所面临的风险进行最全面的保障。商业保险年支出为 5500 元，占家庭总支出的比例相对较小。除上述年支出外，家庭年普通支出，医疗、保健年支出，生活（衣着、文娱等）年支出，其他年支出共计 18.856 万元。家庭年结余率为 50.91%，这说明该家庭的理财观念较好，收入支出结构较为合理。案例一的家庭收入与支出情况汇总在表 8-1。

表 8-1　案例一的家庭收入与支出情况

单位：万元，%

收入	金额	占比	支出	金额	占比
男方月均经营性收入	1.25	—	每月住房支出（水、电、燃气费用）	0.048	—
女方月度税后工资	0.58		每月餐饮、日用品支出	0.400	
女方月度税后奖金	0.20		每月邮电通信支出	0.050	
女方年终奖	0.58		每月交通支出	0.030	
工作年收入小计	24.94	40.26	年普通支出小计	6.336	20.84
家庭金融投资年收入	30.00	48.43	子女教育培训年支出	11.000	36.18
房租年总收入	7.00	11.31	医疗、保健年支出	0.700	2.30
—			生活（衣着、文娱等）年支出	4.000	13.16
			商业保险年支出	0.550	1.81
			其他年支出	7.820	25.71
年收入总计	61.94	100.00	年支出总计	30.406	100.00
年结余	31.534		年结余率	50.91	

受访家庭无房贷或向他人借款等负债情况，经济负担较小。该家庭拥有两套房产，其中自住房产价值400万元，外租房产价值700万元，房产总价值占家庭总资产的比例最高，具体数值为58.2%。但随着“房住不炒”政策的推行，房产在家庭资产配置中占40%以内是合理的，超过40%的话，资产配置表现为过于集中。此外，夫妻二人的现金和活期存款共150万元，无定期存款，以作为家庭应急储备金，或可继续追加金融投资、教育投资等，总体来说，资产流动性较强。该家庭购置的金融产品（如股票、基金等）的总价为600万元，在总资产中占有较大比例，该家庭有较强的金融投资偏好。金融产品总价占家庭总资产的31.75%，通常情况下，金融理财产品具有较高的风险性，高回报常常伴随着高风险，因此家庭在选择金融产品时可考虑提高一些较为稳健的产品的金额的比重。从总体上看，该家庭净资产为1890万元，无负债情况，经济环境较为优越。表8-2报告了案例一的家庭资产负债情况。

表 8-2 案例一的家庭资产负债情况

单位：万元，%

资产	金额	占比	负债	金额	占比
现金和活期存款总和	150	7.94	房屋贷款	0	—
金融产品总价	600	31.75			
房产总价值	1100	58.20	向他人借款	0	
耐用消费品总价值	40	2.11			
资产总计	1890	100.00	负债总计	0	
家庭净资产	1890		负债率	0	

（二）理财目标

这个家庭的理财目标是，在完善家庭成员保障、合理规划投资配比的基础上，为孩子积累足够的大学教育金。在进行这次调查时，这个男孩才 9 岁，还在读小学。但是，家长显然对孩子寄予期望，希望他未来能够上大学深造，甚至出国深造。但是，这些都需要一大笔钱。为此，家长提早规划，为孩子的未来积累足够的教育金。未来孩子能够进入大学学习，或者出国深造，家庭已经准备好相应的教育金，足够孩子完成学业。为了达成这个目标，就需要进一步对家庭资产进行合理配置和优化，产生稳定而持续的收益，在满足当前生活需要的情况下，为孩子准备足够的教育金。

（三）实施策略

对于这个案例家庭，理财规划最重要的是做到稳中求进，就是在保持现有生活水平的情况下，能够持续增加家庭资产，以备未来子女教育所需。在夫妻收入稳定且有一定存款的情况下，进行多元化投资和理财，在分散投资风险的同时，还能赚取不菲的投资理财收益，实现家庭财富增值。具体而言，可以采取如下几个策略。

1. 增加风险性金融资产的持有比例

当前，这个案例家庭的年收入是比较稳定的，年结余超过 30 万元，比较可观。但是，家庭持有的现金和活期存款比较多，有 150 万元。持有这类无风险性金融资产虽然能够达到确保流动性和资产保值的目的，但是，增值能力很有限。在这种情况下，从现有资产配置来看，应当适当减少现金和活期存款的持有量，适当转投固定收益类基金或者权益类基金，也可以购买银行相应的理财产品。由于这个家庭处于成长期，孩子尚小，而且离上大学的时间还有将近 10 年，因此，并不建议该家庭选择高风险的投资产品，其可以选择具有一定流动性的银行理财产品。比如，这个家庭可以从现有的 150 万元现金和活期存款中拿出 100 万元，投资年化收益率为 4%的半年期银行理财产品。这样既可以确保这部分资金稳定增值，也可以确保需要短期急用时，在数月之内就可以周转。

2. 完善保险规划

从购买保险的情况来看，这个家庭还是挺重视保险功能的。商业保险年支出为 5500 元。这一点做得非常正确。不过，从家庭保障的角度来看，应当进一步检查这些保险的具体类型，是不是配置了充足的意外险和其他附加保险，并确认保险结构的合理性，以确保每年的保费都花在“刀刃”上。从家庭收入来看，男方是家中的经济支柱，承担了绝大多数家庭经济收入。因此，对于男方的保险要全面，保额要充足。这样，即便男方遭遇意外丧失收入能力，家庭也能收到足够的保险金以应对意外和疾病等风险，继续维持和保障现有的家庭生活质量，并不会影响孩子未来的教育。同时，对于孩子也要配置适当的意外险和医疗险，以有效保障孩子健康成长。

3. 合理配置应急储备金

生活中的风险和意外无处不在，有时令人防不胜防。除了保险之外，家庭可以准备一些应急储备金，以备不时之需。其实，这个家庭具有很强的保障意识，其所持有的 150 万元现金和活期存款，其实就是家庭的应急储备金，作为家庭预期之外的临时应急费用。由于家庭没有各种贷款，因此，其没有偿还贷款的压力。在这种情况下，一般家庭应急储备金总额维持在家庭3~6个月的固定支出的水平即可。这个家庭的年支出在30万元左右，因此，家庭应急储备金在15万元其实就足够了。多出来的部分其实可以通过购买货币基金或者理财型基金的方式进行投资。这类投资兼具流动性和增值性的特征，既可以保持资金的流动性和安全性，能够在需要应急的情况下及时取出使用，也可以兼顾支出的收益性，确保资产在合理的收益率的情况下稳步增值。

案例二

（一）基本情况

案例二家庭是一户生活在广东省广州市的四口之家。男方，35岁，是生产、运输设备的专业操作人员，月均收入为12500元；女方，32岁，任职于小型私营企业，是商业、服务业相关人员，月度税后工资为4500元，年终奖为2000元。二人工作年收入占家庭总收入的80.47%，是家庭核心收入来源。男方仅有母亲健在，年龄为66周岁，且母亲退休收入和养老金为5万元，占家庭年总收入的19.53%，这是家庭的第二收入来源。男方每月给母亲600元的经济支持。夫妻二人有一个即将升入初中的儿子，今年12周岁。孩子的教育培训年支出为4000元，仅占家庭年总支出的5.23%。对比一线城市的教育支出水平，该家庭处于中游位置；对比中高净值典型家庭的教育支出，该家庭明显与其有较大的差距，这从侧面反映出家庭经济条件对子女教育培训水平有一定的影响力。该家庭购置了商业保险，商业保险年支出为800元，占总支出的比例相对较小。虽然保额较小，但反映出该家庭有一定的规避风险的意识，不过，可能由于受到经济条件的限制，该家庭无法承担精品保险产品的费用。由于家中有老人，医疗、保健年支出占比相对较高，为13.06%。总体而言，家庭年支出为

7.655万元。家庭年结余为17.945万元，年结余率为70.1%。案例二的家庭收入与支出情况汇总在表8-3。

表8-3 案例二的家庭收入与支出情况

单位：万元，%

收入	金额	占比	支出	金额	占比
男方月均收入	1.25	—	每月住房支出(水、电、燃气费用)	0.0325	—
女方月度税后工资	0.45		每月餐饮、日用品支出	0.4150	
女方年终奖	0.20		每月邮电通信支出	0.0300	
			每月交通支出	0.0050	
工作年收入小计	20.60	80.47	年普通支出小计	5.7900	75.64
男方母亲退休收入和养老金	5.00	19.53	子女教育培训年支出	0.4000	5.23
—			医疗、保健年支出	1.0000	13.06
			生活(衣着、文娱等)年支出	0.2500	3.27
			商业保险年支出	0.0800	1.05
			其他年支出	0.1350	1.75
年收入总计	25.60	100.00	年支出总计	7.6550	100.00
年结余	17.945		年结余率	70.10	

受访家庭无房贷或向他人借款等负债情况，经济负担较小。该家庭拥有三套房产，其中自住房产价值150万元，其他房产价值总共为500万元，房产总价值占家庭总资产的比例最高，为86.26%。房产占家庭总资产比例过高，且无外租收入，资产配置结构有一些不合理。此外，夫妻的现金和活期存款仅有13.5万元，无定期存款，如遇到紧急情况，可流动的资产过少，可考虑将部分房产变现。该家庭购置金融产品（如股票、基金等）较少，夫妻二人的收入水平较低，且无工资外的其他收入，建议购买风险低、稳健的金融产品，为家庭积累额外收入，这样能缓解一部分经济压力。总体上看，家庭净资产为753.5万元，无负债情况，经济环境较为良好。表8-4报告了案例二的家庭资产负债情况。

表 8-4　案例二的家庭资产负债情况

单位：万元，%

资产	金额	占比	负债	金额	占比
现金和活期存款总和	13.50	1.79	房屋贷款	0	—
金融产品总价	50.00	6.64			
房产总价值	650.00	86.26	向他人借款	0	
耐用消费品总价值	40.00	5.31			
资产总计	753.50	100.00	负债总计	0	
家庭净资产	753.50		负债率	0	

（二）理财目标

这个家庭的理财目标是，在维持家庭现有生活水准的情况下，妥善照顾好老人，并且为孩子的教育积累一定的资金。这个家庭的孩子即将升入初中，再过 6 年就会上大学。为此，家里需要准备好一笔教育金，以供孩子上大学之用。为了达成这个目标，有必要对家庭财富进行合理规划和配置，使其更好地发挥照顾老人和培育孩子的功能。

（三）实施策略

这是一个中等收入之家，在理财规划上应该首先求稳。在求稳的基础上，合理配置家庭资产，使家庭财富稳定还有所增长。具体而言，可以采取如下几个策略。

1. 优化风险性金融资产的配置

这个案例家庭的年收入水平虽然不是很高，但是比较稳定，其属于比较典型的中等收入家庭。而且，家庭采取了比较好的勤俭持家策略，很好地控制了不必要的支出，因此，每年还有近 18 万元的盈余。在理财上，该家庭也并不保守，持有价值 50 万元的金融产品。所以，这个家庭具有比较好的理财能力。但是，总体而言，家庭的资产配置结构还可以进一步优化。家庭风险性金融资产主要集中在股票、基金和债券上，却忽视了保险产品，该家庭在保险产品上的投入太少。当前，投资型保险产品日趋成熟，这类金融产品不仅具有保险保障的功能，还具有储蓄投资的功能。由于投资型保险产品均有基本的风险保障功能，在保障的基础上为投保人理财，而且，保险公司的经营普遍稳健，无法完全履约的风险很低，因此，对于这户家庭而言，可以适当持有部分投资型保险产品，将稳健的避险型金融账户资金转换到更为积极的成长型账户中，从而获得额外收益。

2. 合理增加保险投入

案例二家庭的年收入水平不是很高，其属于“上有老下有小”的家庭，需要同时承担“养老”和“养小”的功能。家庭抚养比是100%，即两个成年人抚养1个未成年人和1位老人。因此，这个家庭的生活压力还是比较大的。目前，该家庭的商业保险年支出仅为800元，明显偏少，家庭保障能力不足。因此，该家庭应对风险的能力偏弱，如果有突发情况，往往难以承受打击。工薪家庭最应该买的是意外险和健康险。夫妻二人都外出工作，身体健康问题不容忽视。因此，建议夫妻二人在做足意外保障后，再购买一份适合的健康保险。针对这类中等收入家庭，在购买健康险时，应优先考虑家庭经济支柱，为男方选择保额为10万~20万元的保险产品较为合适。此外，这类家庭购买健康险，还需关注女方可能遭遇的特殊疾病，可适当为其投保女性特殊疾病保险。在家中老人不需要额外投入养老保险的情况下，应当对夫妻二人给予充足的保险和保障，避免因为意外使夫妻之中有人丧失劳动能力而导致家庭经济收入“断崖式”下降，影响家庭稳定。

3. 进行教育金积累

“望子成龙”“望女成凤”是父母的共同心愿。在这个家庭中，孩子已基本接近完成小学学习的阶段，马上就要开启中学生活。因此，家庭要为孩子准备教育金。在这方面，基金定投是这个家庭的一个不错的选择。基金定投类似于银行的零存整取，积少成多，可以避免选择时的困难，摊销了投资成本，降低了投资风险，以较少的投入来获取较大的回报，可以有效达到积累资金的目的。具体来看，对于基金产品，可以选择规模大、效益较稳健的品牌基金公司旗下的混合型基金。因为离孩子上大学只有 6 年左右的时间，而且夫妻二人每月的工资收入加起来大致有 17000 元，故建议每月定投 2000 元。这样累积 6 年，再加上投资收益，就会是一笔不菲的教育金，足以确保孩子上大学的费用。

案例三

（一）基本情况

这个案例家庭生活在热闹繁华的上海市，这是一个三代同堂的五口之家。男方，38 岁，在外商、港澳台企业从事商业或服务业相关工作，月度税后工资和奖金加起来共计 8000 元，年终奖为 1 万元；女方，38 岁，在私营企业任职，为商业、服务业相关人员，月度税后工资为 6000 元，年终奖为 2000 元。二人工作带来的收入占家庭总收入的 47. 62%，是家庭的主要经济收入来源。男方的父亲、母亲均健在，其中父亲为 64 周岁，月度税后退休金为 2000 元；母亲为 62 周岁，月度税后退休金为 2000 元。男方父母年退休金占家庭总收入的 12. 7%，比例较小。综上，由于男方父母均有退休金，因此不用给予额外的经济支持，在一定程度上减轻了养老负担。夫妻二人有一个上高中的儿子，今年 15 周岁。孩子教育培训年支出为 3. 5 万元，占家庭年总支出的比例为 15. 2%。该家庭购置了商业保险，商业保险年支出为 2 万元，占家庭年总支出的比例为 8. 68%。这反映出该家庭有一定的规避风险意识，且可以承担精品保险产品的费用，为家庭隐性风险做出全面保障。家庭医疗、保健年支出占比相对较低，仅为 1. 3%，这可能是因为购置的保险可以减免医疗方面的一些费用。除上述年支出外，家庭的年普通支出，生活（衣着、文娱等）年支出，其他年支出共计 17. 232 万元。家庭年结余为 14. 768 万元，年结余率为 39. 07%。案例三的家庭收入与支出情况汇总在表 8-5 中。

表 8-5　案例三的家庭收入与支出情况

单位：万元，%

收入	金额	占比	支出	金额	占比
男方月度税后工资	0.6	—	每月住房支出（水、电、燃气费用）	0.026	—
男方月度税后奖金	0.2		每月餐饮、日用品支出	0.750	
女方月度税后工资	0.6		每月邮电通信支出	0.030	
男方年终奖	1.0		每月交通支出	0.100	
女方年终奖	0.2				
工作年收入小计	18.0	47.62	年普通支出小计	10.872	47.20
男方父亲月度税后退休金	0.2	—			
男方母亲月度税后退休金	0.2				
男方父母年退休金小计	4.8	12.70			
家庭金融投资年收入	8.0	21.16	子女教育培训年支出	3.500	15.20
房租年总收入	7.0	18.52	医疗、保健年支出	0.300	1.30
—			生活（衣着、文娱等）年支出	3.100	13.46
			商业保险年支出	2.000	8.68
			其他年支出	3.260	14.16
年收入总计	37.8	100.00	年支出总计	23.032	100.00
年结余	14.768		年结余率	39.07	

受访家庭在购置房产时，向银行贷款 480 万元。此前，该家庭还向亲戚朋友借款 50 万元。两项加起来共计 530 万元。这些借款主要是为了购置房产。家庭拥有三套房产，一共价值 1400 万元，房产总价值占家庭总资产的比例最高，具体数值为 77.35%。房产可为家庭带来额外的收入，房租年收入为 7 万元，占总收入的 18.52%，这说明房产可以带来其他可观的收益。此外，夫妻的现金和存款共 200 万元，家庭资产流动性较高。该家庭还购置了大量金融产品，价值 150 万元，且每年可获利 8 万元。从金融产品获利角度看，家庭可适当调整金融产品，以现有的较高经济成本获得更高的收入。从总体上看，家庭净资产为 1280 万元，有一定的负债。但是，家庭负债率为 29.3%，即家庭总负债是家庭总资产的约 30%。这说明，家庭杠杆率还处于合理范围之内。总体而言，该家庭财务状况健康，理财意识较强。案例三的家庭资产负债情况汇总在表 8-6 中。

表 8-6　案例三的家庭资产负债情况

单位：万元，%

<table>
<tr><th>资产</th><th>金额</th><th>占比</th><th>负债</th><th>金额</th><th>占比</th></tr>
<tr><td>现金和存款总和</td><td>200</td><td>11.05</td><td rowspan="2">房屋贷款</td><td rowspan="2">480</td><td rowspan="4">—</td></tr>
<tr><td>金融产品总价</td><td>150</td><td>8.29</td></tr>
<tr><td>房产总价值</td><td>1400</td><td>77.35</td><td rowspan="2">向他人借款</td><td rowspan="2">50</td></tr>
<tr><td>耐用消费品总价值</td><td>60</td><td>3.31</td></tr>
<tr><td>资产总计</td><td>1810</td><td>100.00</td><td>负债总计</td><td colspan="2">530</td></tr>
<tr><td>家庭净资产</td><td colspan="2">1280</td><td>负债率</td><td colspan="2">29.3</td></tr>
</table>

（二）理财目标

这个家庭的理财目标是，要确保家人的高质量生活。主要体现在对于老人退休后的高质量生活的安排和保障、对于孩子大学生活和学习的提前安排和规划上。两位老人都已经退休，有一定的退休金。在这种情况下，应实现家庭财富稳步增长，以确保老人退休后可以享受高质量的生活。同时，由于孩子再过两三年就要进入大学接受高等教育，需要为孩子准备充足的教育金，甚至要规划孩子到海外深造而进行经费储备。

（三）实施策略

这是一个中高等收入之家，在老人养老以及孩子教育上，都已经有一定的保障。古人云，“仓廪实而知礼节”，该家庭收入比较稳定，除了夫妻工资收入之外，老人有一定的退休金，家庭还有房租收入。因此，在家庭资产配置上，需要整合工资收入、养老金收入和房租收入以进行整体性理财和投资，确保家庭财富在稳定的情况下实现较快的增长。具体而言，可以采取如下几个策略。

1. 适当增加中高风险性金融资产的配置

这个案例家庭的年收入比较稳定，而且收入来源比较多元。此外，家庭具有一定的理财经验，能够合理利用家庭杠杆实现家庭资产在多套房产上的配置，在获得稳定的房租收入之外，还可以获得房价上涨的红利。在金融资产配置上，这个家庭也有比较独到的理财策略，持有金融产品的价值达 150 万元。而且，相对而言，家庭风险控制意识也是比较强的，如有 200 万元的现金和存款，以备不时之需。但是，这种资产配置结构，还可以进一步优化。首先，风险性金融资产配置比例可以进一步提高。这个家庭可以从 200 万元的现金和存款中拿出一半用于购买股票型基金和债券型基金。虽然基金净值会有所波动，但若选择历史业绩比较好而且比较稳定的时机购买，每年可以获得 10%左右的投资收益。同时，在风险性金融资产的配置上，可以把 10%~20%的风险性金融资产配置到正规可靠的 P2P 网贷平台上，这部分的年收益也比较可观。这样，总体来看，优化资产配置后的风险等级有所提高，但是，这种投资风险仍然处于该家庭能够承受的范围之内。风险的提高，意味着投资收益也会相应地有所提高。这样，资产配置优化后的家庭资产的增值速度要明显高于目前的情况。

2. 优化保险配置结构

该家庭具有很强的保险意识，每年在保险上的投入是 2 万元。总体而言，这些保险投入为家庭财产和人身安全的保障提供了不错的护栏。随着生活水平的提高，这个家庭对于自身安全的保障有了更高的需求，不再满足于普通医疗保险带来的保障，想要通过中高端医疗保险产品来对自己进行更大金额、更广范围的医疗保障。因此，在当前的基础性保险之外，为了确保拥有高质量的生活，该家庭还可以购买中高端医疗保险产品。中高端医疗保险产品具有保额高、保障责任全面、涵盖私立医院、覆盖地域广泛、保险直付（不需要客户垫付资金）等特点。家人一旦出现身体不适的情况，就可以获得很好的医治。虽然，这类保险产品的保费比较高，但是，处于该家庭能够承受的范围之内。而且，该家庭在上海，当地有不少 VIP 级别的医疗资源。因此，购买中高端医疗保险产品之后，家人一旦出现身体不适的情况，就可以获得 VIP 级别的医疗照护，这是保障家人健康的重要举措。

3. 进行教育金积累和保障

这个家庭的孩子已经处于高中学习阶段，离上大学不远了。目前，该家庭并未为孩子准备教育金，这可能是因为该家庭认为依据目前的财力，孩子上大学的经费是充足的，没有进行太多的考虑。其实，这种想法需要改变。无论家庭财力如何，都需要提前为孩子的教育金做好规划。作为家长，不仅要关心孩子的健康，还要看重孩子的教育。然而，现在养育孩子的成本着实不低，家庭资产也可能由于意外而出现严重损耗的情形，因此，为了孩子的教育，最好提前购买教育金保险产品，避免未来不确定性因素导致家庭财富折损而影响孩子的教育，并且，这可以缓解家庭的经济压力。教育金保险产品，是年金险产品，家长提前存入一笔保费，孩子在未来的特定教育阶段可领取教育金。教育金投保方式比较灵活，家长可以根据孩子的教育规划或者预期，灵活选择教育金的领取时间和金额。可以说，为孩子购买教育金保险产品很有意义，这能够使孩子将来的教育费用有保障。就该家庭目前的收入情况以及孩子上大学的时间而言，建议该家庭选择趸缴 5 万元起的教育金保险产品。

本章总结

家庭是社会最基本的组成单位，存在分工、生产、消费、投资、储蓄、教育、养老保障等经济行为，属于小型规模经济体，且人力资源和投入要素等资源是有限的。那么，在有限资源的约束下，如何对已有家庭资源进行分配和利用，推动家庭财富保值和增值，进而更好地实现家人的消费和生产？这是每一个家庭都面临的问题。对此，通过遵循“结构追随战略”的原则，分析和确立家庭理财目标，在理财目标的引领下优化家庭的资产配置结构，使家庭资产配置结构与家庭发展战略相匹配。当然，这是家庭资产配置的基本原则。在对特定家庭进行实际分析时，要根据家庭的具体情况进行具体分析，在精准把握家庭理财目标的前提下，做好家庭理财规划，进行家庭资产的优化配置，确保为家庭发展战略的实现而提供足够的支撑。

后 记

随着我国经济长期高速平稳发展，中高净值人群的数量总体上呈现持续增长的趋势，但是，针对中高净值人群的系统性研究还比较少。2019 年，我们就在讨论应该在这方面做些研究；2020 年，开始收集国内外关于中高净值人群研究的相关文章、报告和著作，本书第一章对此进行了介绍。中国人寿保险股份有限公司在 2021 年初立项了横向重大项目“银行中高净值客户资产配置（保险保障）白皮书”（以下简称“白皮书”），笔者担任该项目的主持人。该项目立项后，由北京大学中国社会科学调查中心和中国人寿保险股份有限公司共同组建的联合项目组研究团队投入大量的精力，进行了系统性研究，并在 2021 年 10 月完成了研究报告。该研究报告的精华版《中高净值家庭资产配置和保险保障白皮书》于 2022 年 9 月在北京大学中关新园发布，受到了社会各界的关注与好评。

在 2021 年 10 月提交研究报告之后，笔者发现还可以利用 CFPS 数据进一步对中高净值家庭的财富管理做更深入的研究。于是，便形成了本书。从内容来看，本书是对白皮书的延伸和补充，可谓白皮书的姊妹篇。与白皮书不同的是，本书尽管包括资产配置和保险等内容，但是主要是从家庭财富管理的角度来开展研究的，因此，本书的内容与白皮书的内容是不同的。在研究方法上，本书采用多元回归分析方法，旨在揭示不同因素对中高净值家庭财富管理的影响。对于读者而言，由于白皮书并未公开发表，因此，其无法阅读其中的内容。本书的出版可以有效弥补这个遗憾，让更多读者比较全面地了解中高净值家庭的理财情况，为自己家庭及他人的财富管理提供有价值的指引和参考。

一份研究报告的完成，离不开众人的关心和支持。感谢参与项目的五位专家，他们分别是北京大学党委原常务副书记于鸿君教授，中国人寿保险股份有限公司党委书记、总裁赵鹏，中国人寿保险股份有限公司詹忠副总裁，北京大学光华管理学院靳云汇教授，中央财经大学中国互联网经济研究院副院长史宇鹏教授。感谢项目组的全体成员：陈益、贾风雷、李强、李克成、吕萍、宋培可、孙妍、严洁和吴琼。感谢参加白皮书发布会的领导、专家、嘉宾及记者：中国保险资产管理业协会执行副会长兼秘书长曹德云、安信证券首席经济学家高善文、清华大学中国发展规划研究院常务副院长董煜、国务院发展研究中心金融研究所副所长陈道富、中国人民大学应用经济学院教授张耀军，以及来自中国工商银行、中国农业银行、中国银行、中国建设银行、中国邮政储蓄银行的嘉宾和多家财经媒体的记者。感谢北京大学中国社会科学调查中心主任张志学教授对项目的大力支持，以及丁华、陈欣欣、陈敏燕等同事的帮助。此外，周佳玲、吕蕊汐、丁睿、许沛苡等同学也参加了此项研究。最后，感谢社会科学文献出版社对本书出版所投入的巨大心血。

图书在版编目（CIP）数据

中高净值家庭财富管理报告 / 顾佳峰著 . --北京：社会科学文献出版社，2023. 3

ISBN 978-7-5228-1200-7

Ⅰ. ①中… Ⅱ. ①顾… Ⅲ. ①家庭财产-家庭管理-研究报告-中国-2020 Ⅳ. ①TS976. 15

中国版本图书馆 CIP 数据核字（2022）第 233348 号

中高净值家庭财富管理报告

著　　者 / 顾佳峰

出 版 人 / 王利民
组稿编辑 / 恽　薇
责任编辑 / 孔庆梅
责任印制 / 王京美

出　　版 / 社会科学文献出版社 · 经济与管理分社（010）59367226
　　　　　地址：北京市北三环中路甲 29 号院华龙大厦　邮编：100029
　　　　　网址：www. ssap. com. cn
发　　行 / 社会科学文献出版社（010）59367028
印　　装 / 三河市东方印刷有限公司

规　　格 / 开　本：787mm × 1092mm　1/16
　　　　　印　张：23　字　数：347 千字
版　　次 / 2023 年 3 月第 1 版　2023 年 3 月第 1 次印刷
书　　号 / ISBN 978-7-5228-1200-7
定　　价 / 158. 00 元

读者服务电话：4008918866